U0257926

余三乐　著

COLECÇÃO CULTURA DE MACAU

澳门文化丛书

望远镜与西风东渐

*The Development History
of the Telescope in China*

社会科学文献出版社
SOCIAL SCIENCES ACADEMIC PRESS (CHINA)

澳門特別行政區政府文化局
INSTITUTO CULTURAL do Governo da R.A.E. de Macau

出版说明

　　国学大师季羡林曾说："在中国5000多年的历史上，文化交流有过几次高潮，最后一次也是最重要的一次是西方文化的传入，这一次传入的起点在时间上是明末清初，在地域上就是澳门。"

　　澳门是我国南方一个弹丸之地，因历史的风云际会，成为明清时期"西学东渐"与"东学西传"的桥头堡，并在中西文化碰撞与交融的互动下，形成独树一帜的文化特色。

　　从成立伊始，文化局就全力支持与澳门或中外文化交流相关的学术研究，设立学术奖励金制度，广邀中外学者参与，在400多年积淀下来的历史滩岸边，披沙拣金，论述澳门文化的底蕴与意义，凸显澳门在中外文化交流中所发挥的积极作用。

　　2012年适逢文化局成立30周年志庆，在社会科学文献出版社的鼎力支持下，本局精选学术奖励金的研究成果，特别策划并资助出版"澳门文化丛书"，旨在推介研究澳门与中外文化交流方面的学术成就，以促进学术界对澳门研究的关注。

　　期望"澳门文化丛书"的出版，能积跬步而至千里，描绘出澳门文化的无限风光。

澳门特区政府文化局

社会科学文献出版社　　谨识

目　录

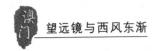

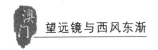

导言　成也萧何，败也萧何

—— 天主教与西方科学在中国

距今 400 多年前的 1610 年，一位意大利神父利玛窦在北京静静地死去；也是在这一年，一位意大利科学家伽利略用自己制作的世界上第一架天文望远镜观测天空，取得重大发现，发表了《星际使者》一书。读者不禁要问，一个是宗教，一个是科学，这两件事有关系吗？能联系到一起吗？

我的回答是：能。将宗教与科学这两件看似风马牛不相及的事联系到一起，将这两位远距几万里的意大利科学家和神父联系到一起，把天主教与望远镜联系到一起，就演绎出本书将要叙述的故事。

1552 年，天主教耶稣会的创始人之一——圣方济·沙勿略（最早将传播福音的希望寄托在中国的先驱），连中国大陆的土地都没能踏上，就在上川岛上病逝了。也就在这一年，利玛窦在意大利东部的小城——玛切拉塔诞生。似乎是上天注定要让这一新生儿担起先辈未完成的使命一样，30 年后，利玛窦果然踏着沙勿略的足迹来到了中国。他成功了！天主教在唐代、元代短暂地存在而又匆匆消失之后第三次传入了中国。而且这次传入后，天主教就在中华大地扎下了根，虽经历种种磨难，却一直延续至今。

被称做"泰西"的欧洲与被称做"远东"的中国，分别处于欧亚大陆的两端，相隔何止千山万水。双方在基本上相互隔绝的条件下，形成了各自独特的文明。这两种文明又何止千差万别！当大航海时代到来时，它们第一次实质性地碰撞了、"亲密地"接触了，才发现彼此是如何的格格不入。在沙勿略死后的 30 年中，一名又一名想要高擎着十字架进入中国的传教士，在坚固的"万里长城"的阻挡下寸步难行、一筹莫展。而利玛窦却成功了，实现了被当时认为"不可能实现的任务"，即"登上月球"的奇迹①。

载着利玛窦和《圣经》成功地进入中国的两个车轮是"文化适应"和"学术传教"。"文化适应"在一定程度上消除了中国主流意识形态——儒家学说对外来天主教的戒意，使来华传教士得以在中国立足，从而在东西两大异质文明之间架起一座相互沟通的桥梁；"学术传教"则改变了中国传统的文化优越感，将欧洲科学文化引进中国。对利玛窦的成功来说，二者缺一不可。从中华文明发展的角度看，后者则"为中华文明注入了新鲜血液"（李瑞环语）。

利玛窦传入中国的西学涉及了非常广泛的领域，包括数学、天文学、地理学、机械学、生物学、西医药学、哲学、逻辑学、伦理学、心理学、语言学、西方文学、西方美术、音乐以及造纸印刷术等。当然，本书所聚焦的望远镜不是他传入的。因为当他离开欧洲远赴东方的时候，望远镜还没有诞生；当望远镜在欧洲诞生的时候，他已经病入膏肓了。1610 年，他完成了自己的使命，结束了繁忙的一生，投入天主的怀抱。他对他的继任者们说，他为他们打开了一扇门②。

他的后继者——邓玉函、汤若望、南怀仁等相继来华的西方传教士们驾驶着前辈设计的"双轮车"，勤奋地工作，度过了明清交替的危机，开创了中西文化交流的黄金时代，当然也是中国天主教历史上的黄金时代。

① 〔美〕邓恩：《从利玛窦到汤若望：晚明的耶稣会传教士》，余三乐、石蓉译，上海古籍出版社，2003，第 3 页。
② 〔美〕邓恩：《从利玛窦到汤若望：晚明的耶稣会传教士》，余三乐、石蓉译，上海古籍出版社，2003，第 94 页。

　　事实证明，"学术传教"的方略是欧洲天主教进入中国的最佳切入点。这是因为：

　　（1）中国历来认为只有中国是文明礼仪之邦，中国以外的人都是野蛮、未开化的"蛮夷"而加以鄙视。耶稣会传教士在中国文人面前展示出高度发达的西方文化，以破除中华文化独尊的偏见，乃是他们得以进入中国上层社会的前提。

　　（2）传教士们以先进的科学技术帮助中国朝廷解决诸如"修正历法""铸造火炮""绘制地图"等关乎国家大计的难题，使皇帝和朝廷感到他们和他们的知识不可或缺，因而使他们获得在华、在京的居住权，进而争取到合法传教的许可。舍此，传教根本无法谈及。

　　（3）他们为皇室和达官贵人们在修造钟表、绘画、建造园林、施医治病等方面的服务，使他们赢得朝野人士的好感，他们广交朋友，扩大影响，以便在遇到困难和麻烦时得到帮助和保护。

　　（4）以精确、高超的西方科学知识征服中国文人，使这些社会精英人士产生"既然西方的科学是这样的高明，想必其宗教也是高明的"逻辑推理，进而对天主教发生兴趣，甚至受洗入教。

　　其实在欧洲也是同样。天主教耶稣会自其创立时起，就非常重视科学和教育，它的理念是：人们越是深入地了解大自然的规律，越是惊叹其数学的精确性，就越是不得不承认这一切只能来自一个万能的主。为此，他们创立了当时世界上一流的大学，培养出一批最优秀的科学家。这与我们通常认为的宗教完全等同于无知和迷信是不同的。事实上，欧洲的很多科学家，正是因此而成为虔诚的教徒；也有很多科学家，正是出于证明天主万能的原始动机，而在科学的道路上孜孜以求地不懈探索，最终取得骄人的科学成就。欧洲的天主教在我们熟知的扼杀科学的一面之外，也有促进科学发展的另一方面的作用。这一作用是常常被唯物主义者所忽视的，但这恰恰也是唯物主义者必须承认的事实。

　　在康熙亲政，"历狱"昭雪，特别是南怀仁主持钦天监之后，以耶稣会传教士为主要媒介的中西文化交流达到了高峰。西洋的数学、历法从此确立了其权威性，再也没有遭到有力的质疑。即使再保守、再排外的人也不得不承认西洋人"精于数学""通晓算法"①。雍正皇帝在严禁天主教的同时，还不忘下令地方督抚查明西洋人中"果系精通历数及有技能者起送至京效用"②。

对于在100多年中内战消弭、人口繁衍、生产发展、文化繁荣的，特别是在奠定中国现代国家疆域版图上做出特殊重要贡献的"康乾盛世"来说，发生在明清两代的中西文化交流，既是造就它的原因之一，也是它的表征之一；同时在对外交流方面反映出来的局限和后来这一交流的中断，也是"康乾盛世"的主要弱点及其最终短命的突出表象和重要原因之一。

首先，明末清初的中西文化交流是促成百年统一、稳定的政治局面的因素之一。汤若望所献的"时宪历"成为清王朝"奉天承运"的标志，"历狱"的平反昭雪成为康熙亲政的重要契机；康熙对传教士和西学的借重成为作为少数民族的满族统治者用以平衡汉族势力从而维持政局稳定的有效策略；南怀仁设计、监制的西洋大炮成为平定"三藩之乱"以及取得对俄作战胜利的有力武器；徐日升、张诚参与和促成的《中俄尼布楚条约》的签署缔造了中俄两大国之间几十年的和平，并为清廷集中兵力平息"准格尔叛乱"创造了条件，这一切为奠定中国现代国家辽阔版图打下了基础；而传教士们参加的《皇舆全览图》和《钦定皇舆西域图》的绘制则是一个最好的总结。传教士们对世界的介绍以及作为翻译和顾问对外交事务的参与，也多少改变了中国统治者对外完全封闭无知的状况，沟通了中国与世界。徐光启等介绍、推广引种甘薯，介绍西方水利机械和其他有利于国计民生的新式机械，也多少促

---

① 福建巡抚周学健：《密陈西洋邪教蛊惑悖逆之大端折》，载《清中前期西洋天主教在华活动档案》（第一册），中华书局，2003，第88页。

② 礼部允祹：《饬禁愚民误入天主教折》，载《清中前期西洋天主教在华活动档案》（第一册），中华书局，2003，第57页。

进了这一时期的经济发展。在传教士的推动下，康熙创建了"蒙养斋"，这当然与欧洲各国的国家科学院有很大的不同，存在时间也不长，但毕竟也培养了梅毂成、明安图、何国宗等一批数理人才。

其次，欧洲科学、文化和艺术的引入，直接造成了"康乾盛世"文化的多样性和空前繁荣。以欧洲天文学理论制定的新式历法改变了明末旧式历法屡屡出错的困境；观象台新式天文仪器的制造缩短了中国天文学与欧洲的差距，朝廷主导编纂了《数理精蕴》《律吕正义》等大型类书吸收了从数学到音乐多方面的西学，等等，这一切使欧洲天文学、数学在保守的中国学界确立了领先地位；郎世宁等传教士创立了中西结合的"海西画派"更是开创了中国美术史上的新纪元；传教士们设计的欧式建筑和园林也丰富了中国建筑和园林设计，开西化之先河；在这一时期达到顶峰的瓷器、玻璃器等艺术品的制造业都融入了西方的技术与风格；他们介绍来的西方乐器、乐曲和乐理知识，令国人耳目一新；欧洲医疗、药品的引入，也是中国近代西医药学的滥觞。这一时期的"西学东渐"成为中国历史上空前地、全方位地吸收外来文明的一个高峰，是欧洲近代科学、艺术大规模传入中国的开端。

正是在这样的历史大背景之下，本意为了传布天主教的耶稣会士们，把在欧洲诞生不久的望远镜带到了中国，使之在中国天文学发展和历法改革中发挥了重大作用，成为当时中国与欧洲科技差距最为接近的范例之一。而且作为一种最具普及性的西方舶来的科学仪器，望远镜在中国皇帝、官员、文人和民间学者中获得了最广泛的认知，进入了他们的生活中和诗词、文学的创作中。因此毫不夸张地说，望远镜在明清两代的"西学东渐"中扮演了重要的角色。

但是，正如一句俗话所说的，"成也萧何，败也萧何"。作为西方天主教的同行者，借助传教士的口与手被带到中国的西方科学文化，在经过一个多世纪的繁荣之后，又因为宗教的缘故而止步不前了。

1705 年，携带了教宗严禁中国礼仪敕令的教廷特使多铎来到中国。西方天主教统治当局对中国礼仪文化粗暴歧视的态度激怒了康熙大帝。

以 1692 年的《容教令》为标志的天主教在华的鼎盛阶段，刚刚过了十多年就戛然而止。虽然康熙帝并没有严厉地实行禁教措施，爱好科学的他对遵照"利玛窦规矩"的耶稣会士们一直抱有好感，他可能也明白"鱼与熊掌不可兼得"，要想吸纳有用的西学而完全禁止西方的宗教是不可能的，为了西学，他对天主教采取了比较容忍的态度。但是在他之后的雍正帝和乾隆帝就不同了，他们明确地宣布"重其学不重其教"，而且如果不能兼得，宁可舍弃西学也要厉行禁教。

当很多研究者在不无遗憾地谈到清廷禁教而造成中西文化交流中止的时候，往往把谴责的矛头仅仅指向教廷一方。我认为这是不全面的。实际上还有另一方面的原因，即从雍正帝、乾隆帝以至后来的清朝皇帝和大臣们逐步地、越来越清晰地认识到了以天主教为代表的西方文明对中国君主集权政治制度的潜在威胁，因而对其实行越来越严厉的打击。

的确，天主教与中国传统的君主集权的政治制度之间存在着不可克服的深刻矛盾。在欧洲长期的历史中，作为世俗统治者的国王和作为精神统治者的教宗或主教，几乎是平起平坐的两个分享权力的统治者。用天主教的语言来说，就是"该归天主的归天主，该归恺撒的归恺撒"。而在中国，"普天之下莫非王土，率土之滨莫非王臣""卧榻之旁岂容他人酣睡"，皇帝是不允许任何人觊觎其最高令牌的。即使是最高宗教领袖，也毫无例外地是皇帝陛下的臣民。这是第一。第二，天主教标榜的是"天主面前人人平等"，而中国的儒教讲究的是"贵贱有等，长幼有序"。第三，天主教实行一夫一妻制，提倡男女平等；中国传统道德则主张"三纲五常""男女有别""一夫多妻"等。在这些涉及政治和道德核心价值的方方面面，中西两大文明的差别是何等的针锋相对、泾渭分明。

如果说在利玛窦时代，万历皇帝没有看到这一点的话，那是因为利玛窦待人处世事事低调，他一直向公众隐瞒了其传教的使命。但当他的继任者稍事张扬之后，就发生了"南京教案"。如果说崇祯皇帝没有看到这一点的话，那是因为农民军和清军的两面夹击已使他无暇他顾，同时他也寄希望于用来自西洋的大炮来挽救行将崩溃的明王朝。如果说顺治和康熙两代皇帝没有看到这一点的话，那是因为他们面临的主要威胁还是汉人（南明王朝、三藩割据和郑氏台湾）的反清势力。到了康熙末期，特别是雍正、乾隆时期，绝大多数汉人已经接受和认可了满族的清王朝，大清也以中华帝国的正统王朝自居，他们必然要禁止一切违反中国传统意识形态的"异端邪说"。同时，也正是由于在明末清初几十年的平稳发展，天主教招募了教徒、增大了影响、扩张了势力，其对中国一元政治权力结构的威胁日渐显现。读一读当时力倡禁教的封疆大吏的奏折，"无君无父""有伤风化"等指责都是切中要害的。特别令乾隆皇帝恼火和不能容忍的是，他发现外国人居然能在他的帝国里任命"官员"（其实是宗教职务）。当权者自然而然地会联想到，中国历史上的很多反政府的叛乱都是借助一种新的"宗教"而发动和组织的，当时又确实存在一种反清的民间宗教组织"白莲教"，于是天主教属于严禁之列就成为无法避免的历史必然。

禁止天主教，必然伤及那些兼有科学文化传播者身份的传教士。虽然乾隆皇帝多次向在宫廷服务的外国神父们申明，朝廷的禁教不涉及他们的宗教生活，只是禁止中国人信教。但恰恰是为了让中国人信教，这些欧洲传教士们才背井离乡，不远万里地来到中国；恰恰是为了让中国人信教，他们才小心翼翼地侍候皇帝和朝廷，将他们的时间和精力花费在并不是他们最乐于从事的、与宗教无关的科学、文化等工作中。禁止中国人信奉天主教，传教士来华就失去了意义。因此自乾隆后期以降，来华传教士就越来越少，特别是那些希望以自己天文、数学、艺术、医学等方面的才华为皇帝服务，换取传教自由的文化传播型传教士就渐渐绝迹了。

于是，这第一场在两个多世纪中，由多种必然和偶然因素所促成的、由宗教与科学两个主角出演的、被称做"西学东渐"的活剧，就到了谢幕的时候了。第二场戏的开场锣鼓将由鸦片和毛瑟枪来奏响。

本书所关注的望远镜，就是这第一场戏中的一个重要的道具。

行文到此，该是拉开幕布的时候了。

第一章 "千里眼"：中华民族 世代相传的梦想

从某种意义上讲，人类文明的发展史就是工具的发展史。人类的祖先最初完全是凭借着自己的肢体和感官在大自然中谋求生存。后来他们发明了工具——石器、棍棒和弓箭，这是手臂的延长；他们发明骑马和驾车，这是腿脚的扩展。石器后来被更坚固、更锐利的青铜器和铁器所取代，人手和腿的功能一步步地进展，征服自然的力量也日渐加强。

同时，人们也渴望能扩展眼睛的观察功能，扩大耳朵的听觉功能。看得远、听得远，在狩猎活动中，就意味着能得到多于其他人的收获；在战争中，就意味着增加一分胜利的机会，避免一分流血的可能。三星堆遗址里瞳仁突出、耳郭飞扬的"纵目人"面具（见图 1-1），反映了先人对增长视力和听力的渴望①。

在中国古代传说中，人们创造出了目力超常的神话人物——离娄。据说，他生活于黄帝的时代，能在一百步之外看清楚一根毫毛的末端。诸子百家的著作《孟子》《韩非子》《商君书》《吕氏春秋》及屈原的《楚辞·九章》中都谈到了离娄。而具有超常听力的则是著名的乐

---

① 王红旗在《三星堆人有望远镜吗》（《文史杂志》2002 年第 1 期，第 20 页）中称"纵目人"面具表明三星堆已经有了类似望远镜的发明。笔者认为，这只是反映他们的梦想或宗教崇拜。

图 1-1　三星堆遗址出土的"纵目人"面具

师——师旷。后来，产生于元代的《武王伐纣平话》更将离娄赋予了"千里眼"的特异功能，师旷也具有"顺风耳"的功能。可惜他们两人都效力于昏君、暴君——商纣王麾下，曾经以其超常的视力、听力轻易地识破了姜太公的伏兵之计，致使姜太公惊呼"似此二人先知吾心内之机，如何捉得二人？"[①] 当然最终还是正义战胜邪恶，二人被姜太公设计擒拿、处死。元杂剧中杨景贤的《西游记》里也有"千里眼"离娄的角色。

　　在明代，以《武王伐纣平话》为蓝本创作的章回小说《封神演义》中，"千里眼"和"顺风耳"都改换了名字。"千里眼"叫高明，"顺风耳"叫高觉，分别是桃精、柳鬼。二人的结局与平话中的相似，被姜子牙挖了千年桃、柳之根，用狗血淋头，最后擒拿处死。而吴承恩的著名神话小说《西游记》，也是延续了以往的传说，塑造了"千里眼""顺风耳"的形象，这回二人成了玉皇大帝殿前的侍卫。

---

　　① 《武王伐纣平话》（卷下），中国古典文学出版社，1955，第70页。

在民间宗教里，"千里眼"和"顺风耳"是道教的保护神，在祭祀黄帝轩辕氏的寺庙中，他们的位置类似于佛教寺庙中的哼哈二将。

在东南沿海老百姓的妈祖崇拜中，也有他们的位置。相传受制于姜子牙奇谋而败逃的"千里眼"与"顺风耳"心有不甘，妖魂盘踞在湄洲屿西北方的桃花山上。他们状貌狰狞，目似铜铃，齿如短剑，身高丈余，声若铜钟，来去如飘风闪电，时常出没作祟，危害在海上打鱼和行船的人们。妈祖听说，便来收服他们，为民除害。可是他们两个不知天高地厚，竟然调戏妈祖，要妈祖做他们的老婆。妈祖于是和他们约定比武，如果妈祖输了，便当他们的老婆，如果妈祖赢了，他们就跟随妈祖救世济人。大战一场后，妈祖赢了，"千里眼"和"顺风耳"就放下屠刀，成为妈祖的左右护卫。笔者在澳门的妈祖阁摄下了这两位精灵的图片，如图1-2所示。在台湾彰化的妈祖庙里也有他们的神位，如图1-3所示。他们正是古代行船者千年期盼的反映，超常的目力和听力无疑是避免海上灾难以及克敌制胜的法宝。

a) "千里眼"   b) "顺风耳"

图1-2　位于澳门妈祖阁内的"千里眼"和"顺风耳"

a）"千里眼"　　　　　　　　　　　　b）"顺风耳"

图 1 - 3　台湾彰化县"玉凤宫"中保卫妈祖的"千里眼"和"顺风耳"

中华民族曾经成就了众多伟大的发明创造，有我们在上小学时就学到的四大发明——造纸术、火药、指南针和活字印刷术，有丝绸、茶叶和瓷器，等等，为人类文明做出了重大的贡献。在光学方面，中国古代也有若干记载和研究成果：

中国古代很早就发明了铜镜，先人们以铜镜为对象，对凸面镜和凹面镜的反射现象进行了研究，也造出可以聚焦太阳光线而引火的"阳燧"。

《墨子》一书中谈到了"小孔成像"现象[1]，将透光的小孔称

---

[1]　《墨子·经下》："景到在午有端，与景长，说在端。"意为："墙壁上出现物体的倒影，是由于光线照射到物体后聚焦于屏上之小孔"，"此种成像以及造成倒影的长短，都是由于存在小孔的缘故"。《墨子·经说下》："景。光之人，熙若射。下者之人也高，高者之人也下。足敝下光，故成景于上；首敝上光，故成景于下。在远近，有端，与于光，故景彰内也。"意为："影子是因为光线像箭一样射在人体而形成。足遮蔽了下面的光线，因此此成影于上方；头遮蔽了上面的光线，因此成影于下方。人的或远或近的存在、小孔与光线，所以能在墙上形成倒影。"即此三者为小孔成像的必要条件。参见水渭松《墨子导读》，中国国际广播出版社，2008，第 261 页。

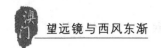

为"端"。

晋代张华的《博物志》记载了"削冰令圆，举以向日，以艾承其影，则得火"①的以冰制透镜取火的试验。

又据考古发现，在扬州汉墓出土了水晶放大镜，可将物体放大四五倍②。

《旧唐书》卷一九七记载说：贞观年间，南方一"林邑国"，进贡"火珠"，即水晶球，"大如鸡卵，圆白皎洁，光照数尺，正午向日，以艾承之，即火燃"③。这里所说的火珠，显然起到了凸透镜的作用。凸透镜能够聚焦，可以对日取火，这是它当时被作为贡品奉献的重要原因。火珠之事，在《南史》《梁书》《魏书》中也都有记载。这表明随着中外文化交流的进展，以珠取火的方法也逐渐普及了起来。甚至还有记载说，某一富豪，家中设宝庭，内藏大珠若干，导致火灾，烧其珠玉1/10。在检讨失火原因时指出，"皆是阳燧干燥自能烧物"。

宋代科学家沈括在他的《梦溪笔谈》卷三中进一步解释了"小孔成像"现象，提出了类似现代光学中"焦点"的"碍"的概念，即"阳燧照物皆倒，中间有碍故也。算家谓之'格术'"。在论述"阳燧"时，他说道："阳燧面洼，向日照之，光皆聚向内，离镜一、二寸，光聚为一点，大如麻菽，着物则火发，此则腰鼓最细处也。"④

但遗憾的是，使人的眼睛得以望远的发明，不是中国人成就的。它来自同一块大陆的西端——欧洲。中国在光学上落后于欧洲，因而不能先于欧洲发明望远镜的一个重要原因，是中国古代玻璃制造业的不发达。从上述引证的中国古代光学成就中，我们看到，没有一项是通过使

① 张华：《博物志》，祝鸿杰译注，台湾古籍出版有限公司，1997，第146页。
② 徐善卿：《中国眼镜史新探》，《眼屈光学专辑》1989年第7期。
③ 刘昫：《旧唐书》（卷一九七），中华书局，1975，第5270页。
④ （宋）沈括：《梦溪笔谈》，冯国超编，吉林人民出版社，2005，第44页。

用玻璃仪器取得的。有关专家认为,是中国发达的陶瓷业制造出精美、耐用、保温而又便宜的瓷器器皿,排挤了玻璃器皿,因此造成了玻璃业的萎缩。而透明的玻璃镜片恰恰是光学研究的最重要的工具。英国《玻璃的世界》一书的作者认为,中国古代没有几何学,则是中国光学相对滞后的另一个重要原因,因为"对空间和光的认知""正是几何学的核心"①。

---

① 〔英〕麦克法兰、马丁:《玻璃的世界》,管可秾译,商务印书馆,2003,第46页。

第二章　是谁发明了望远镜？

　　在谈及这个问题之前，让我们首先简略地回顾一下玻璃和玻璃眼镜的历史。

　　据考古发现证明，在距今4000～5000年之前的埃及古墓中发现了最早的玻璃艺术品，甚至是玻璃壁画。人们推测，后来埃及的玻璃制造术陆续传到欧洲各国。也有另外一种说法：公元前10世纪前后在地中海沿岸活跃着善于航行的腓尼基人，有一次，一只满载苏打的商船在大海中遇到强烈的飓风，被迫驶到河湾里暂避。水手们起火做饭时将船上的苏打用做炉灶的支架，事后在偶然的机会中发现产生了像玻璃样的物质，推测这可能是由于苏打与沙粒融合的结果。于是腓尼基人就学会了制造玻璃①。

　　最初的玻璃产品是浇铸和磨制出来的，也是不透明的。公元前1世纪，"在叙利亚或伊拉克某地，一种制造玻璃产品的革命性新技术被发明了"，这就是有着无限新前景的"玻璃吹制术"。而"玻璃吹制术一经开发，就可以制作非常纤薄而透明的玻璃了"②。在随后的罗马帝国时代，罗马人将玻璃的制造和使用都推向了一个高峰：透明的玻璃杯使罗马人青睐的葡萄酒更加迷人；大型的透明的玻璃窗也装饰在了豪华的罗马建筑上（从罗马城市庞贝的废墟中可以得到佐证③）。

---

① 黄荫清：《眼镜历史的考证》，《中华医史杂志》2000年第30卷第2期，第82页。
② 〔英〕麦克法兰、马丁：《玻璃的世界》，管可秾译，商务印书馆，2003，第13页。
③ 〔英〕麦克法兰、马丁：《玻璃的世界》，管可秾译，商务印书馆，2003，第17页。

罗马帝国的衰亡，使欧洲进入了一个文化的黑暗时代，但是玻璃的制造技术并没有绝迹。一方面，基督教的兴起，为玻璃找到了一个神圣的用途——记录了圣经故事的彩色玻璃窗成为各地教堂的一种重要的景观；另一方面，平板玻璃越过了原罗马帝国的国界，传到了气候相对寒冷的北部欧洲地区，成为那里人们建造既能挡风、隔寒，又能享受阳光的住宅的首选材料。总之，到了中世纪时期，玻璃制造技术首先传到了德国，继而是英国、法国、荷兰等欧洲国家，当然还有具备悠久传统的意大利，玻璃制造业一直方兴未艾。

在古代的欧洲，吹玻璃工造出了玻璃球。人们发现玻璃球中装满水后有放大作用，但误认为是水的功能。另外，人们也发现，太阳光穿过一个注满水的球形玻璃容器，那么原本布及整个球面的光线就会聚集到一点上，使位于这点的物体变热，甚至燃烧发出火焰。相传古希腊科学家阿基米德就曾用这种"燃烧玻璃"烧毁了围攻其故乡西西里岛叙拉古的罗马舰队（见图2－1）。虽然这在事实上几乎不可能，但因古罗马哲学家塞涅卡记述了此事，它便成了著名的历史传说。

图 2－1 现藏于佛罗伦萨乌菲奇宫的反映阿基米德使用
燃烧镜的画作（创作于 17 世纪早期）

图 2 - 2　欧洲售卖眼镜的作坊

到了 13 世纪，最初的老花眼镜，即借助凸透镜将物体放大的眼镜，就已在欧洲流行。1250 年，英国传教士巴亢（Roger Bacon）提到老年弱视者使用玻璃球片为最适宜的光学器件，它能将小的文字适当放大。后来在意大利发现了许多有关文献，其中在威尼斯 1300～1310 年高等议会的档案数据中有这样的记述：禁止使用一般玻璃来代替材质优良的水晶石磨制眼镜。此外，另一位意大利神父夫尔·蒂丹·雷夫它（Friar Dirdanoda Rivolta）于 1305 年 2 月 23 日谈到，提高视力的眼镜制造技术至今还不足 20 年，这是当前最需要的技术。故此推断，眼镜发明的时期可能是在 1270～1280 年（见图 2 - 2）。另有一种说法，认为眼镜是卡塞仑教堂传教士阿莱山窦·斯匹纳（Alessandrodi Spina）发明的。最早一幅戴眼镜人的画像，是 1352 年画家托马斯·答莫第纳（Tomassoda Damodena）在意大利威尼斯撒米纳·互斯考魏（Seniminario Vescoville）教堂的壁画。他画的是在该教堂连续 40 年任教的著名传教士郝·斯奇（Hugh Stcher）的遗像[①]。

"眼镜最初是在何地制造，格雷夫认为威尼斯的暮瑙（Murano）是 13 世纪最早制造玻璃的地方，从工艺方面来推测，当时也可能制造了镜片。而威尼斯当局于 1300 年 4 月曾对眼镜制造定出了规章制度。这进一步证实了眼镜初期的制造地点。"[②] 老花镜传入中国的时间，也与此大体相仿。赵希鹄所撰写的《洞天清录》记载："老人不便细书，用

---

①　黄荫清：《眼镜历史的考证》，《中华医史杂志》2000 年第 30 卷第 2 期，第 84 页。
②　黄荫清：《眼镜历史的考证》，《中华医史杂志》2000 年第 30 卷第 2 期，第 84 页。

瞉隶掩目则明。"① 而赵希鹄正是生活于 13 世纪的南宋末年人士。磨制镜片的工艺，也是于 14 世纪传入中国的。

就在那一时期，一些英国和意大利学者就设计出了一种由一组凸透镜和凹面镜组成的放大工具。可惜的是，由于那时磨制镜片和镜子的技术相当有限，该设计没能变成现实。直到 15 世纪中叶，人们才开始使用借助凹透镜将物体缩小的近视眼镜。当时，意大利的佛罗伦萨、威尼斯和德国的几座城市成为重要的眼镜生产中心。

从 15 世纪末期开始，一些德国的眼镜制造商开始研制出屈光度更为精确的镜片，而意大利的威尼斯已能生产出瑕疵较少、透明度相当高的新型玻璃。这一切都为孕育望远镜准备了条件。

那么，到底是谁充当瞭望远镜的"接生婆"呢？

2008 年，在北京的人民大会堂召开了有多名诺贝尔奖金获得者参加的"隆重纪念望远镜发明四百周年—科学大师讲演会"（见图 2 - 3），同时北京天文馆引进了意大利筹办的题为"伽利略望远镜——改变世界的工具"展览（见图 2 - 4）。

图 2 - 3 隆重纪念望远镜发明四百周年——科学大师讲演会会场

① 黄荫清：《眼镜历史的考证》，《中华医史杂志》2000 年第 30 卷第 2 期，第 85 页。

图 2 - 4　北京天文馆展览的海报

这似乎是告诉大家，望远镜的诞生时间是在 1608 年。而就在这一年，有两位荷兰人几乎同时向荷兰政府当局提出专利申请，说自己是望远镜的发明者，他们就是利普赫和詹森，如图 2 - 5 和图2 - 6所示。

HANS LIPPERHEY.

图 2 - 5　利普赫像

ZACHARIAS IANSEN.

图 2 - 6　詹森像

很多有关望远镜发明史的书籍都这样写道：在地处阿姆斯特丹西南约 130 公里的米德尔堡市，有一位名叫汉斯·利普赫（Hans Lippershey）的眼镜制造商。1608 年，即 400 多年前的一天，学徒趁他不在，闲暇之余通过那些透镜窥视四周自娱自乐。最后，这个徒弟拿了凸透镜和凹透镜两片玻璃透镜，一近一远地放在眼前，结果惊讶地看到远处教堂上的风标仿佛变得又近又大了①。利普赫立刻明白了这项发现的重要性，并且认识到应该将透镜安装到一根金属管子里，从而制成了第一架望远镜。

利普赫将望远镜献给了荷兰政府。"当时荷兰正在反抗西班牙的侵略，与西班牙苦战了40年还未分胜负。荷兰海军得到了望远镜，它能够让荷兰舰队的船只早在敌人看见他们之前就发现敌人的动静。"② 于是荷兰能够抵抗住西班牙的优势兵力而生存下来，利普赫也因此得到政府的嘉奖。

但是事情似乎并不是这么简单。在1986年出版的王锦光先生的著作《中国光学史》中附有了英国著名的科学史学家李约瑟一篇论文的摘译。文章的题目为《江苏两位光学艺师》，主要谈的是中国光学家薄珏和孙云球的事，却在文章的开头提出了"到底是谁在西方首先发明了望远镜"的问题。他回答说，这"确实是一个很大的悬案，也许在今天这个问题已经不可能解决了"③。

李约瑟首先提到的是出生于1510年的英国人利那得·迪格拉斯（Leonard Diggses）。他的儿子托马斯·迪格拉斯（Thomas Diggses）在为父亲1571年出版的著作《经纬万能测角仪》所作的序言中的文字，"似乎在声称，这个荷兰眼镜制造师、望远镜的发明者之一的荣誉是属于其父利那得·迪格拉斯的"④。

随后，意大利人德·拉·玻尔塔（G. B. Della Porta，1535—1615）于1589年出版的二十卷集《自然的魔术》一书中说道："用一块凹透镜，你可以清楚地看到遥远的细小的东西，用一块凸透镜，近旁的东西显得特别大，却更模糊。如果你知道如何将它们配置在一起，你既可以

---

① 卞毓麟：《追星：关于天文、历史、艺术与宗教的传奇》，上海文化出版社，2007。

② 温学诗、吴心基：《观天巨眼：天文望远镜的400年》，商务印书馆，2008，第28页。

③ 李约瑟、鲁桂珍：《江苏两位光学艺师》，载王锦光《中国光学史》，湖南教育出版社，1986，第189页。

④ 李约瑟、鲁桂珍：《江苏两位光学艺师》，载王锦光《中国光学史》，湖南教育出版社，1986，第189页。

看到近旁的东西，又可以看到远处的东西，并且在两种情况下，看到的东西都是大而清楚的。"接着，该书中又说道："我说的是托勒密透镜（Ptolemies Glass），或就叫眼镜，利用这种透镜，托勒密看见了六百英里外进犯的敌船。我将要努力说明，我们如何才能辨认出我们在几英里外的朋友，在很远的地方阅读几乎已经是看不见的微小的字母，这是光学的基础，对于人类的日常生活来说也很需要，而且制作容易。""如果你知道如何去复合双凸透镜，我毫不怀疑，你就能看到一百步以外的最小字母。"①

对于德·拉·玻尔塔是否就是望远镜的发明者，学者们的意见是有分歧的，但是和他同时代的科学家开普勒等都持赞成的态度。

下一个才轮到荷兰人，但还不是那个利普赫，而是詹森。一个叫艾·贝克曼（Isaac Becckman）的人在1618年和1634年两次写道，是泽·詹森（1588—1631）于1604年在荷兰制成第一架望远镜，他所依据的原型是1590年在意大利制成的。

然后才是那个将望远镜献给王子和递交专利申请的眼镜商人利普赫。至于伽利略，他将他关于望远镜想法的起源归因于1609年春天从荷兰传来的消息，但他坚持说，接下来他是完全根据光学推理来构造他自己的这架望远镜的，他并没有可以仿制的模型，只是通过已知的光学原理，独立地设计和制作出他的望远镜。

李约瑟在历数了这些发明家之后，总结说："可以肯定的是，在1550～1610年至少有六个人摆弄过双透镜的组合，使用了双凸透镜和双凹透镜，并获得了令人惊讶的远处物体放大的效果。""某一种设想一传播开来，就有许多人几乎同时付诸实践，这种现象，如望远镜的发明，在现代以前几乎是不可能的。"②

---

① 李约瑟、鲁桂珍：《江苏两位光学艺师》，载王锦光《中国光学史》，湖南教育出版社，1986，第190页。

② 李约瑟、鲁桂珍：《江苏两位光学艺师》，载王锦光《中国光学史》，湖南教育出版社，1986，第192页。

　　的确，从看似偶然地将一片凸透镜与一片凹透镜组合起来观物，到望远镜的诞生，再到望远镜的不断改进和发展，其实并非是纯粹的偶然。早在古希腊时代，欧洲的几何光学已经有了令人瞩目的成就。在距离望远镜发明时间的近 2000 年前的公元前 3 世纪，欧式"几何学"的创始人欧几里得就撰写了一部《光学》。450 年后的公元 2 世纪，希腊科学家托勒密撰写了论述几何光学的专著《光学》，对光的反射和折射的基本规律做了数学式的精确描述，也试着寻找光线通过不同介质时不同的折射率。戴维·林德伯格的《西方科学的起源》一书对此进行了介绍，还根据托勒密的理论画出了光路图[①]。

　　公元 5 世纪，随着罗马帝国的崩溃和日耳曼蛮族的入侵，希腊的科学被中断。但是，代表了古希腊文明高峰的欧几里得几何学和伴随着几何学而发展起来的光学并没有绝迹，而是传到了阿拉伯世界（包括被阿拉伯人占据的西班牙）。11 世纪末，欧洲的基督教势力再次收复了西班牙，"阿拉伯文化中心和阿拉伯藏书落入了基督徒手中，最重要的中心托莱多于 1085 年陷落，在 12 世纪期间其图书馆中的财富开始得到严肃的开发"[②]。于是一个伟大的"翻译运动"，即将阿拉伯文的文献翻译成拉丁文的运动开始了。其中就包括托勒密的《至大论》，欧几里得的《几何学》《光学》《光的反射》等。在漫长的中世纪，艰难地发展着的几何学和光学，与玻璃制造技术一直相辅相成、相互促进着。没有这一深厚的科学底蕴，荷兰眼镜商人就不可能捕捉到那稍瞬即逝的偶然发现，望远镜也不可能在短短的时间内就在欧洲各地同时掀起轩然大波。在没有深厚几何学传统的中国，望远镜即使传入了也很难发展起来，这就是一个明白的反证（有趣的是，当时从传教士那里学到西方光学的

---

　　① 〔美〕戴维·林德伯格：《西方科学的起源：公元前六百年至公元一千四百五十年宗教、哲学和社会建制大背景下的欧洲科学传统》，王珺等译，中国对外翻译出版公司，2001，第 112 页。

　　② 〔美〕戴维·林德伯格：《西方科学的起源：公元前六百年至公元一千四百五十年宗教、哲学和社会建制大背景下的欧洲科学传统》，王珺等译，中国对外翻译出版公司，2001，第 211 页。

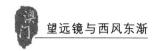

中国人，称之为"造镜几何心法"，说明当时的中国人也认识到了光学与几何学密不可分的关系）。那当然是后话了。

不管谁是第一个发明者，但是在利普赫最早将望远镜奉献给荷兰执政当局这一点上，似乎是举世公认的。虽然荷兰政府并没有将专利权颁发给利普赫，但它很快将望远镜用于对西班牙的战争。从此，世人便知道了望远镜——这一能使人望远的神奇工具。

第三章 伽利略——第一位将望远镜指向星空的伟人

尽管"谁发明瞭望远镜"这个问题有多个答案，而"谁首先将望远镜用于科学"这个问题却只有一个答案，这就是意大利物理学家——伽利略（见图3－1）。

伽利略1564年出生在意大利比萨的一个没落贵族之家。他的父亲是一位富有才华、思想开放的绅士。伽利略从小勤学好动，有强烈的求知欲。他17岁时进入比萨大学，先是遵从父命学习医学，继而改学数学和

图3－1 伽利略像

物理。他从年轻时代就表现出反叛精神，从不盲目迷信权威，对任何问题都喜欢打破沙锅问到底。1583年，他在19岁还是一名大学生时，就受教堂吊灯的启示，经过多次试验，发现了"单摆定律"，即单摆摆动的时间与摆的重量、形状和摆动的幅度都无关，而是与摆的长度成反比。然而，这名天才学生却没有拿到比萨大学的文凭，而在大学的第四个年头上中途退了学。其原因，有人说是家庭经济困难，有人说是父亲不支持他学数学、物理学。为了分担家庭的重担，伽利略当了一名私人

教师，但在业余时间里继续他的数、理研究，并且写出了他的第一本科普著作《小天平》。

凭借着《小天平》一书的名气，伽利略得到了一位侯爵的推荐，改变了自己的命运。1589年，25岁的伽利略回到母校——比萨大学，当上了数学教授。第二年他就在著名的比萨塔上进行了自由落体实验，从而证明自由落体的速度与落体的重量无关。但是他的这一实验却不见容于被称为"旧传统的顽固堡垒"的比萨大学。因为它违背了经典权威亚里士多德的著名定律——物重先落地，即不同重量的物体下落的速度不同，物体越重，下落的速度越快。其实，伽利略并不是第一位撼动"物重先落地"定律的人，但是，却是第一个敢于公然挑战亚里士多德权威的人[①]。

图3-2 伽利略时代的帕多瓦大学

不媚世俗的伽利略最终被比萨大学解聘了。"塞翁失马，焉知非福"，不久伽利略接到另一所学术空气自由活跃的学校——帕多瓦大学（见图3-2）的聘书。1592年28岁的伽利略到这所在开明的威尼斯大公管辖之下的高等学府担任数学教授，而且得到一位富有且学问渊博的贵族——皮内利的赏识，二人结成了好朋友。帕多瓦大学的自由空气使伽利略如鱼得水，他不仅成为深受学生喜爱的教师，而且接踵取得一个又一个的重大科研成果。

就在荷兰眼镜商们宣布发明了望远镜的第二年，即1609年，伽利略从朋友和学生那里知道了这项有趣的发明。他敏锐地意识到这一被别

---

① 松鹰：《三个人的物理学》，中国青年出版社，2007，第22页。本章所选用的几幅图均来自该书。

人仅仅当成玩意儿的仪器或战争中的利器，将会在科学研究中大有作为，于是就决定自己动手制作一架望远镜。他反复设计图纸，计算曲率，亲手磨制镜片，花了整整一个夏天，终于制造出一架能放大九倍的望远镜（见图3-3）。伽利略接受了朋友的建议，他请威尼斯的上层人士登上该市最高的教堂塔顶，去观看海景（见图3-4）。海上远处的舰船历历在目，使这些达官贵人大饱眼福。伽利略还将这架望远镜卖给了威尼斯大公，他得到的回报是，帕多瓦大学聘请他为终身教授，而且薪酬也增加了一倍。

图3-3 伽利略制造的望远镜

图3-4 伽利略在威尼斯上层人士中展示他的望远镜

除了特别的事件，比如新星出现之外，一个典型的文艺复兴时期的天文学家看到的宇宙，和古代先辈们看到的并无不同。如果说他在天文学上有较好的机会，这主要是因为他有了更多机会学习前人和同行们出版的书籍，或是他们编辑的观测记录：他的优势是可以多读一些书，而不是可以多观测到什么天象。"但所有的这一切都因一件事发生了改变。从这时开始，每一代的天文学家都将比他们的前辈拥有更大的优势，无论他们的前辈如何辉煌。这是因为先进的仪器可以使他们看到迄今没有看到的、不知道的、未被研究过的东西。"①

伽利略划时代地将望远镜指向了星空，从而得到了震撼世界的发现。这就是 1610 年被写进《星际使者》一书的一系列内容：月球表面的环形山、银河系无以数计的恒星、木星的四颗卫星，还有太阳表面的黑子、土星外围的光环，等等。他的发现动摇了教会的传统观念，"很多人声称，通过由两个有曲面的玻璃片构成的望远镜不可能窥破宇宙的奥秘。但是决定性的支持来自一年以后，四位耶稣会天文学家在罗马签署了一份声明，确证了伽利略的发现。无论如何，这仅是在望远镜得到广泛使用之前才会有的事。到望远镜被广泛使用时，伽利略宣布的发现可以由任何一个心存怀疑的人对其进行检验"②。因此，伽利略遭到了来自罗马教廷的迫害。当然，这些就不是本书要关注的了。但是，一位曾经与伽利略一起站在罗马的圣特里尼塔蒂斯（S. Trinitatis）教堂的楼顶上观测星空的、名叫约翰·施莱克（Johannes Schreck）的德国人，却是本书需要关注的人物。

① 〔英〕米歇尔·霍斯金：《剑桥插图天文学史》，江晓原等译，山东画报出版社，2003，第 114 页。
② 〔英〕米歇尔·霍斯金：《剑桥插图天文学史》，江晓原等译，山东画报出版社，2003，第 120 页。

第四章 伽利略的朋友——施莱克（邓玉函）

有专家指出，与美洲大陆和非洲大陆不同，欧亚大陆呈现出东西向的主轴。东西向的主轴与纬度平行。这样的大陆的特点和优势，就是比南北向主轴的大陆更有利于技术的传播。相同的纬度，就意味着大体一致的季节和气候，这不仅是动、植物迁移和传播的有利条件，也是一切技术传播的有利条件①。望远镜从欧亚大陆的西端传到东端的中国，就是对这一规律的最为有力的诠释。从 1608 年荷兰眼镜商宣布发明望远镜，到 1622 年望远镜被带到中国，中间相隔仅仅 14 年。而完成这项伟大传播的，是德国人施莱克和亚当。

约翰·施莱克 1576 年出生于德国与瑞士接壤的康士坦茨天主教主教管区，更具体点说是一个叫做西格玛瑞根公爵（Zollern Sigmaringen）的臣属区的一个叫做"宾根（Bingen）"的小镇（见图 4 - 1）②。早在 1603 年，施莱克在帕多瓦大学学医学的时候，就与大他 12 岁的该大学数学教授伽利略相识了。1611 年享誉欧洲的伽利略应邀访问了罗马，在罗马大学展示了他的望远镜，并作了精彩的讲演。这时施莱克也在罗马大学（见图 4 - 2）。他是教皇药剂师法伯（Johannes Faber）的助手，

① 〔美〕戴蒙德：《枪炮、病菌与钢铁：人类社会的命运》，谢延光译，上海世纪出版集团，2008，第 186 页。

② 〔德〕蔡特尔：《来自德国康士坦茨的传教士科学家邓玉函（1576～1630）》，孙静远译，载《汉学研究》（第十一集），学苑出版社，2008，第 326 页。

同时又是在罗马大学攻读神学的研究生。罗马大学是耶稣会主办的著名的高等学府，由享誉全欧洲的学者任教，其中最杰出的有利玛窦的数学教师格里斯多夫·克拉维奥（Christophorus Clavius），这时他已经很老了；还有施莱克的天文教师克里斯多夫·戈兰伯格（Christoph Grienberger）。戈兰伯格和伽利略是很好的朋友，他真心支持伽利略的观点，但是不能公开表示。

图 4 - 1　施莱克的家乡——宾根的教堂

　　施莱克在十几年之后的一封信中，回忆到与伽利略在罗马圣特里尼塔蒂斯山上共同观测星空的一个难忘的夜晚。他还同时嘲笑了一名顽固坚持错误观念而且愚蠢可笑的神父，他写道："那位和我们一起站在教堂上的神父，拒绝用伽利略的望远镜观看天上的星星，以便不必承认他的双眼迫使他不得不接受的事实。"① 这就说明，施莱克不是

---

① 〔德〕蔡特尔：《来自德国康士坦茨的传教士科学家邓玉函（1576～1630）》，孙静远译，载《汉学研究》（第十一集），学苑出版社，2008，第327页。

图 4－2 昔日的罗马大学，今日的教廷额我略大学

一个保守的人。但他和他的老师一样，也不是像伽利略一样勇于向守旧势力宣战的斗士。在当时关于宇宙模式的三种学说中，他既不赞成守旧的宗教当局所坚持的地球是宇宙中心的托勒密学说，也不赞成伽利略确定地将哥白尼的太阳中心说奉为不二真理，他倾向一种折中的理论——第谷学说，即行星都是围绕太阳旋转的，而太阳则是围绕地球旋转的。

在罗马，他们两人还共同成为"灵采研究院"（因其会徽是一只山猫，所以又称山猫研究院，其会徽见图 4－3）的成员。"灵采研究院"是楷西侯爵（见图 4－4）于 1603 年发起成立的全世界第一个科学团体。他的宗旨是："希望热心于追求真正知识并致力于研究自然尤其是数学之哲

图 4－3 灵采研究院会徽

图 4-4 楷西侯爵

学家成为其成员；同时本学会也不忘优雅的文学与语言学之装点作用，因此类科学犹如优美之服装，亦可使科学自身增辉生色也。"① 在该研究院的院士名单上，伽利略与施莱克分别排名第六位和第七位。著名的耶稣会科学家、《中国图说》的作者基歇尔（Athanasius Kircher）曾这样评价施莱克："这位德国康斯坦茨神父在加入耶稣会之前就已经是全德最著名的学者、医生和数学家之一。由于他博学多才、广泛深入的自然科学知识以及卓有成果的高超医术，使他受到众多的王公贵族们的热烈欢迎。"② 也正如中国学者方豪所说的那样：他当时已经以"医学、哲学、数学无一不精；英文、法文、德文、拉丁文、希腊文、葡萄文、希伯来文无一不晓，还兼修过动物、植物、矿物等学科"，而"名满日耳曼"了③。

但是，令伽利略不解和失望的是，施莱克就在这一年加入了天主教的耶稣会，成为了一名神父。他说：施莱克的消息，"使我颇为不快，这是我院的损失。但他决定进耶稣会，而不入别的会，还可以使我感到欣慰，因为我最重视耶稣会"④。的确，在天主教各个修会中，耶稣会是最为重视科学和教育的。罗马大学就是由耶稣会主办的。曾经在这里当过利玛窦数学教师的克拉维奥就是参与制定教廷"格列高利历法"

① 松鹰：《三个人的物理学》，中国青年出版社，2007，第45页。
② 〔德〕蔡特尔：《来自德国康士坦茨的传教士科学家邓玉函（1576～1630）》，孙静远译，载《汉学研究》（第十一集），学苑出版社，2008，第327页。
③ 方豪：《中国天主教史人物传》（上），中华书局，1988，第216页。
④ 方豪：《中国天主教史人物传》（上），中华书局，1988，第221页。

的主要成员之一。其实，施莱克既然来到罗马大学，加入耶稣会就是题中应有之意。他与伽利略不同，伽利略是罗马大学慕名请来的贵宾。

关于施莱克退出灵采研究院而加入天主教耶稣会的原因，近来的研究者给出了新的解释。1611 年施莱克曾应楷西公爵之邀，"承担一项富有挑战性的任务，帮助他出版《墨西哥词典》（*Thesaurus Mexicanus*）"。该书的内容是西班牙医师赫尔南德斯奉国王菲利普二世之命游历墨西哥收集来的大量关于新大陆的植物、动物和矿物的信息。施莱克的任务是对其进行编辑和评述。他以注释的形式在书中加入了自己的评论，并由此而产生了探索"欧洲以外自然史"的强烈兴趣。然而在当时，全球化其实"是一个有关征服和基督教化的问题，而科学只能附随于这个语境中出现的机遇""教会以其世界范围的活动提供了独一无二的机会""事实上，耶稣会士不仅展示了将科学追求融入宗教世界观的可能性，而且提供了一种组织上的支持，它比赞助人的支持更优越。"专家认为，这种选择对于施莱克来说具有格外的吸引力，因为"他既没有独立的收入，也没有学术机构中的位置，更没有贵族的赞助"①。

换句话说，施莱克是为了获得考察海外未知的自然界的机会，才加入天主教耶稣会的。因为耶稣会一方面特别重视科学教育工作，一方面积极向海外派遣传教士。果然，后来施莱克在 1618 年到达果阿后，在那里停留了 7 个多月，收集了当地 500 多种动、植物和矿物的资料，编写了一部被他命名为《印度的普林尼》（*Plinius Indicus*）的亚洲自然史著作。他之所以这样命名他的书，是因为在公元 1 世纪，罗马有一本百科全书式的自然史著作名为《老普林尼》。另外施莱克在中国的经历，也可以为他加入耶稣会的动机作出令人信服的注释：他几乎全身心地投入到科学事业中，根本无暇从事宗教工作。

在整理《墨西哥词典》时，施莱克读到了一本注定要改变他一生

①　张柏春等：《传播与会通——"奇器图说"研究与校注》（上篇），江苏科学技术出版社，2008，第 59 页。

命运的书，即"加尔西亚·达·奥尔塔（Garcia da Orta，1499—1568）于1563年在果阿出版的著作，这本书涉及中国药用植物并赞扬了学术在中华帝国中所具有的崇高地位"。研究者称："这本书可能在邓玉函身上激起了一种跟随利玛窦的足迹，去探索印度和中国的愿望。"①

图4-5　金尼阁像（1577—1628）

当然，加入耶稣会并不意味着一定能到中国。1614年，施莱克渴望的机会来了。这一年，一名从遥远的中国返回的耶稣会士尼古拉斯·垂勾特（Nicolas Trigault）到了罗马。他的中文名字叫做"金尼阁"（见图4-5）。

金尼阁1577年出生在比利时的杜埃城（现属法国境内），1594年加入耶稣会，于1610年远赴澳门，翌年进入南京。

进入中国大陆后不久，金尼阁又被他的上司、利玛窦的继承人——意大利耶稣会士龙华民（Nicolas Longobardi）——派回了欧洲，去向罗马教廷请示有关中国传教事业中的若干问题。在从中国返回欧洲的漫长路途中，金尼阁将利玛窦生前用母语意大利语撰写的回忆录翻译成拉丁文，并补充了两章，记述了利玛窦死后向皇帝申请墓地和举行葬礼的情况。1614年，金尼阁回到罗马，中国传教团的各项请求都得到了教皇和耶稣会总会的首肯。那部揭开古老中国神秘面纱的书稿也得到批准，以《天主教传入中国史》的书名出版，引起轰动。然而金尼阁并

①　张柏春等：《传播与会通——"奇器图说"研究与校注》（上篇），江苏科学技术出版社，2008，第59页。

不满足，他最需要的还是志愿到中国传教的、具有较高科学素养的传教士。为此他造访了罗马的灵采研究院。施莱克，还有亚当和罗等，旋即决定加入金尼阁的中国传教团队。

从 1614 年决定加入金尼阁的团队，到 1618 年 4 月 16 日登船离开里斯本港，施莱克在欧洲各国巡游了差不多 5 年的时光，他的足迹到过米兰、佛罗伦萨、都灵、里昂、巴黎，还有金尼阁的故乡——比利时的杜埃，荷兰，德国的慕尼黑、奥格斯堡，瑞士的日内瓦，等等。金尼阁给他的任务是"为在华传教事业之需要收集当代最新的科学文献与仪器、器械"①。其中对本书主题异常重要的是，米兰的红衣主教博罗梅奥赠送给他一架伽利略的望远镜。施莱克因此成为第一位将望远镜带入中国的人②。

金尼阁在巡回演讲中口若悬河，很快就在欧洲掀起了一场"中国热"，他从教皇和多位欧洲公国的君主那里获得了大量精美的礼物、仪器和图书，以及支持中国传教事业的款项。

本书在导言中曾经提到，为了在中国站住脚，并顺利地传布福音，耶稣会士们将利玛窦的"学术传教"策略奉为圭臬。施莱克在这方面具有无可争议的优势。当他在做这方面的准备时，理所当然，他第一个想到的就是伽利略。他写信托朋友向此时已经离开罗马的这位伟大科学家寻求支持。1616 年 5 月施莱克在他的日记中写道："我希望在起程赴中国之前，伽利略能告诉我推测日、月食的新方法。因为他的方法比第谷（Tyco）的方法为精……希望他至少能预告我一二次未来的日、月食，我可以考验他和第谷推算方法的准确性究竟相差多少。"③

在 1616 年 5 月 18 日的一封信中，他写道："从伽利略先生处，我去中国之前唯一希望得到的，是他计算日食和月食的方法……至少希望他能向

① 〔德〕蔡特尔：《来自德国康士坦茨的传教士科学家邓玉函（1576 ~ 1630）》，孙静远译，载《汉学研究》（第十一集），学苑出版社，2008，第 327 页。
② 张柏春等：《传播与会通——"奇器图说"研究与校注》（上篇），江苏科学技术出版社，2008，第 60 页。
③ 方豪：《中国天主教史人物传》（上），中华书局，1988，第 222 页。

我说明未来一些年头里的两种情况之一，使我能确定它与第谷的计算方法有多大区别。"然而伽利略的回答只是干巴巴的一个"不！"字[1]。

为什么昔日的好友竟如此无情？事情的原委还要从头说起：

1543 年，波兰科学家哥白尼（见图 4-6）在临死前发表了《天体

图 4-6 哥白尼像

运行论》，提出了"日心说"，从根本上动摇了当时教会的理论基础——托勒密的"地心说"。但是，他的著作在最初的 60 年中并没有受到教廷的重视。1600 年，宗教裁判所将宣传哥白尼学说的布鲁诺活活烧死。从此罗马教廷和教皇本人开始重视对待这可能改变人间的天文学的论争。由于伽利略的天文发现一再证明"地心说"的荒谬，1615 年，教会中许多与伽利略敌对的人联合攻击伽利略为哥白尼学说辩护，控告他违反神圣的天主教义，再加上一些复杂的政治因素，教皇保罗五世在 1616 年下达了著名的"1616 年禁令"，禁止伽利略以口头的或文字的形式传授或捍卫"日心说"。从那以后，宗教法庭的审讯就一直纠缠着这位物理学家。

教皇的命令一下，教会中一些即使赞成伽利略观点的人士，也变得态度暧昧起来。罗马学院的院长白拉明红衣主教，曾邀请伽利略去做客，宾主讨论了科学与宗教的问题。白拉明好意地劝他，"最好把哥白尼学说视为未经证明的假说，而不能宣布它是真理"[2]。

施莱克也是一样。作为耶稣会士，他不能无视教廷的态度。他曾向自己一向敬仰的伽利略提出善意的忠告，希望伽利略缓和自己的提法，不要坚持哥白尼理论，而是策略地将其说成是一种"对天文学的计算

① 〔德〕蔡特尔：《来自德国康士坦茨的传教士科学家邓玉函（1576～1630）》，孙静远译，载《汉学研究》（第十一集），学苑出版社，2008，第 327 页。

② 松鹰：《三个人的物理学》，中国青年出版社，2007，第 46 页。

很有成效的假说"。至于它是否是真理，"是真是假，让我们先不做讨论，搁一搁再说"①。这种劝告，激怒了伽利略，导致了他与施莱克中止友谊，割袍断义。

施莱克吃了闭门羹，但他并不死心，还托人捎信给楷西亲王，"希望借助他的力量，使我能在起程之前，向伽利略请教若干事，以便利在中国推算日、月食的工作"②。1618 年 3 月 31 日，施莱克在他离开欧洲前写的最后一封信中，还请求他的朋友帮他搜集伽利略和其他学者的新著。甚至直到 1622 年从中国的嘉定发往欧洲的信件中，施莱克还锲而不舍地写道："我极希望从伽利略先生处，就像我多次写过的那样，得到来自他新观察中的关于日、月交食的计算……因为它对我们革新旧历有着急迫的必要性。如果要寻找一个合法的、可以作为我们在中国存在的理由，借此让他们不把我们驱赶出这个国度，那这就是唯一的理由。"③

尽管施莱克没有从伽利略那里直接得到支持，但是米兰的红衣主教赠送他一架伽利略制造的望远镜。这就是从欧洲传到中国的第一架望远镜。

施莱克从伽利略那儿得不到帮助，就转而向德国天文学家开普勒（见图 4－7）求援。

开普勒（Johannes Kepler，1571—1630），曾在第谷领导的研究室工作，却是哥白尼理论的支持者。伽利略制造出一片凸透镜和一片凹透镜组

图 4－7　开普勒像

①〔德〕蔡特尔：《来自德国康士坦茨的传教士科学家邓玉函（1576～1630）》，孙静远译，载《汉学研究》（第十一集），学苑出版社，2008，第 327 页。
② 方豪：《中国天主教史人物传》（上），中华书局，1988，第 222 页。
③〔德〕蔡特尔：《来自德国康士坦茨的传教士科学家邓玉函（1576～1630）》，孙静远译，载《汉学研究》（第十一集），学苑出版社，2008，第 337 页。

成第一架天文望远镜之后，开普勒试制出由两片凸透镜组成的另一种望远镜，人称"开普勒望远镜"。

这两种望远镜有着各自不同的结构和特点。伽利略望远镜是由一凸一凹两片透镜组成，其特点是"通过目瞳看到的像是正立的虚像，虽便于观察，但不能测量；筒长相对较短；视场较小"。而开普勒式望远镜是由两片凸透镜组成，其特点是"通过目瞳看到的像是倒立实像，不便于观察；若在共焦面装上刻度光阑，却又便于测量；但筒长相对地较长；视场较大"①（见图4-8~图4-10）。

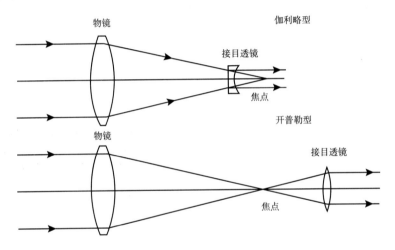

图4-8 伽利略型望远镜与开普勒型望远镜的成像图

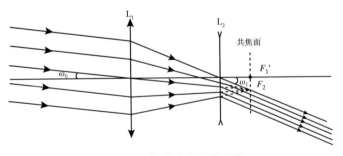

图4-9 伽利略望远镜光路

---

① 戴念祖、常悦：《明清之际汤若望的窥筒远镜》，《物理》2002年第5期，第324页。

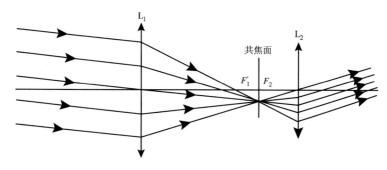

图 4 - 10　开普勒望远镜光路

开普勒在天文学、光学方面取得一系列重大研究成果。他于 1609 年和 1617 年发表了《新天文学》和《哥白尼天文学概要》，公布了他发现的行星三大定律[1]。1616 年，邓玉函随金尼阁周游欧洲各国时就在慕尼黑与开普勒相见过，而且"在 1617 年有了更多的接触机会"[2]。金尼阁从欧洲带来的七千余册图书中就包括多部开普勒的著作，例如，"有反映物理天文学思想的著作《宇宙的神秘》（北堂藏书 1899 号）和《哥白尼天文学概要》（成书于 1618～1621 年，北堂藏书 1897 号）；有反映开普勒光学成就的著作《天文光学》（成书于 1604 年，北堂藏书 1893 号），《折光学》（成书于 1611 年，北堂藏书 1895 号），以及另一个版本的《折光学》（附伽利略的《比例规》，成书于 1612 年，北堂藏书 1896 号）；此外还有《世界的和谐》（成书于 1619 年，北堂藏书 1898）""除《新天文学》（成书于 1609 年）外，基本上涵盖了开普勒的所有著作"[3]。

1623 年，施莱克从中国的常州写信给欧洲的朋友，"希望他们能寄来刻白来（即开普勒）、伽利略的著作，说三年即可寄到"，他还直接

---

① 王国强、孙小淳：《〈崇祯历书〉中的开普勒物理天文学》，《中国科技史杂志》2008 年第 29 卷第 1 期，第 43 页。

② 王国强、孙小淳：《〈崇祯历书〉中的开普勒物理天文学》，《中国科技史杂志》2008 年第 29 卷第 1 期，第 48 页。

③ 王国强、孙小淳：《〈崇祯历书〉中的开普勒物理天文学》，《中国科技史杂志》2008 年第 29 卷第 1 期，第 47 页。

致信开普勒，"告以尧典中关于星座的记述"。1627 年开普勒接到了这封信，他马上在该年的 12 月回了信，"详细地回答了邓玉函的问题，并送了两本星表。一本是《鲁道夫星表》，由于其中两部分正在印刷中，所以开普勒还送了一本在 1614 年威尼斯出版的星表，书中边孔仍有开普勒的手迹，现仍在北堂藏书中"①。1630 年，开普勒又写道，"邓玉函告诉我们中国的纬度及一次日食，我们有必要协助他"②。可惜他们两人在这一年双双辞世，开普勒对中国天文学的帮助没有能够长久。这当然是后话了。

与施莱克一同登上金尼阁远航东方的轮船的耶稣会士共有 22 名，其中德国人沙尔和意大利人罗，也都是灵采研究院的院士。

沙尔（Jean Adam Schall von Bell），1591 年出生于科隆，先在当地的耶稣会学校就读，1608 年进入罗马大学，1611 年加入耶稣会。在罗马大学，沙尔与施莱克相识，共同开始充当见习修士。罗（Giacomo Rho）1593 年出生于米兰，精于数学。

经过充分的准备，各国君主赠送给中华传教团的礼品、书籍也纷纷到达起航的港口——里斯本。1618 年 4 月 16 日，金尼阁率领他的"远征军"，包括施莱克、沙尔和罗在内的 22 名年轻教士，搭乘了三艘大船——圣加罗号（St. Carlo）、圣茂罗号（St. Mauro）和善心耶稣号（Der gute Jesus），以及另外两艘小船，浩浩荡荡地出发了③。

海上的旅途是漫长的，以金尼阁为首的耶稣会士小团体将时间安排得紧张而又充实。从周一到周六，每天下午排有课程：周一和周四由枯心（P. Cousin）神父演讲道德；周二和周五由施莱克讲授数学；周三和周六由金尼阁讲授中国语言文字课。此外，施莱克、沙尔和罗等几名年

---

① 王国强、孙小淳：《〈崇祯历书〉中的开普勒物理天文学》，《中国科技史杂志》2008 年第 29 卷第 1 期，第 48 页。

② 方豪：《中国天主教史人物传》（上），中华书局，1988，第 222 页。

③ 〔德〕魏特：《汤若望传》（上），杨丙辰译，商务印书馆，1936，第 54 页。

轻人"很勤奋地做观察星象、流星、风向、海流和磁针移动等工作"①，无疑，包括伽利略望远镜在内的各种仪器成了他们有力的帮手。

长时间的海上航行最怕感染瘟疫。但是这种倒霉事儿还是让金尼阁他们赶上了，施莱克将它归咎于"火星与土星在昴星团中相交会"，沙尔则认为应归根于离"非洲那充满了瘴疠之气的海岸"太近了的缘故②。总之越来越多的乘客和船员都病倒了，船上又没有正式的有资格的医生，于是曾在帕多瓦大学学过医学的施莱克担当起医生的职责。一行中的金尼阁、沙尔，包括施莱克自己都曾一度被瘟疫击倒，唯有罗只是仅仅感到有点头疼，并无大碍。幸运的是他们几人先后都战胜了病魔，可是他们所乘坐的这艘善心耶稣号船的船员和乘客中共有 50 人永远不能到达东方了，其中包括 5 名耶稣会士。

经过几个月的生死搏斗，"善心耶稣"终于在 1618 年 10 月 4 日到达了果阿。耶稣会士们受到在果阿的同伴的热烈欢迎。他们在这里得到了几个月的休整时间。这期间施莱克潜心于他计划的植物学研究。"凡造物主为新世界（即印度和中国等东方世界）创造的东西——动物和植物，他都要记录下来。这就是题为《印度的普林尼》（*Plinius Indicus*）的一本包括动、植物的百科全书。仅在印度时，他一个人就对约 500 种不为欧洲所知的植物画出图像并做了描述。我们有一封施莱克于 1619 年 5 月 4 日从果阿发给他在罗马的朋友法伯（Faber）的信函。信中写道：'如果我能在这里待上一年，我肯定能为他们给出上千种全新的植物和它们的治疗功效。'我们在此清楚地看到他研究植物的主要动机也许就是他亚洲之行的主要动机，即寻找药用植物。"③

而沙尔则在果阿东北的一个小岛上专做观察彗星的工作。几个月时间经常使用望远镜，使以前对这一新式仪器并无太多了解的亚当，对其

---

① 〔德〕魏特：《汤若望传》（上），杨丙辰译，商务印书馆，1936，第 54 页。
② 〔德〕魏特：《汤若望传》（上），杨丙辰译，商务印书馆，1936，第 58 页。
③ 〔德〕蔡特尔：《来自德国康士坦茨的传教士科学家邓玉函（1576～1630）》，孙静远译，载《汉学研究》（第十一集），学苑出版社，2008，第 328～329 页。

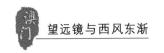

原理和使用方法已经谙熟于胸。

1619 年 5 月 20 日，施莱克、沙尔、罗等在金尼阁的率领下，分别乘坐两艘船向澳门进发，他们先后于 7 月 15 日和 22 日到达了他们此次远航的最终目的地。从欧洲迢迢万里带来的书籍、仪器，当然也包括那架伽利略望远镜，也都一道抵达了中国的澳门。

从此，施莱克、沙尔和罗有了各自的中文名字：邓玉函、汤若望和罗雅谷。

第五章　望远镜来到中国

　　2000 年，为了迎接新世纪的曙光，北京长安街的西端建造了一座"中华世纪坛"。其外形是一座巨大的日晷。世纪坛内的核心建筑是一个圆形的"世纪厅"。"世纪厅"内环形墙上装饰着以中华文明发展史为主线的大型浮雕群像，从北京猿人开始，到孔夫子，再到邓小平，纵贯数千年，对中华文明做出杰出贡献的人物依次排列，栩栩如生。在七、八十名可以叫出姓名的人物中间，有 2 个外国人，且都是意大利人——马可波罗和利玛窦。浮雕中的利玛窦背后是世界地图，下方是天文仪器，身旁是他最亲密的中国朋友——徐光启。利玛窦身着儒生服饰，专心致志地操作着一架望远镜（见图5－1）。这是不是在告诉人们，利玛窦是将望远镜介绍到中国的第一人呢？

　　资深的中国科学史研究专家江晓原撰文指出，起码有两则中文史料证明，利玛窦在华时曾持有望远镜[1]。

　　第一条来自明代郑仲夔的《玉麈新谭·耳新》卷八："番僧利玛窦有千里镜，能烛见千里之外，如在目前。以视天上星体，皆极大；以视月，其大不可纪；以视天河，则众星簇聚，不复如常时所见。又能照数

---

　　①　江晓原：《关于望远镜的一条史料》，《中国科技史料》1990 年第 4 期，第 91～92 页。

图 5 - 1　中华世纪坛世纪厅中的利玛窦浮雕像

百步蝇头字，朗朗可诵。玛窦死，其徒某道人挟以游南州，好事者皆得见之。"

第二条来自清初王夫之的《思问录·外篇》："玛窦身处大地之中，目力亦与人同，乃倚一远镜之技，死算大地为九万里"之语。江先生称："但王氏未提供进一步的细节，无法知道其说之所自，却也可以佐证上则史料。"①

但多数研究者认为这是不可能的，本人也持同样意见。因为当 1608 年荷兰眼镜商人向政府申请专利的时候，利玛窦已经在中国生活了 26 年，离开欧洲也已经 30 年了。虽然他即使在中国也有可能从通信中、从后来来华的同伴中得知他来华以后欧洲发生的事情，也可能间接地得到来自欧洲的书籍和自鸣钟，但是，他却不太可能知道望远镜，更不可能得到望远镜。因为这时离他 1610 年 5 月去世，

① 江晓原：《关于望远镜的一条史料》，《中国科技史料》1990 年第 4 期，第 91 页。

仅仅只有一年多的时间了。而当时从欧洲寄到中国的信件都不太可能在一年之内到达，从前面引述的邓玉函的话来看，寄书需要 3 年的时间。

江先生指出：虽然利玛窦于 1608 年已经离开了欧洲，似乎不可能知道望远镜的发明，"但也有许多学者相信，望远镜的历史可以追溯到更早"①。然而，利玛窦毕竟在其回忆录《利玛窦中国札记》中连一处都没有提到望远镜，却屡屡提到了令中国人赞叹的、能将白光变成七色光的三棱镜。如果他手中真的有令中国人赞叹的这种望远神器，他是不会不在自己的回忆录中自豪地提及的。在利玛窦最亲密的朋友如徐光启、李之藻等的著作中，也从未提到过在利玛窦生前见过望远镜，尽管在利玛窦去世和邓玉函、汤若望来华之后，他们都盛赞过这一西洋仪器。而且在其他来华耶稣会士的大量的书信、著作中，至今也还没有发现一处说到利玛窦曾携有望远镜。因此，我认为上述两条中文史料尚不足为据。方豪先生早年在论著中提及《玉麈新谭·耳新》那则史料时，就指出："盖尔时国人极崇拜利玛窦，故凡闻一异说，见一奇器，必以为玛窦所创。"② 的确如此，本书第九章将提到一位民间望远镜制造者孙云球，他明明是读到了汤若望的《远镜说》，但他的朋友诸升在论及此事时，仍要将利玛窦也挂上："壬子春，得利玛窦、汤道未造镜几何心法一书，来游武林，访余镜学""即造镜一艺，独得利、汤几何之秘，启发则举一知三，而加功又人一己百"③。他的另一位朋友张若羲也说，其术"远袭诸泰西利玛窦、汤道未、钱复古诸先生者也"④。这就是明证。

所以，世纪厅中的利玛窦形象，如果不是历史的错误，则可以理解

① 江晓原：《关于望远镜的一条史料》，《中国科技史料》1990 年第 4 期，第 91 页。

② 方豪：《伽利略生前望远镜传入中国朝鲜日本史略》，载《方豪文录》，北平上智编译馆，1948，第 292 页。

③ 诸升：《〈镜史〉小引》，载孙云球《镜史》，康熙辛酉刻本。孙承晟在上海图书馆访得此刻本，慷慨赠我复印件，在此致谢。——著者注

④ 张若羲：《孙文玉〈眼镜法〉序》，载孙云球《镜史》，康熙辛酉刻本。

为：这一利玛窦是明末清初为中国带来欧洲科学文化的众多传教士的集中代表。

最先将望远镜这一欧洲的新发明告诉中国人的是耶稣会士阳玛诺。

阳玛诺，原名为"Emmanuel Diaz, Junior"，1574 年出生于葡萄牙卡斯特尔夫朗科，1610 年来华①。这虽然是在 1608 年和 1609 年之后，但他离开欧洲，到达澳门却在望远镜诞生之前。费赖之的书中记载曰：阳玛诺"于 1601 年至果阿完成其学业。已而赴澳门，教授神学 6 年。1611 年与费奇规神父共至韶州"②。这就是说，阳玛诺到达澳门的时间，最迟是在 1606 年，也是伽利略使用望远镜取得多项重大发现之前。因此，他当然是在东方得到这些消息的。

1615 年，阳玛诺在周希令、孔贞时、王应熊三位中国文人帮助下撰写的《天问略》在北京刻印。这部书用问答体裁介绍了以托勒密的地心体系为核心的旧式欧洲天文学理论，涉及太阳在黄道上的运动，月相成因，交食及交食深浅的原因等内容。但在最后该书又介绍了伽利略的望远镜，和他借助望远镜取得的一系列新发现：

"凡右诸论，大约则据肉目所及测而已矣。第肉目之力劣短，曷能穷尽天上微妙理之万一耶？近世西洋精于历法一名士，务测日月星辰奥理而哀其目力尫羸，则造创一巧器以助之。持此器观六十里远一尺大之物，明视之，无异在目前也。持之观月则千倍大于常。观金星，大似月，其光亦或消或长，无异于月轮也。观土星则其形如上图，圆似鸡卵，两侧有两小星，其或与本星联体否？不可明测也。观木星则四围恒有四小星，周行甚疾，或此东彼西，或此西彼东，或俱东俱西，但其行动与二十八宿甚异。此星必居七政之内别有一星也。观列宿之天，则其中小星更多、稠密。故其体光显相连，若白练然，即今所谓天河者。待此器至中国之日，而后详其妙用也。"③

----

① 方豪：《中国天主教史人物传》（上），中华书局，1988，第 174 页。

② 〔法〕费赖之：《在华耶稣会士列传及书目》，冯承钧译，中华书局，1995，第110 页。

③ 阳玛诺：《天问略》，载《天学初函》（第五册），台湾学生书局，第 2717 页。

阳玛诺称伽利略为"西洋精于历法一名士"，称望远镜为"巧器"，可在60里外清晰地看到一尺左右的物体，用以观月能将月球放大1000倍。他还介绍了伽利略发现的金星的相位变化、土星的类似两颗小星的光环、木星的四颗卫星以及由众多、稠密的发光体组成的"天河"（即银河）。

该书作者最后满怀期望地说："待此器至中国之日，而后详其妙用也。"期盼着望远镜传到中国后，详细地了解它的各种"妙用"。这句话说明，阳玛诺本人并没有亲眼看到过望远镜、使用过望远镜，他对此一西洋"巧器"的介绍只是听说来的。同时这句话也再明白不过地印证了笔者前面的结论，即利玛窦并没有为中国带来望远镜。

《天问略》1615年在中国出版，距《星际使者》1610年在欧洲出版，仅仅相差五年的时间。在这一点上，可以说耶稣会士以第一时间将欧洲的最新科研成果介绍到了相隔九万里的、欧亚大陆东端的中国。

有研究者称：1616年（万历四十四年）"南京教案"的始作俑者沈㴶在其《参远夷疏》中提到的"彼夷所制窥天窥日之器"就是望远镜①。笔者不敢苟同。没有史料记载沈㴶所参的熊三拔、庞迪我、王丰肃等耶稣会士曾经持有过望远镜，而被参的另一人阳玛诺，则自称正期待着望远镜的来华。

六七年之后，随着邓玉函、汤若望接踵踏进中国内地，望远镜也来了。

当他们一行于1619年到达澳门后，不得不在那里暂作停留。原因是"南京教案"的阴云还未散去，外国传教士进入内地遇到了困难。邓玉函比较幸运，于1621年得到一个机会，在一名耶稣会会友的帮助下偷偷地进入广州，躲在一艘船里，顺北江而上，路经南雄，进入江西，沿赣江直至鄱阳湖，进入长江，又经南京一站，终于到达杭州，潜

---

① 王川：《西洋望远镜与阮元望月歌》，《学术研究》2000年第4期，第82页。

居在李之藻家中学习中文。而汤若望和稍晚到达的罗雅谷等则还滞留在澳门。

正是在这一期间，1622年一支拥有17艘军舰的荷兰舰队，辅以4艘英国军舰的协助，前来攻打澳门。澳门的军民一齐出动，最终打退了荷军的进攻。有记载说，意大利耶稣会士罗雅谷在此战役中立了奇功，他发炮击中了荷军堆积的火药，引发了大爆炸，导致荷军伤亡惨重、狼狈而逃。

没有史料直接阐述汤若望在此战中的作用，但《汤若望传》的作者魏特推测说，一定有"也略知炮火的耶稣会士在旁边帮助了这两位意大利人（指罗雅谷等——著者注）"。"我们可以假定，在末后决战的时刻里沙尔①必定也曾加入战斗共同宣力的。因为他是具有所需要的战斗知识的。甚至他后来也曾亲自铸造过和发射过大炮的。"②

笔者也可以仿照魏特的思路，进一步推测：汤若望在该次战役中也使用了望远镜。第一，这一架随耶稣会士来华的望远镜虽然是邓玉函从米兰得到的，但在他们一行到达果阿之后，就一直保存在汤若望手里。因为据魏特所述，在果阿停留的短暂时间里，邓玉函"是居住在撒尔塞特地方上的拉火耳的。在这里他也寻到了机会为他所计划的自然科学的百科全书《印度的普林尼》搜寻材料"，而汤若望则与另一名教会的同伴多次到果阿东北的"犹阿里岛屿上做观测彗星之工作"③。第二，如果战争的参与者，手中持有这一首先在战争中显示出优越性的仪器，就不可能在战争中不加以应用。第三，汤若望在几年之后撰写的《远镜说》中，对望远镜在战争中的用途做了专门的介绍，这肯定加入了他亲身的体验。而1622年发生在澳门的这场战争，是汤若望亲身参加的唯一一场战争。

这个显示出西洋大炮威力的消息，很快就传到了京城。正在为满

---

① 即汤若望。——著者注
② 〔德〕魏特：《汤若望传》（上），杨丙辰译，商务印书馆，1938，第92页。
③ 〔德〕魏特：《汤若望传》（上），杨丙辰译，商务印书馆，1938，第68~69页。

洲八旗铁骑的攻势而困扰的大明朝廷，从中看到了御敌的良方。官员们终于接受了徐光启、李之藻的建议，找到了耶稣会士，向他们提出引进大炮的要求。这就使"南京教案"的阴云彻底散去了。汤若望等耶稣会士堂而皇之地再次进入京城。西洋奇器望远镜就这样进入了北京城。

1626 年，汤若望出版了专门介绍望远镜的《远镜说》。

在这之后不久出版的《帝京景物略》一书中，作者刘侗、于奕正谈到，位于宣武门内的天主堂展示了各种西洋奇器，其中就有望远镜："其国俗工奇器，若简平仪，仪有天盘，有地盘，有极线，有赤道线，有黄道圈，本名范天图，为测验根本。龙尾车，下水可用以上，取义龙尾，象水之尾尾上升也。其物有六：曰轴、曰墙、曰围、曰枢、曰轮、曰架。潦以出水，旱以入，力资风水，功与人牛等。沙漏，鹅卵状，实沙其中，颠倒漏之，沙尽则时尽，沙之铢两准于时也，以候时。远镜，状如尺许竹笋，抽而出，出五尺许，节节玻璃，眼光过此，则视小大，视远近。候钟，应时自击有节。天琴，铁丝弦，随所按，音调如谱。"① 这是中国学者亲眼目睹望远镜神奇妙用的最早纪录。

差不多与此同时，葡萄牙籍耶稣会士陆若汉也将望远镜带进了北京城，并且将这一西洋奇器赠送给了在京的朝鲜使者郑斗源。

陆若汉，原名为"João Rodrigues"，1561 年出生，16 岁时就到了日本，1580 年加入耶稣会②。1614 年日本排教，陆若汉被逐避居澳门。就在这之后不久，大明王朝在与东北满族八旗的交锋中节节败退。曾与利玛窦等耶稣会士结成好友，热衷西学，且受洗入教的徐光启、李之藻等向朝廷提出借助西洋火炮，阻击八旗铁骑的策略。朝廷同意此议，便与澳门葡人接洽。澳门方面选派陆若汉作为澳方代表，后又派遣他率炮

---

① 刘侗、于奕正：《帝京景物略》，北京古籍出版社，1982，第 153 页。
② 〔法〕费赖之：《在华耶稣会士列传及书目》，冯承钧译，中华书局，1995，第 217 页。

队驰援北京。1630 年，陆若汉所率炮队与进犯北京的八旗军遭遇，涿州一战，力克敌军锐气，解京师之围。1630 年 2 月 14 日，远征葡军意气风发地开进北京城①。

朝鲜史料《李朝实录》记载：1631 年，"陈奏使郑斗源回自帝京，献千里镜、西炮、自鸣钟、焰硝花、紫木花等物。千里镜者，能窥测天文，觇敌于百里外云。西炮者，不用火绳，以石击之，而火自发。西洋人陆若汉者来中国，赠郑斗源也"②。这是朝鲜人第一次知道望远镜，第一次拥有望远镜。但陆若汉是否也将望远镜这一西洋奇器赠送给中国，史料没有明确的记载。

也差不多是与此同时，国人在福建福州的耶稣会驻地，好奇地看到了望远镜。住在那里的耶稣会士是意大利人艾儒略和立陶宛人卢安德。方豪先生称，1631 年"望远镜已由卢安德传入福建三山，嗣后又由艾儒略携至桃源、清漳"③。

艾儒略，原名为 Jules Aleni，1582 年出生于意大利的布雷西亚，成长于水城威尼斯，1600 年加入耶稣会，1609 年被派赴远东，1610 年到达澳门，1613 年进入内地④。他先后到过北京、上海、扬州、陕西、山西、杭州等地。后应退职大学士叶向高之邀，入福建传教，被称为"西来孔子"。卢安德，原名为 Andre Rudomina，1594 年出生于立陶宛一贵族之家，1626 年至澳门，后赴福州协助艾儒略。《口铎日钞》是一部记录艾、卢两位神父言行语录的书，书中三次提到望远镜，但并非从科学角度，而是将望远镜用于道德和宗教的说教。

第一次，"诸友复请远镜，卢先生出示之，其一面视物，虽远而大，一面视物，虽近而小。观毕，先生谓余曰：'斯远镜者，一面用以

① 刘小珊博士学位论文《明中后期中日葡外交使者陆若汉研究》，中国知网，第 331 页。
② 《李朝实录仁祖大王实录》（卷四），崇祯四年七月甲申条。
③ 方豪：《伽利略生前望远镜传入中国朝鲜日本史略》，载《方豪文录》，北平上智编译馆，1948，第 294 页。
④ 〔法〕费赖之：《在华耶稣会士列传及书目》，冯承钧译，中华书局，1995，第 132 页。

观人，一面用以观己。'余曰云：'何？'先生曰：'视人宜大，而视己宜小。'"① 卢安德以望远镜正看将远处之物放大，反看将近处之物缩小的特性，教导人们要善于看到别人的优点和自己的缺点，力戒骄傲自大。

第二次，"先生过林太学家，偶谈西国奇器，太学曰：'昔只谒于桃源，见示贵邦远镜。视远若近，视近若远。归述之，未有信者。'先生曰'贵邑离桃源几何？'太学曰：'才一舍耳。'先生曰：'夫以一舍而遥之隔，以君郑重之人，亲见之事，述之亲友，尚有疑心，何况余辈自泰西航海东来，涉程九万，历岁三秋，传千古来未经见闻之事，而人有能遽信遽从者乎？'太学叹曰：'先生言是也！'"② 从这一则史料，我们可以了解到，通过口口相传，很多内地国人也都听说了望远镜之事，尽管开始时他们还不太相信。但一旦有机会亲眼看到，也就不能不信了。

第三次，"林有杞人谒，求观远镜。先生曰：'子何镜之观也？有视至九重天而止者矣，有透九重天以上，而视天主无穷之妙理者矣。孰远孰近，二者奚择？'有杞曰：'视天主之妙理者，其人之心镜乎？数日来幸从先生讲解经旨，颇窥天外理矣。今愿假视形天者，一寓目焉。'先生出示之。正观则极远之物，皆近而大；倒观则极近之物，皆远而小。有杞异之，先生曰：'无异也。身后之事世人以为极远，不知其至近，而所系之大也；眼前之事，世人以为极近，不知其至远，而所系之小也。'有杞正容曰：'先生教我矣。'"③ 这条史料充分显示了来华传教士以科学促传教的策略。一位国人对西洋奇器感兴趣，艾儒略却要借机宣传福音教义，即所谓"透九重天以上，而视天主无穷之妙理

---

① 钟鸣旦、杜鼎克：《耶稣会罗马档案馆明清天主教文献》（第七册），台北利氏学社，2002，第 109 页。

② 钟鸣旦、杜鼎克：《耶稣会罗马档案馆明清天主教文献》（第七册），台北利氏学社，2002，第 216 页。

③ 钟鸣旦、杜鼎克：《耶稣会罗马档案馆明清天主教文献》（第七册），台北利氏学社，2002，第 272 页。

者"。当国人一再重申要看能够观测天空的望远镜，神父们拿出来给看了。但当当事人好奇，问起其之所以能够将物体放大的原理时，神父却又所答非所问地讲了一套道德说教。

从另一则出于反对天主教人士笔下的文字，也证明了在福建人们对望远镜的认知。撰写于崇祯戊寅年（1638 年），署名为"闽中周之夔"的《破邪集序》中写道："西洋本猾黠小夷，多技巧，能制玻璃，为千里镜，登高望远，视邻国所为，而以火炮伏击之。"① 另有许大受之《圣朝佐辟自序》中称："尝有从彼之人，以短视镜示余。余照眼试之，目力果加一倍。"②

根据上述教内教外的史料我们可知，地处欧亚大陆东端——福建的中国人，终于有机会看到了这种发明于遥远欧洲的望远仪器。这不能不感谢传教士所起到的中介作用。又有记载，崇祯十二年（1639 年）十二月初六，"毕方济进呈珍奇中，亦有'千里镜一具'"③。

山西绛县人、天主教徒韩霖（1596—1649）在其军事著作《守圉全书》中谈到了望远镜并有附图。韩霖曾向徐光启学习兵法，向传教士高一志学习西洋火器。他写道："望远镜，来自大西洋国，用筒数节，安玻璃两端，置架上，视远如近，视小为大，可以远望敌人营帐、人马、器械、辎重，毫发不爽。我可预备战守，安放铳炮，曾闻海上一镜，因天气晴明，见鱼网于一百二十里外，亦奇矣。近日西洋陪臣贡献御前，间有闻鬻者，直四五十金。"④ 可见当时还有卖西洋望远镜的。

就这样，多名欧洲传教士先后将望远镜传入中国，最早者离它在欧

① 徐昌治：《圣朝破邪集卷第三》，《明末清初天主教文献丛编》，北京图书馆出版社，2001。
② 徐昌治：《圣朝破邪集卷第四》，《明末清初天主教文献丛编》，北京图书馆出版社，2001。
③ 方豪：《伽利略生前望远镜传入中国朝鲜日本史略》，载《方豪文录》，北平上智编译馆，1948，第 294 页。
④ 汤开建、吴宁：《明末天主教徒韩霖与〈守圉全书〉》，《晋阳学刊》2005 年第 2 期，第 80 页。

洲被正式发明的时间还不到 20 年。

除了以来华天主教耶稣会士为中介之外，望远镜进入中国还有另外一条与之并行的通道。这就是来自望远镜祖国的荷兰人。继葡萄牙、西班牙之后兴起的海上强国荷兰曾有"海上马车夫"的绰号，因"船大帆巧"曾一度驰骋于远东海上，国人对其也略有耳闻。清康熙年间的郁永河在《海上纪略》的《红夷》一节中记道："红毛即荷兰国，又曰红夷""性贪狡，能识宝器，善殖货，重利轻生，贸易无远不至。其船最大，用板两层，斫而不削，制极坚厚""有多巧思，为帆如蛛网盘旋，八面受风，无往不顺""其在大洋中，恃船大帆巧，常性劫盗。使数人坐樯巅，架千里镜，四面审视，商舶虽在百里外，望见即转舵逐之，无得脱者。"[1]

理所当然，荷兰殖民者的军队里装备了望远镜这一利器。徐鼐在《小腆纪年》中记道：顺治十八年（1661 年）三月，郑成功向占据台湾的荷兰赤崁城守军发起攻击。"揆一王率诸酋登城望海，见一人幞头红衣，骑长鲸从鹿耳门游漾纡回，绕赤崁城而没。是日炮声轰天，登高以千里镜视之，见鹿耳门船只旌旗；笑谓：'唐船近炮台，则无遗类'！俄见首船树旗纛，倏北倏东；余船以次衔尾鱼贯，悉远炮台而行。骇为兵自天降，呼酋长黎英三集众截击；仓卒间，见大队已达赤崁矣。次日，荷兰击鼓吹笛出兵七鲲身。成功部将杨祥领藤牌手跳舞横冲，荷兰兵大败，退守王城。"[2] 一部由清代人江日升撰写的题为《台湾外纪》的书，也记录了侵台荷兰人揆一手持望远镜的情节[3]。

第二年，揆一投降，郑成功获取了荷兰的军用望远镜。后来在以郑成功收复台湾为题材的作品中，都提及了他手持望远镜作战的场景，以及他临终前，"犹强登台，持西洋远镜望金、厦诸岛，眷眷不止"[4] 的思乡之情。

① 郁永河：《海上纪略》，转引自许奉恩《里乘》，齐鲁书社，2004，第 256 页。
② 徐鼐：《小腆纪年》（卷二十），中华书局，1975，第 763～764 页。
③ 江日升：《台湾外纪》（十二），文化图书公司，1972，第 182 页。
④ 倪在田：《续明纪事本末》（卷之七）。

第六章 汤若望的《远镜说》

1626年，第一本用中文撰写的全面介绍望远镜的著作——汤若望（见图6－1）的《远镜说》（见图6－2）出版问世。

图 6 － 1 汤若望像

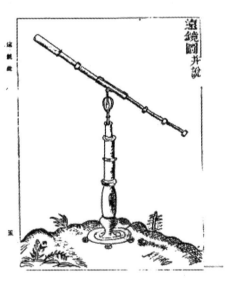

图 6 － 2 《远镜说》图

汤若望，即与邓玉函等一同追随金尼阁东来的德国科隆人亚当，于1622年进入北京。他先是在京城住了5年，后赴西安传教。在京期间，他学习汉语，也准确地预报了 3 次月食。《远镜说》是他 1626 年在京师时的著作。可以想象，当到教堂参观的中国朋友，看到新来的耶稣会士们从欧洲带来的这种望远奇器，兴趣盎然，好奇地问这问那。汤若望可能就是为此，而根据 1618 年法兰克福出版的罗拉莫·西尔图里（Girolamo Sirturi）所著的《望远镜，新的方法，伽利略观察星际的仪器》一书①，与中国学者李祖白合作，撰写了这部书稿。

短短 5000 字并有附图的《远镜说》，分为自序、利用、缘由、造法、用法几个部分。

在"自序"中，汤若望说，"人身五司耳目为贵"，即人的五官中主听觉的耳和主视觉的目最为重要。"耳目皆不可废者也，则佐耳佐目之法亦皆不可废者也。第佐耳者用力省，以管则远，以螺则清。利物出于天成其巧，妙自无可得而言。佐目者用力烦，管以为眶，镜以为睛。利物出于人力，其巧妙诚有可得而言者。无可得而言之则诞，有可得而言者密之则欺。"② 即帮助眼睛提高视觉能力的方法比较复杂、巧妙，需要加以论述。如果我不知道其中的奥妙乱说，那是荒诞的；如果我知道了却不说，那么就是欺骗了。

"利用"一节是占篇幅最大的。它分别介绍了望远镜在观测天空时的最新发现和望远镜的其他用途，而开宗明义地指出："夫远镜何防乎？防于大西洋天文士也。"虽然没有指出姓名，但显然是指伽利略。

汤若望介绍了伽利略通过望远镜得到的新发现，共计 6 项。

（1）观测月球。"用以观太阴，则见其本体有凸而明者，有凹而暗者。盖如山之高处先得日光而明也。"他告诉国人，月亮表面并非如人们想象的有月宫、玉兔、嫦娥、桂树，而是高低不平的山谷。

（2）观测金星。"用以观金星，则见有消长，有上弦下弦如月焉。

---

① 方豪：《伽利略生前望远镜传入中国朝鲜日本史略》，载《方豪文录》，北平上智编译馆，1948，第 293 页。

② 汤若望：《远镜说》，引自潘鼐汇编《崇祯历书》，上海古籍出版社，2009，第 1891～1901 页。本节凡引自该篇者不再注明。——著者注

其消长上下弦变易于一年之间，亦如月之消长上下弦变易于一月之内。又见本体间或大小不一，则验其行动周围随太阳者。居太阳之上其光则满，居太阳之下其光则虚。本体之大小以其居太阳左右之上下而别焉。"这里汤若望指出，金星存在着相位变化，这就暗示了金星围绕太阳转动，而所谓金星围绕地球旋转的托勒密"地心说"是错误的。

（3）观测太阳。"用以观太阳之出没，则见本体非至圆，乃似鸡鸟卵。盖因尘气腾空，遮蒙恍惚使之然也（即此可知尘气腾空高远几许）。若卯酉二时，并见太阳边体，龃龉如锯齿，日面有浮游黑点，点大小多寡不一，相为隐显随从，必十四日方周径日面而出，前点出，后点入，迄无定期，竟不解其何故也。"他提到了太阳黑子，"但是没有提到太阳黑子是由于太阳的转动引起的"①。

（4）观测木星。"用以观木星，则见有四小星左右随从护卫木君者。四星随木，有规则有定期，又有蚀时，则非宿天之星明矣。欲知其于木近远几何，宜先究其经道圈处，合下即验矣。"汤若望还给出了木星卫星图。

（5）观测土星。"用以观土星，则见两旁有两小星，经久，渐益近土，竟合二为一，如卵两头有二耳焉。"汤若望称，土星两旁有两颗小星，逐渐靠近土星，最后形成类似有两个耳朵的卵状物。日本自然科学史专家桥本敬造指出：这"实际上是绕土星异常光环体系的开普勒解释"②。

（6）观测银河系中的其他恒星。"用以观宿天诸星，较之平时不啻多数十倍，而且界限甚明也。即如昴宿，数不止于七而有三十多。鬼宿中积尸气。觜宿中北星，天河中诸小星，皆难见者，用镜则了然矣。又如尾宿中距星及神宫，北斗中开阳及辅星，皆难分者，用镜则见相去甚

① 〔日〕桥本敬造：《伽利略望远镜及开普勒光学天文学对〈崇祯历书〉的贡献》，徐英范译，《科学译丛》1987 年第 4 期，第 3 页。

② 〔日〕桥本敬造：《伽利略望远镜及开普勒光学天文学对〈崇祯历书〉的贡献》，徐英范译，《科学译丛》1987 年第 4 期，第 5 页。

远焉。是宿天诸星借镜验之，算之，相去几何，丝毫不爽。因之而观察星宿本相，星宿所好，星宿正度偏度，于修历法，尤为切要。"

这段文字中有诸多古代天文学的专业术语，桥本敬造先生曾有注曰："昴宿，即昴星团。鬼宿中积尸气诸星，即巨蟹座中星云；鬼星团，M44。觜宿，即猎户座。尾宿中距星及神宫，即天蝎座 μ1 及天蝎座 ξ。北斗中开阳及辅星，即大熊座 ξ 及 81。天河，即银河。"[1]

本书所研究的课题并非专业天文学史课题，不必深究其科学术语。汤若望这段话的意思是，用望远镜观测星空，比起肉眼观测来，可以清晰地看到多出数十倍的星体。原来相距很近，难以分辨的星体，可以容易地分辨了；所谓天河（银河）中无以计数的小星，也可以看得非常清楚。对于修改历法而言，使用望远镜观察星空是极其重要的一步。

在这里汤若望向中国人介绍了伽利略使用望远镜观察星空所获得的主要发现。他所依据的既不是托勒密的"地心学说"，也不是哥白尼的"日心学说"，而是第谷的折中的理论，即金星、水星、火星、土星、木星等行星是围绕太阳旋转的，而太阳则是围绕地球旋转的。汤若望及其他来华耶稣会士，之所以选择了第谷理论，其原因是"除了其宗教蕴涵之外，第谷体系极为完备，而且材料也丰富。另外，它能合理地解释望远镜的发现"[2]。

在论述望远镜的其他用途时，汤若望特别指出了其在战争中的巨大作用：在陆上，"若陡遇兵革之变，无论白日，即深夜借彼火光用之，则远见敌处营帐人马器械辎重，便知其备不备。而我得预为防。宜战宜守，或宜安放铳炮，功莫大焉"。在海上，"我能别其船舟何等，帆旗何色，或为友伴，或为强徒，与夫人数之多寡，悉无谬焉"。

汤若望指出："夫远镜者，二镜合之以成器也。"如将两片镜片分

① 〔日〕桥本敬造：《伽利略望远镜及开普勒光学天文学对〈崇祯历书〉的贡献》，徐英范译，《科学译丛》1987 年第 4 期，第 3 页。
② 〔日〕桥本敬造：《伽利略望远镜及开普勒光学天文学对〈崇祯历书〉的贡献》，徐英范译，《科学译丛》1987 年第 4 期，第 2 页。

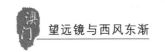

开，也有其各自的用途，"即中国所谓眼镜也"。

对于"年老目衰"，看不清近处物体者，即我们现在说的患了老花眼者，可用"中高镜"，即凸透镜，加以矫治；对那些用目过度，而看不清远处物体的书生们，即近视眼患者，则可用"中洼镜"，即凹透镜，加以矫治。

汤若望同时指出，"吾人睛中有眸，张闭自宜，睛底有屈伸如性，高洼二镜自备目中"，人的眼睛的构造就像有一组凸透镜和凹透镜相配合，目力健康的人戴眼镜反而有害。眼镜只能调节视力，不能增强视力。如果视力衰竭，戴眼镜也无能为力，即"人有目精全衰，视物全暗者，则与无目同，天日不能照。固非镜之所能与力也"。

在"缘由"一节中汤若望揭示了望远镜的原理，为此他首先介绍欧洲的光学理论。桥本敬造指出，他是以开普勒1604年出版的《天文光学说明》和1611年出版的《光学》两部书为基础的。

他说，人的眼睛能够看到的有形之物，就是因为物体反射的光线无阻碍地进入人的眼睛。如果眼睛和物体之间有阻碍，光线就会发生改变，即"易象"。"易象"有两种情况，汤若望称之为"斜透"和"反映"，也就是我们今天所说的"折射"和"反射"。就阻碍光线的物体的质地而言，有"通光之体"和"不通光之体"，即"透明物"和"不透明物"；而就其形状而言，有"突如球"者、"平如案"者和"洼如釜"者。物象遇到不透明的物体，就会被反映（即反射），而"反映之象自不能如本象之光明也"。光线遭遇"通光之体"就会发生"折射"，又分为遭遇"大光明易通彻者"或是遭遇"次光明难通彻者"两种。"一谓物象遇大光明易通彻者，比发象元处更光明，而形似广而散焉。一谓物象于次光明难通彻者，比发象元处少昏暗，而形似敛而聚焉。"

以前者为例，汤若望画了简单的示意图1（见图6-3），解释了容器储水而折射光线的现象。他说："甲象居盂底直射乙目，乙目可视。乙目偏东则象不现而目不见，碍于盂边也。若充水齐边，则象上映于

水，遇空明气之大光明即斜
射，而象更显焉。甲象更广散
于丙丁边，东目视丙边，即视
丙象，而象体似居戊处矣。即
东目更移东，尚可见象，而象
体若更浮戊上矣。是又因象映
而然也。"

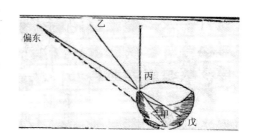

图 6－3　示意图 1

用当今的白话文解释这段话，就是说，在一个碗底放一物甲，通常
的情况人眼在乙点可以看到，如果从偏左（汤文称偏东）的地方看去，
由于碗边的阻挡，就看不到甲物了。但是当碗中盛满水时，情况就改变
了，就可以看到甲物了。而且甲物的位置似乎移动到戊点。这就是由于
甲物的影像从"次光明难通彻"即折射率较大的水中，折射到"大光
明易通彻"即折射率较小的空气中时，而发生的光路改变的现象。

反过来，他画了示意图 2
（见图6－4），并指出："甲象
在空明气，盂底无水，直射盂
底乙处，乙处可视甲象。若戊
处则象不射，戊不见，碍于盂
边也。盂内充水至于丙丁，则
空明甲象，入水稍暗，敛聚于

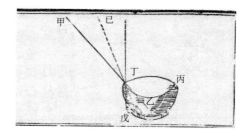

图 6－4　示意图 2

丙丁边。戊视丁边，则明见甲象，而象体似居己处矣。"

即是说，如果碗中无水，那么从碗底乙处可以看到甲物，而在戊点
则因为碗边的阻挡看不到甲物；但如果碗中充水至丙丁一线，在戊点就
可以看到甲物，并且似乎该物移至到己的位置。这也是因为甲物的影像
从折射率较小的空气中射入折射率较大的水中而发生的光路改变的显现
现象。

前面说过，早在古希腊，几何光学就已经有了令人瞩目的成就。在
公元前 3 世纪和 450 年后的公元 2 世纪，欧几里得和托勒密先后撰写了

论述几何光学的专著《光学》，对光的反射和折射的基本规律作了数学式的精确描述，也试着寻找光线通过不同介质时不同的折射率。然而在中国史籍中，像《远镜说》这样论述基础的几何光学原理，还是开天辟地第一次。

汤若望又举出现实生活中的两个例子："如舟用篙橹，其半在水，视之若曲焉"①；"张罛取鱼，多半在水，视之若短焉。叉鱼者见鱼象浮游水面而投叉刺之，必欲稍下于鱼，乃能得鱼"。

以上说明，不同质地的物体有"广而散"和"敛而聚"两种折射光线的性能。汤若望又指出，即使是同一种介质也可产生两种不同的折射光线的情况，如同是玻璃镜片，折光亦有不同。其原因是"同体而不同形"："中高类球镜""能聚大光于一点，而且照日生火"，即今之凸透镜；"中洼类釜镜""照日光渐散大光之于无光，而且照日不能生火"，即今之凹透镜。望远镜正是将"二镜合用"，产生"视象明而大"的效果。

汤若望说，"二镜之性乃相反，以相制者也。独用则偏，并用则得中而成器焉。夫远物发象从并行线入目，则目视远物亦必须从并行线视象。假若二镜独用其一，则前镜中高而聚象，聚象之至则偏，偏则不能平行；后镜中洼而散象，散象之至则亦偏，偏亦不能平行。故二镜合用，则前镜赖有后镜，自能分而散之，得乎并行线之中，而视物自明；后镜赖有前镜，自能合而聚之，得乎并行线之中，而视物明且大也"。这就说明了伽利略式望远镜的原理。

最后，汤若望介绍了望远镜的造法和用法。他没有给出具体的计算方法和数学公式，只是说：用玻璃制造前、后二镜片，即"中高镜"（凸透镜）和"中洼镜"（凹透镜），在组合二镜片时，"须察二镜之力

---

① 利玛窦在其《天主实义》中也谈到这种现象，他说："置直木于澄水中，而浸其半，以目视之，如舟焉，以理度之，则仍自为直，其木非曲也。"（见朱维铮《利玛窦中文著译集》，复旦大学出版社，2001，第35页）但是他在这里只是以此说明眼睛看到的现象并不一定是真实的道理，并未涉及其中反映出的光线折射的原理。

若何，相合若何，长短若何，比例若何。苟既知其力矣，知其合矣，长短宜而比例审矣，方能聚一物象"。用以固定两片透镜的筒，可以有多个，"筒筒相套，欲长欲短，可伸可缩"。

还须制一镜架，"视欲开广，将镜床稍稍挪动。欲左而左，欲右而右，欲上而上，欲下而下，架无不随者。只用螺丝钉拧住，宜坚定不移"。

用望远镜观测时，"止用一目，目力乃专，光益聚，而象益显也"。

如用于观测太阳、金星等光线明亮者，"须于近镜上再加一青绿镜，少御其烈"。也可以"以白净纸一张，置眼镜下，远近如法，摄其光射。则太阳在天在纸，丝毫不异"。

视力正常者，"用此镜远视物体，更明且大无惑也"。患远视或近视者，即"衰目人短视人亦可用"。只要将镜筒略微伸缩，"盖筒内后镜伸长，能使易象于前镜者仍并行线入目；缩短能使易象于前镜者反以广行线入目"。如是，"一伸一长能称衰目短视人，则巧妙又在伸缩得宜焉"。"有短视人寻常用眼镜者，今用望远镜，仍用本眼镜照之亦可"，平日戴眼镜者，戴着眼镜使用望远镜也可以。

以上就是《远镜说》这本仅有 5000 字的小册子的主要内容。

汤若望在之后编写《崇祯历书》中的《交食历指》中还提到了《远镜本论》一书。对此，中国学者赵栓林分析说："《交食历指》在谈及望远镜时两次引用《远镜本论》，说明《远镜本论》是在《交食历指》前完成的。而据现有资料来看，《远镜本论》一书在中国没有刊行，只有 1626 年成书、1630 年刊行的汤若望《远镜说》一书。那么，《远镜说》与《远镜本论》是否是同一本书呢？按当时的情况推测，《远镜本论》很可能是汤若望等从西方带来的一本书，时常放在手边作为参考书用，它可能就是《远镜说》的底本。有人认为，《远镜说》的底本是 1618 年法兰克福出版的西尔图里的《望远镜，新的方法，伽利略观察星际的仪器》，《远镜本论》可能是这本书。另一种可能的情况是，汤若望在《远镜说》的基础上在 1630～1634 年又编《远镜本论》，而后者未在中国刊行。《远镜说》与《远镜本论》即使不是同一本书，但内容大同小异。所以，可以根据《远镜说》来推测《交食历指》中有关望远镜的内容。"①

《远镜说》是我国第一部，也是直到 19 世纪唯一的一部专门介绍望远镜和西方光学知识的中文著作，在中国光学史上具有划时代的意义。我们在随后的论述中将会看到它对我国光学研究和望远镜制造所起到的重要作用。该书问世后的第二年，即 1627 年，邓玉函在他与中国学者王征合著的《远西奇器图说》一书将其列入了参考书目。"足见其书一出，即为国人乐诵。"② 陆若汉在向朝鲜使者赠送望远镜等西洋仪器的同时，还一并赠送了汤若望的《远镜说》③，使当时熟悉汉字的朝鲜人也接触到了西方的光学理论，了解了望远镜的用法和制造方法。

入清以后，汤若望重新编定《崇祯历书》，将其更名为《新法算书》。他特将《远镜说》也编入《新法算书》的第二十三卷。后来，《远镜说》作为《新法算书》的一部分，被收入《四库全书》。

---

① 赵栓林：《关于〈远镜说〉和〈交食历指〉中的望远镜》，《内蒙古师范大学学报》2004 年第 9 期，第 334 页。

② 方豪：《伽利略生前望远镜传入中国朝鲜日本史略》，载《方豪文录》，北平上智编译馆，1948，第 293 页。

③ 转引自刘小珊博士学位论文《明中后期中日葡外交使者陆若汉研究》，中国知网，第331 页。

第七章　徐光启领导的明末历法改革与望远镜

中西交流史学家方豪先生评论道："明末中国天主教人士，在科学上做了一件集体大工程，那就是崇祯年间的修历。"① 关于明末徐光启主持的引进西方天文学理论进行中国历法改革一事，中外专家学者的论述已经很多、很充分了。笔者在这里只涉及有关望远镜的内容。

日本学者桥本敬造指出，就观测而论，天文学的发展经历了三个阶段："第一阶段的观测是用肉眼。接着是用望远镜"，第三个阶段是"射电天文学阶段"②。中国的天文学自上古开始直到1629年的几千年间，都处于第一阶段；而自1629年开始，中国人首次使用望远镜观测天象，并通过科学的观测来修正历书，从而使中国的天文学进入了划时代的新阶段。成就这次划时代跨越的带头人，就是徐光启（见图7-1）。

图7-1　徐光启像

① 方豪：《中国天主教史人物传》（中），中华书局，1988，第298页。
② 〔日〕桥本敬造：《伽利略望远镜及开普勒光学天文学对〈崇祯历书〉的贡献》，徐英范译，《科学译丛》1987年第4期，第1页。

望远镜与西风东渐

图 7 - 2　崇祯皇帝像

经过了旷日持久的争论，1629 年 9 月 1 日（崇祯二年七月十四），崇祯皇帝（见图 7 - 2）终于在徐光启上奏的《礼部为奉旨修改历法开列事宜乞裁疏》上批答曰："这修改历法四款，俱依议。徐光启见在本部，着一切督领。李之藻速与起补，蚤来供事。该部知道。"① 于是拉开了参用西法，修改历书的大幕。

关于修改历法，徐光启胸中有上、中、下三策。此三策道尽徐光启的一番苦心。

下策曰："苟求速就，则预算日月交食三四十年，次用旧法，略加损益附会其间，数月可竣。夫历家疏密，惟交食为易见，余皆隐微难见者也。交食不误，亦当信为成历，然三四十年之后，乖违如故矣。此则昧心罔上，臣等所不敢出。"这就是说，下策是沿用旧法，稍作修补，以能在三四十年的短时期内测算日月交食为准。过了三四十年，还是错误百出。他说，这种昧心欺君之事，我是不敢做的。

中策曰："依循节次，辨理立法，基本五事，分任经营。今日躔一节，大段完讫，恒星半已就绪，太阴方当经始。次及交食，次及五星，此功既竟，即有法有数，畴人世业，悉可通知，二三百年必无乖舛。然其书已多于曩者，其术亦易于前人矣。"也就是说，中策就是现在所作的，"日躔""恒星""太阴""交食""五星""基本五事，分任经营"，致使二三百年之内不会发生错误。即便如此，也已经超过前人了。

徐光启最为向往的当然是上策。上策曰："事竣历成，要求大备，一义一法，必深言所以然之故，从流溯源，因枝达干，不止集星历之大

---

① 《徐光启集》（卷七），上海古籍出版社，1984，第 329 页。

成，兼能为万物之根本。此其书必逾数倍，其事必阅岁年。既而法意既明，明之者自能立法，传之其人，数百年后见有违离，推明其故，因而测天改宪，此所谓今之法可更于后，后之人必胜于今者也。"①简言之，即不仅仅编制了实用准确的历书，而且探究天体运动的终极规律，将这些规律传之后人，以至数百年后，即使历书的某些个别地方发生了偏差，后人也能根据这些规律，了解出现偏差的原因，改正历书的错误。但是要完成这一任务，须翻译编纂更多的书籍，花费更长的时间。徐光启感到，这对他来说是不可能完成的任务了。他称：像我这样年老体衰的身体，就是照中策办理，也未必能亲眼看到成功，更何况上策呢！但即使这是难于实现的、类似"精卫填海""愚叟移山"的理想，我也要提出来，请皇上深思。

尽管胸怀"上策"的理想，但徐光启并不好高骛远，而是按照"中策"脚踏实地地做事。1629 年 9 月 13 日（崇祯二年七月二十六）徐光启上《条议历法修正岁差疏》，其中提到启动修历相关的若干事项。其中最重要的就是采用西法："万历间西洋天学远臣利玛窦等尤精其术""今其同伴龙华民、邓玉函二臣，见居赐寺，必得其书其法，方可以校正讹谬，增补缺略"。另一项是制造仪器，开列了 10 项工作，其中包括"装修测候七政交食远镜三架，用铜铁木料"②。

这些建议得到了崇祯皇帝的首肯。徐光启就在宣武门内原"首善书院"旧址成立历局，延揽邓玉函、龙华民二人入局办事。徐光启秉承"欲求超胜，必须会通；会通之前，先须翻译"③的理念，与他们一道，"逐日讲究翻译"，即翻译欧洲天文、数学著作，同时制造必要的天文观测仪器。另选原钦天监官生戈丰年、周胤等，"分番测验晷景"④。李之藻因病耽搁了行程，直到第二年年中才到京。

---

① 《徐光启集》（卷七），上海古籍出版社，1984，第 376～377 页。
② 《徐光启集》（卷七），上海古籍出版社，1984，第 336 页。
③ 《徐光启集》（卷七），上海古籍出版社，1984，第 374 页。
④ 《徐光启集》（卷七），上海古籍出版社，1984，第 343 页。

在徐光启开列的修造仪器的"急用仪象十事"中前 9 项都是使用了"造"，只有第 10 项关于望远镜，用的是"装修"二字，且所用材料为"铜铁木料"，并没有制造关键零件透镜的玻璃。

1629 年 11 月 7 日（崇祯二年九月二十三）徐光启再为历局各项开支申请预算上疏皇帝，其中提到"望远镜架三副，每架工料银六两。镜不在数"①。由此看来，徐光启将前次提出的"装修望远镜"的动议，其实只是制造望远镜的支架。这说明传教士们从欧洲带来的望远镜是可用的，只是缺少观测用的镜架；说明此时他所主持的历局已拥有三副望远镜了；同时也说明，当时的历局还没能造出完整的望远镜，特别是其中的关键部件——玻璃磨制的凸、凹两种镜头。

不料历局刚刚开始办事两个月，辽东后金大汗皇太极率八旗兵入犯京师，皇帝又派徐光启参与防守退敌之事。徐光启向崇祯皇帝提出将望远镜与西洋大炮配合使用，并主张严守秘密，曰："未可易学，亦不宜使人人能之。"②

这一期间，在历局中，"独两远臣与知历人等自行翻译"③。半年之后又传噩耗，邓玉函于 1630 年 5 月 13 日（崇祯三年四月初二）因病去世。徐光启沉痛地向皇帝报告说："此臣历学专门，精深博洽，臣等深所倚仗，忽兹倾逝，向后绪业甚长，只藉华民一臣，又有本等道业，深惧无以早完报命。"于是他推荐了汤若望、罗雅谷二人，"二臣者其术业与玉函相埒，而年力正强，堪以效用"④。崇祯皇帝立即批准召汤、罗二人进京。

皇太极退兵之后，徐光启再回历局，李之藻和罗雅谷、汤若望等也相继参与进来，"臣等借诸臣（即传教士——著者注）之理与数；诸臣又借臣等之言与笔"，中外人员精诚合作，译书工作进展很快。

---

① 《徐光启集》（卷七），上海古籍出版社，1984，第 342 页。
② 转引自方豪《伽利略生前望远镜传入中国朝鲜日本史略》，载《方豪文稿》，北平上智编译馆，1948，第 294 页。
③ 《徐光启集》（卷七），上海古籍出版社，1984，第 343 页。
④ 《徐光启集》（卷七），上海古籍出版社，1984，第 344 页。

在译书的同时，徐光启十分重视实际观测。他说："谚曰：'千闻不如一见'，未经目击而以口舌争，以书数传，虽唇焦笔秃，无益也。"① 当日食、月食等天象发生时，徐光启就不顾年老体衰，率领中外员工进行实际观测。

1631年10月25日（崇祯四年十月初一），徐光启首次通过望远镜观测了日食。他在历局率钦天监秋官正周胤、五官司历刘有庆、漏刻博士刘承志、天文生周士昌、薛文灿以及罗雅谷、汤若望一道观测。他们"于密室中斜开一隙，置窥筒眼镜，以测亏复；画日体分数图板，以定食分"②。观测时他采取汤若望在《远镜说》中介绍的方法，在望远镜后面适当的距离上放置一张白纸，即"取其光影映照尺素之上，自初亏至复圆，所见分数界限真确，画然不爽"③。

他还下令在观象台另设一架望远镜，同时观测，"亦宜如法障蔽，仍置备窥筒眼镜一架"，由钦天监官员观测后"据实奏闻"。通过这次使用望远镜的实际观测，徐光启深感望远镜的优越性，他感叹道："若不用此法，止凭目力，则眩耀不真。"④

1631年11月8日（崇祯四年十月十五），徐光启又率历局中外人员一起，以此法观测了一次月食，在之后写给皇上的奏疏中，他说，观测"日食之难，苦于阳精晃耀，每先食而后见；月食之难，苦于游气纷侵，每先见而后食。且暗虚之实体与外周之游气界限难分。臣等亦用窥筒眼镜，乃得边际分明"⑤。且在此后，使用望远镜观测天象就形成惯例了。

直到1633年（崇祯六年）为止，徐光启分五次向皇帝进呈了翻译的西洋历书共137卷。其中有《大测》《测天约说》《日躔历指》《恒星历指》《月离历指》《交食历指》《五纬历指》等。在这些著作中，

---

① 《徐光启集》（卷七），上海古籍出版社，1984，第387～388页。
② 《徐光启集》（卷七），上海古籍出版社，1984，第393页。
③ 《徐光启集》（卷七），上海古籍出版社，1984，第414页。
④ 《徐光启集》（卷七），上海古籍出版社，1984，第393页。
⑤ 《徐光启集》（卷七），上海古籍出版社，1984，第395页。

他们虽然主要是遵循了第谷的天文模式，但是仍然广泛地介绍了欧洲天文学的三个主要派别的学说，即"多禄某"（即托勒密）、"第谷"和"谷白泥"（即哥白尼），也介绍了赞同哥白尼理论的"刻白尔"（即开普勒）、"加利娄"（即伽利略）的新发现，介绍了使用望远镜观测天体所得到的新发现。这正是本书所要特别加以关注的。例如，邓玉函在其《测天约说》中说道："独西方之国，近岁有度数名家造为望远之镜，以测太白，则有时晦，有时光满，有时为上下弦。计太白附日而行远时，仅得象限之半，与月异理。因悟时在日上，故光满而体微。时在日下则晦，在旁故为上下弦也。辰星体小，去日更近，难见其晦明，因其运行不异太白，度亦与之同理。"① 这里所说的太白即金星，辰星即水星。

"太阳面上有黑子，或一、或二、或三、四而止；或大、或小，恒于太阳东西径上行，其道止一线，行十四日而尽。前者尽，则后者继之，其大者能减太阳之光。先时或以为金、水二星，考其躔度则又不合。近有望远镜，乃知其体不与日体为一，又不若云霞之去日极远，特在面而不审为何物。"②

罗雅谷在《月离历指》中详细地记述了用望远镜观察到的月球上的阴影，他说："月体如地球，实处如山谷、土田，虚处如江海。日出先照高山，光甚显；次及田谷、江海，渐微。如人登大高山视下土崇卑，其明昧互相容也。试用远镜，窥月生明以后，初日见光界外别有光明微点，若海中岛屿然。次日光长魄消（日渐远，明渐生，如人上山渐远，渐见所未见），则见初日之点或合于大光，或较昨加大，或魄中更生他点（如日出地，先照山巅，次照平畴等）。以光先后，知月面高庳，此其征已。"③ 学者指出："《月离历指》中对月面的描述与色物利诺（Severin

---

① 《测天约说》（卷上），载徐光启编纂、潘鼐汇编《崇祯历书》，上海古籍出版社，2009，第1147页。

② 《测天约说》（卷下），载徐光启编纂、潘鼐汇编《崇祯历书》，上海古籍出版社，2009，第1160页。

③ 《月离历指》（卷四），载徐光启编纂、潘鼐汇编《崇祯历书》，上海古籍出版社，2009，第197页。

Longomontanus，1562—1647）在《丹麦天文学》（*Astronomia Danica*）中的描述非常相似。"①

罗雅谷还介绍了用望远镜测冬至、夏至"两径之差"的方法："以远镜求冬夏二至两径之差。法：木为架用远镜一具，入于定管，量取两镜间之度。后镜之后，有景圭敧置之管与圭。皆因冬夏以为俯仰，其管圭之相距则等，至时，从景圭取两视径，以其较，较全径，为二至日径之差。"②

罗雅谷在《五纬历指》中称："按古今历学，皆以在察玑衡齐政授时为本。齐之之术，推其运行、合会、交食、凌犯之属。在之之法，则目见器测而已。然而目力有限，器理无穷。近年西土有度数名家，造为窥筒远镜，能视远如近，视小如大，其理甚微，其用甚大。"③

接着，罗雅谷系统介绍了使用望远镜而得到的天文新发现。"今述其所测，有关七政者一二如左"：

"其一，用远镜见周天列宿，为向来所未见者，不可数计。"

"其二，土星向来止见一星，今用远镜见三星，中一大星，是土星之体，两边各一小星系新星，如图。两新星环行于土星上下左右，有时不见，盖与土星体相食。或曰土星非浑圆体，两旁有附体如鼻，以本轴运旋，故时见圆，时见长。"

"其三，木星，目见一星，今用远镜见五星。木星为心，别有四小星，常环行其上下左右，时相近时相远。时四星皆在一方，时一或二或三在一方，余在他方，时一或二不见，皆用远镜可测之。"

"又问：远镜中若少离木星之体，即不得见小星，何故？曰：本星

---

① 王广超、吴蕴豪、孙小淳：《明清之际望远镜的传入对中国天文学的影响》，《自然科学史研究》2008 年第 3 册，第 316 页。

② 《月离历指》（卷三），载徐光启编纂、潘鼐汇编《崇祯历书》，上海古籍出版社，2009，第 177 页。

③ 《五纬历指》（卷一），载徐光启编纂、潘鼐汇编《崇祯历书》，上海古籍出版社，2009，第 365 页。

光助目，以能分小星之体。以上两言，聊以答问，未知正理安在？俟详求之。"

"其四：为金星，旁无新星，特其本体如月，有朔有望，有上弦下弦。"

"其五，太阳四周有多小星，用远镜隐映受之，每见黑子，其数其形其质体，皆难证论。目以时多时寡，时有时无，体亦有大有小，行从日径，往过来续。明不在日体之内，又不甚远，又非空中物，此须多处多年多人密测之乃可。不关人目之谬，用器之缺。"

"又以远镜窥太阳体中，见明点，其光甚大。"

"又日出入时，用远镜见日体偏圆，非全圆也，其周如锯齿状。然因其行无定率，非历家所宜详。"①

罗雅谷在《五纬历指》卷五"金星经度"一节中详细介绍了用望远镜观测金星的结果。他说："金星因岁轮于地时近时远，远时显其体小而光全，若以远镜窥之，难分别其或圆或缺之体。在极远左右数十度亦然。若在中距者，其光稍淡，则远镜可略测其体之形，然光芒锐利，亦难明别为真体，或为虚映之光。唯在极近数十度，则光更淡，又于地近，其体显大，可明见之，系凡金星为迟行或逆行，用远镜窥之，可测其形体，若更近，见其体缺更大。"②

他还以望远镜观测的结果，证明了金、木、水、火四星绕日运行，而非绕地球运行的理论："本历总论，有七政新图，以太阳为五纬之心。然土、木、火三星在太阳上难征。今以金星测定，无可疑，后详之。试测金星于西将伏东初见时，用远镜窥之，必见其体其光皆如新月之象；或西或东，光恒向日。又于西初见东将伏时，如前法窥之，则见其光体全圆。若于其留际观之，见其体又非全圆而有光有魄。盖因金星

---

① 《五纬历指》（卷一），载徐光启编纂、潘鼐汇编《崇祯历书》，上海古籍出版社，2009，第365～367页。

② 《五纬历指》（卷五），载徐光启编纂、潘鼐汇编《崇祯历书》，上海古籍出版社，2009，第417页。

不旋地球如月体，乃得齐见其光之盈缩，故金星以太阳为心。"①

汤若望在《恒星历指》中记述了用望远镜观测恒星的情况："各座之外，各座之中，所不能图不能测者尚多有之。可见恒星实无数也。更于清明之夜比蒙昧之夜又多矣；于晦朔之夜比弦望之夜又多矣；以秋冬比春夏又多矣；以利眼比钝眼又多矣。至若用远镜以窥众星，较多于平时又不啻数十倍，而且光耀灿然，界限井然也。"又如："问天汉何物也？曰：古人以天汉非星，不置诸列宿天之上也。意其光与映日之轻云相类，谓在空中月天之下，为恒清气而已。今则不然，远镜既出，用以仰窥，明见为无数小星。盖因天体通明映彻，受诸星之光并合为一，直似清白之气，于鬼宿同理。不藉此器，其谁知之？"②

他在《交食历指》中记录了（崇祯四年十月）在历局用望远镜观测日食的情况："用远镜，或于密室，或在室外。但在外者，必以纸壳围窥筒，以掩余耀，若绝无次光者然，而形始显矣。盖玻璃原体厚，能聚光，使明分于周次光。又以本形能易光，以小为大，可用以细测（以小为大，非前所云光形周散也。因镜后玻璃得缺形，光以斜透，其元形无不易之使大。见《远镜本论》）。然距镜远近无论，止以平面与镜面平行，开合长短，俱取乎正（光中现昏白若云气则长，边有蓝色则短。进管时须开合得正），余法与前同。崇祯四年辛未十月朔，在于历局测日食。用镜二具，一在室中，一在露台。两处所测食分，俱得一分半。"③

他还在该章节中又一次简略地解释瞭望远镜的原理，他说道："或问远镜前后有玻璃：在前者聚光，渐小至一点；乃在后者，受其光而复散于外。则后玻璃可当一点之孔，何所射之光形不真乎？曰：后玻璃不

① 《五纬历指》（卷五），载徐光启编纂、潘鼐汇编《崇祯历书》，上海古籍出版社，2009，第416页。
② 《恒星历指》（卷三），载徐光启编纂、潘鼐汇编《崇祯历书》，上海古籍出版社，2009，第124～125页。
③ 《交食历指》（卷七），载徐光启编纂、潘鼐汇编《崇祯历书》，上海古籍出版社，2009，第333页。

正居聚光之点，必略进焉。以接未全聚之光，乃复开展可耳（见《远镜本论》）。故谓此当甚微之孔则可，谓当无分点之孔则不可。所以用镜测者，纵或不真，然较之不用镜者，不但能使所测之形大而显，亦庶几于真形不远矣。"① 汤若望在这里提到了本书将在以后论及的因玻璃透镜的"球面像差"而造成聚焦不真的问题，但是他说，即使有些失真，但也强似肉眼观测。

1633 年（崇祯六年），当徐光启向皇帝献上《崇祯历书》已经杀青的书稿 137 卷的时候，他已经病入膏肓了。早在 1630 年年底，一次当徐光启以 69 岁高龄，冒着凛冽的寒风，登上观象台进行实际观测时，他突然不慎失足，滚落台下，腰部和膝盖都严重受伤，动弹不得。皇上得知，命他不必事必躬亲登台观测。但当他稍有好转时，还是不放心，他上奏说："本局督视无人，虽有远臣台官等依法测验，不致乖舛，然非臣目所亲见，而即凭以上闻，且勒以垂后，实臣心所未安。"为此"请乞容臣于是日照前登台实测"②，于是他又恢复了躬身登台观测。另外，他还担任着内阁大学士之职，政务纷繁，白天"会因阁务殷繁，不能复寻旧业，止于归寓夜中籥灯详绎，理其大纲，订其繁节，专责在局远臣、该监官生并知历人等，推算测候"③。夜以继日的繁重工作，熬尽了这位老人的生命之灯。当他自知已无法完成修订历法、编制《崇祯历书》的任务时，便向皇帝推荐李天经、金声、王应遴等，供皇帝选择，作为自己的接班人，将历法改革事业进行下去。这年的 12 月 7 日（十一月初七），徐光启上了最后一份奏章，安排后事，为参与修历的中外人士表彰功绩、请求封赏。在这之后的第二天，为中国科学事业操劳了一生的徐光启与世长辞了。虽曾位高级品，但始终两袖清风的他，"盖棺之日，囊无余资""宦邸萧

---

① 《交食历指》（卷七），载徐光启编纂、潘鼐汇编《崇祯历书》，上海古籍出版社，2009，第 333 页。

② 《徐光启集》（卷七），上海古籍出版社，1984，第 410 页。

③ 《徐光启集》（卷七），上海古籍出版社，1984，第 424 页。

然，敝衣数袭外，止著述手草尘束而已"①。徐光启墓和徐光启纪念馆如图7-3和图7-4所示。

图7-3　上海徐家汇徐光启墓

图7-4　徐光启纪念馆

① 梁家勉：《徐光启年谱》，上海古籍出版社，1981，第203页。

第八章 李天经向崇祯皇帝
进呈望远镜

继承徐光启主持历局的是李天经。

李天经，字仁常，又字性参、长德，河北吴桥人，1579 年（万历七年）生人，1603 年（万历三十一年）中举，1613 年（万历四十一年）中进士，"出任开封府学教谕，天启初任济南知府"①。徐光启举荐他时，他正任山东省布政使。

李天经上任后，秉承前任的遗志，一面译书，一面观测。他也十分重视使用望远镜，甚至为此遭到无知者的参劾，说他在 1634 年 10 月 16 日（崇祯七年闰八月二十五）观测木星时，舍其他仪器而独用望远镜。崇祯皇帝下旨，曰："测验例用仪器，李天经独用窥管。此管有无分度？作何窥测？着李天经奏明。"②

为此李天经于 11 月 13 日（九月十三）上奏，称：原观象台有旧式的浑仪、简仪等仪器，历局新式仪器也有黄赤经纬仪、象限仪等，但各种仪器都有不同的功能，适应不同的观测。"而窥管创自远西，乃新法中仪器之一，所以佐诸器所不及，为用最大。"所以原辅臣徐光启生前计划制造一架望远镜，待日晷、星晷造完后一起进呈给皇上。至于独

---

① 方豪：《中国天主教史人物传》（中），中华书局，1988，第 22 页。
② 《治历缘起》（卷三），载徐光启编纂、潘鼐汇编《崇祯历书》，上海古籍出版社，2009，第 1617 页。

用望远镜观测的原因，李天经解释道："此窥管之制，论其圆径，不过寸许，而上透星光，注于人目，凡两星密联，人目难别其界者，此管能别之；凡星体细微，人目难见其体者，此管能见之。又凡两星距半度以内，新法所谓三十分，穷仪器与目力不能测见分明者，此管能两纳其星于中，而明晰之。"在那天观测木星时，"因木星光大，气体不显，舍窥管别无可测。臣以是独用此管，令人人各自窥视"①，取得了非同一般的观测效果。他还说，准备呈献给皇帝的望远镜已经完成，到时候皇上可以亲自测验。

12 月 19 日（十月二十九），李天经再次上奏，说明望远镜的构造和用途："若夫窥筒亦名望远镜""其制两端俱用玻璃，而其中层迭虚管，随视物远近以为短长，亦有引伸之法。不但可以仰窥天象，且能映数里外物如在目前。可以望敌施炮，有大用焉！此则远西诸臣罗雅谷、汤若望等从其本国携来，而葺饰之，以呈御览者也"②。三天后，皇上下旨，命将窥筒呈上御览。

12 月 24 日（十一月初五），李天经引皇上派来的太监卢维宁、魏国征验看了将呈献给皇帝的望远镜，详细介绍了"引伸之法，窥视之宜"，将一架望远镜，及其附件托镜铜器（二件）、锦袱（一件）、黄绫镜簝（一具）、木架（一座），一起交给二太监，转呈崇祯皇帝③。

这是中国皇帝第一次见到这一来自远西几万里的新式仪器——望远镜。

半年多之后的 1635 年 8 月 24 日（崇祯八年七月十二），李天经忽接圣旨，命再造两架望远镜进呈。他不敢怠慢，"即督同本局远臣汤若

① 《治历缘起》（卷三），载徐光启编纂、潘鼐汇编《崇祯历书》，上海古籍出版社，2009，第 1617～1618 页。

② 《治历缘起》（卷三），载徐光启编纂、潘鼐汇编《崇祯历书》，上海古籍出版社，2009，第 1622 页。

③ 《治历缘起》（卷三），载徐光启编纂、潘鼐汇编《崇祯历书》，上海古籍出版社，2009，第 1623 页。

望、罗雅谷等将本国携来玻璃，星夜如法制造"。不到一个月的时间，9月19日（八月初九），两架望远镜鸠造完工，连同附件托镜铜器各二件、黄绫镜箓二具、木架二座，一道"恭进御览"①。

这两次向皇帝进呈的望远镜，一次是将传教士从欧洲带来的成品，经过"葺饰"后，配以自制必要附件进呈；一次是使用从欧洲带来的玻璃镜片，经汤若望等制造筒管，组装而成，再配以必要附件进呈。这说明，历局的国人还未掌握制造望远镜的全部工艺，特别是没有学会如何磨制望远镜的关键部件——凸透镜和凹透镜两种玻璃镜片。有学者根据徐光启在奏折中的"急用仪象十事"列入"测候七政交食远镜"一节，即称：徐光启是中国制造望远镜的第一人。由此看来，不仅徐阁老没有造出一架望远镜，就连他的继承人李天经在数年之后，也没有完整地造出一架这种西洋奇器。

1637年1月26日（崇祯十年正月初一），京城将再见日食。1月14日（崇祯九年十二月十九），即在日食发生的12天之前，李天经上奏，向皇上详细介绍如何使用望远镜观察日食，介绍了使用这一仪器的优越性。他说："临期日光闪烁，止凭目力炫耀不真。或用水盆，亦荡摇难定。唯有臣前所进窥远镜，用以映照尺素之上，自初亏至复圆，所见分数，界限真确，画然不爽。随于亏复之际，验以地平日晷时刻，自定其法，以远镜与日光正对，将圆纸壳中开圆孔，安于镜尾，以掩其光，复将别纸界一圆圈，大小任意，内分十分，置对镜下，其距镜远近，以光满圈界为度。将亏时务移所界分数就之，而边际了了分明矣。"他还说，对此次日食的食分，西洋新历、回回历、大统历各自做了不同的预报，"臣等所推京师见食一分一十秒，而大统则推一分六十三秒，回回推三分七十秒""似此各法参差，倘不详加考验，疏密何分？"他请皇上亲自观测，"省览各法，疏密自见。其

---

① 《治历缘起》（卷五），载徐光启编纂、潘鼐汇编《崇祯历书》，上海古籍出版社，2009，第1643页。

于考验，不无少有裨益矣"。皇上批答道："知道了。着临期如法安置考验。"① 然而没有史料证明，崇祯皇帝用望远镜观测了这次大年初一发生的日食。

此时，李天经督率的历局已经完成了新法历书——《七政历书》和《经纬历书》的编制，但皇上出于各方的考虑，畏首畏尾，一直不能下决心废除旧历，颁行新历。李天经进呈望远镜，介绍使用的方法，力劝皇上亲自观测，"百闻不如一见"，以借此彰显新法的优越性，促使皇上早日下决心力排众议，颁行新历。

1638 年 1 月 8 日（崇祯十年十二月初一）京师将再次发生日食。为了验证新法历书的正确，李天经对这次日食的观测非常重视，做了精心的安排。

十二月初一这天，李天经兵分两路，一路由自己"督率远臣罗雅谷、汤若望、大理寺副王应遴、钦天监博士杨之华、黄宏宪、祝懋元、张宷臣、朱国寿、孟履吉、生儒朱廷枢、王观晓、宋发、王观明、陈正谏、李昌本等，随带臣局窥远镜等器，公同礼部祠祭清吏司主事巩焴、右监副周胤"及历科、灵台等官 14 名、天文生多名齐赴观象台。另一路则是委派"天文生朱光大携带远镜前赴礼部，公同监官潘国祥、薛永明、左允化等测候"②。

李天经一路众人登上观象台后，由主事巩焴向大家申明测验要领："治历系国家大典，修改数载，亦当结局。诸人宜虚公纪验，运仪测候。两局及该监各用一人，庶无偏倚之嫌。"还说，"测验止凭于天象，断不敢欺君父，以欺天下万世"。然后再一次验查仪器，向同来观测者介绍仪器的用法。时值午正初刻，即中午十二点刚过，日食开始显现，"远臣罗雅谷、汤若望等用远镜照看，随见初亏，众目共睹。巩主事

---

① 《治历缘起》（卷五），载徐光启编纂、潘鼐汇编《崇祯历书》，上海古籍出版社，2009，第1677～1678 页。

② 《治历缘起》（卷六），载徐光启编纂、潘鼐汇编《崇祯历书》，上海古籍出版社，2009，第1687～1688 页。

(熇) 执笔亲记”。日食发生的时间正好“与臣局所推为合”。到未初二刻半，即下午两点半左右，达到食甚。“远镜映照见食六分有余，随见食分秒退。”这是在观象台观测的官生员等“众目皆同”。“礼臣亦亲笔书记，是与臣局时刻分秒俱合。”直至申初初刻，即下午四点一刻左右，太阳复圆，礼臣又记道，“是与臣局所推申初一刻弱者又合”①。

为此李天经在第二天的奏疏中，奏报皇上：“此番日食，各家所报，俱各参差不一，其中亦有甚相远者。而臣局今岁日月三食俱合，于众论不一之日画一于天。”即天象给几方的争论做出了一个铁证如山的答案。他说，历局编制的新历《七政历》《经纬历》已于三年前（崇祯八年）就完成，屡次经历日食、月食的验证，都被证明是精密的、准确的，这次日食观测再次得到验证，而明年将不再有交食现象发生，恳请皇上圣明乾断，“敕令改定维新”，否则“治历大典终无结局之日”②。李天经还说，其实钦天监的官员们对这几种历法的优劣得失，早已心知肚明，只是不愿承认。他们是害怕皇上责怪他们。然而预报的错误责任并不在他们身上，关键是大统历的整个体系已经过时。

礼部主事巩熇亦于第三天上奏曰：“职仰睇日光初亏于午时初刻，食甚未初二刻半，复圆未末申初，约食将及五分。”而另在礼部观测的结果，与在观象台观测的结果有微弱差别，“据灵台各官报称及西洋玻璃远镜所验分秒，初亏于午初四刻，食甚未初二刻五十分，复圆未末申初，约食六分余”。皇上批答道：“这日食分秒时刻，新局为近，其余虽于时刻有一二稍近，又于分秒疏远。着即看议，画一奏夺。”③ 崇祯皇帝虽然肯定了新法优于其他各法，但仍没有下决心颁布新法历书。

1639 年 12 月 22 日（崇祯十二年十一月二十八）李天经将印制装

---

① 《治历缘起》（卷六），载徐光启编纂、潘鼐汇编《崇祯历书》，上海古籍出版社，2009，第 1688 页。

② 《治历缘起》（卷六），载徐光启编纂、潘鼐汇编《崇祯历书》，上海古籍出版社，2009，第 1688 页。

③ 《治历缘起》（卷六），载徐光启编纂、潘鼐汇编《崇祯历书》，上海古籍出版社，2009，第 1690 页。

潢完毕的新法历书——《七政历》和《经纬历》各一册进呈皇帝御览。他还先后向皇上进呈汤若望等传教士制作的体现西洋天文理论的日晷、星晷、星球仪等多种仪器，并将简明的用法刻在仪器上，以便皇上有暇时使用，同时又多次上奏，陈说新法之优越，促使皇上早下决心颁行新法。但皇上总是首尾两顾，优柔寡断，批答一些模棱两可的言辞。如1641 年 2 月 13 日（崇祯十四年正月初四）他在李天经的奏折上批曰："这所进十四年经纬新历，知道了。李天经还着细心测验，不得速求结局。"①

1641 年（崇祯十四年），李天经推算在 4 月 25 日（三月十六）将再次发生月食。他于 20 天之前，向皇上奏报了据新法推算的资料：食分八分二十一秒，初亏酉正一刻强（即傍晚六点半左右），食甚戌初三刻半（即晚九点半左右），复圆亥初二刻强（即晚十点半左右）。他还预报了南京应天府、福建福州府、山东济南府、山西太原府、湖广武昌府、陕西西安府、浙江杭州府、江西南昌府、广东广州府、四川成都府、贵州贵阳府、云南云南府等 12 座城市将看到的月食食甚的时间。

皇上闻奏后，命礼部"从长一并确议具奏，不得瞻延"②。

于是礼部尚书林欲楫，率左右侍郎、郎中、员外郎等全部属员，于4 月 23 日（三月十四）视察观象台，24 日（十五）亲赴位于宣武门原首善书院的历局，"详询各法，审定仪器，以俟临期测验"。25 日（十六）即月食发生当日，礼部一行人，钦天监监正张守登、监副贾良栋率监局官生，及远臣汤若望一道赴观象台观测。观测的结果是："本日日入在酉正三刻，初亏在酉正一刻，故月出地平已见亏食。当用黄赤经纬、简仪等器，测得酉正四刻余，果见四分有奇。月已高四度矣。仍用

---

① 《治历缘起》（卷七），载徐光启编纂、潘鼐汇编《崇祯历书》，上海古籍出版社，2009，第 1725 页。

② 《治历缘起》（卷七），载徐光启编纂、潘鼐汇编《崇祯历书》，上海古籍出版社，2009，第 1727 页。

本仪候至戌初三刻余，见食八分有奇。候至亥初二刻，觇见复圆。时刻分秒及带食诸数，一一悉与新法相符。"李天经第二天就将此结果奏报皇上，并称"此礼臣、台官之所目击亲验者"，而根据旧法预报的时间差了四刻，食分少了二分。此次报告中虽然没有记载使用了望远镜，但推测使用该器已成定例，也就不再特别强调了。但皇帝担心此为李天经一己之言，命礼部"复议具奏"[1]。

同年 9 月 24 日（八月二十）李天经再次上疏，预报即将发生的一次月食和一次日食：

10 月 18 日（九月十四）将发生月食，食分六分九十六秒，初亏丑初二刻弱（即凌晨三点左右），食甚寅初初刻强（即凌晨四点一刻左右），复圆寅正二刻强（即早五点半左右）。他还预报了南京应天府、山东济南府、山西太原府、湖广武昌府、陕西西安府、浙江杭州府、江西南昌府、广东广州府、四川成都府、贵州贵阳府、云南云南府等十一座城市将看到的月食食甚的时间。

11 月 3 日（十月初一）将发生日食，食分八分五十五秒，初亏未初初刻强（即午后两点一刻左右），食甚未正一刻半（即下午三点一刻左右），复圆申初三刻弱（即下午四点三刻左右）。如月食预报之例，李天经同时开列了南京应天府、河南开封府、福建福州府、山东济南府、山西太原府、湖广武昌府、陕西西安府、广东广州府、广西桂林府、浙江杭州府、江西南昌府、四川成都府、贵州贵阳府、云南云南府等十四座城市将看到的日食食甚的食分和时间[2]。

这次崇祯皇帝闻奏后，决定使用李天经进呈的新法仪器"御前亲测"即将发生的日食。李天经闻讯非常高兴，"不胜额手称庆"，称"钦仰我皇上留神钦若，御前亲测，且用臣所进新法之黄赤仪，测定极

① 《治历缘起》（卷八），载徐光启编纂、潘鼐汇编《崇祯历书》，上海古籍出版社，2009，第 1728 页。

② 《治历缘起》（卷八），载徐光启编纂、潘鼐汇编《崇祯历书》，上海古籍出版社，2009，第 1730～1731 页。

准时刻。即古先帝王尧舜之命羲和察璇玑、敬授民时者，无过于是"。恭维一番之后，他提出，以前进呈的仪器，有的需要更换，"以罗经小器不足得天上之真子午"；有的需要在观测前做精确的调试与核准，"否则毫厘或差，刻数难定矣"。为此他请求皇上"传远臣汤若望等，仍携原器，将黄赤仪并地平日晷等，再一审定安妥，临期兼用新法望远镜以窥太阳亏甚、复圆分秒"。皇上下圣旨，命"即传在事诸臣，仍携原器，如法安妥，以候测验"①。

这次实际观察的结果，又一次证明李天经所推独验。"至未初二刻，日于云薄处果见初亏，不待初三矣，于未正二刻已见退动，则食甚在正一可知，食约八分有余。又去申初远矣。及至申初二刻五十分已见复圆，正所谓三刻弱，于新法又合矣。本日远臣蒙礼部传赴本部同测，即同本局官生祝懋元等、监官贾良琦等测，至未初二刻时，仰见初亏，即报救护。又用悬挂浑仪于未正一刻半测看，日食八分有余；又用原仪远镜测看，复圆乃申初三刻也，此时凡在礼部救护朝臣所共见者。若皇上于大内亲测，用黄赤仪之影圈以上对日体，其所测时刻必有更准于外庭者，想在睿鉴中矣。"②

日食发生后的第八天，即 11 月 10 日（十月初八），皇帝颁旨："御前测验这次日食，时刻分秒西法近密。"③ 这也是中国皇帝第一次使用望远镜观测日食的记载。

1642 年年初（崇祯十四年十二月）礼部尚书题"谨遵屡旨，查议具复"一本冗长奏折，其中终于承认："本年三月十六日辛卯夜望月食"，礼部官员到观象台观测的结果是"时刻分秒及带食诸数，一一悉与新法相符。此礼臣台官之所目击亲验者"，而旧法所报时刻、食分俱

---

① 《治历缘起》（卷八），载徐光启编纂、潘鼐汇编《崇祯历书》，上海古籍出版社，2009，第 1732 ~ 1733 页。

② 《治历缘起》（卷八），载徐光启编纂、潘鼐汇编《崇祯历书》，上海古籍出版社，2009，第 1739 ~ 1740 页。

③ 《治历缘起》（卷八），载徐光启编纂、潘鼐汇编《崇祯历书》，上海古籍出版社，2009，第 1740 页。

有错误。随后九月十四日夜的月食，礼部主事、钦天监左右监副及汤若望等到观象台观测，"台官随测随报，礼臣登记在案"，结果"亏食时刻分秒与新法推算一一吻合。若大统所推，每先天二刻；而回回则后天不啻五六刻矣"。至于十月初一的日食，虽然"是日阴云蔽天，日体于薄云中时见"，但仍能测验到天象"与新法又合矣"。礼部终于表态，承认西洋新历法胜于大统历、回回历等历法了。但是又说："西法今日较密，在异日亦未能保其不差。"对李天经、汤若望及历局其他人员"累年所进历书一百四十余卷、日晷、星晷、星球、星屏、窥筒诸器，多历学所未发，专门劳绩，积有岁年"，应给予不次升赏。至于对李天经提出的修历工作完成后，将原历局熟悉西法的人员，吸收进钦天监，"以便随时测验"的建议，他提出应在钦天监中"另立新法一科，令之专门传习"。李天经原是打算用西洋新法改造钦天监，而礼部则要保留旧制，只是将新法作为其中一科。皇上闻奏后批答曰："另立新法一科，专门教习，严加申饬，俟测验大定，徐商更改，亦是一议。"① 还是未对颁行新法大计作出决断。

1643 年 2 月（崇祯十六年正月），李天经对在即将到来的 3 月 20 日（二月初一）发生的日食作出预报。这一天，礼部员外郎刘大巩、钦天监监副周胤及历科、天文科等官员一行、历局朱光大、黄宏宪率远臣汤若望等照例齐赴观象台测验。他们使用简仪、新法赤道日晷和望远镜测得资料"与本局新法所推密合"。李天经本人则在广宁门与另外数名官员"亦用远镜及新法仪器映照测验，一一悉与新法吻合"，取得同样的结果。他恳请皇上催促礼部落实前次圣旨下达的命令，成立新法科，以便"专门传习"西法，"更正无稽，而盛世大典，亦得刻期告襄"，即结束修历之事，并对有功之人进行封赏。皇上在接到观测报告后 4 个多月才作批答："这日食分数时刻，各有异同，御前亲测，西法

---

① 《治历缘起》（卷八），载徐光启编纂、潘鼐汇编《崇祯历书》，上海古籍出版社，2009，第 1738～1742 页。

多合。还与该监细加考正，以求画一。前有旨立新法科，量与叙录。何未见履行？着礼部即行议奏。"① 此时崇祯皇帝已被民变和辽事搞得焦头烂额，几乎无暇顾及天文、历法之事了。

这年的 9 月 27 日（八月十五）月食再次光顾神州大地，李天经照例于一个月之前作出预报，并开列南京应天府、福建福州府、山东济南府、山西太原府、湖广武昌府、河南开封府、陕西西安府、浙江杭州府、江西南昌府、四川成都府、贵州贵阳府、云南云南府等 12 座城市将看到月食食甚的时间。皇上这次终于下圣旨曰："本内朔望日、月食，如新法得再密合，着即改为大统历法，通行天下。"②

从 1635 年（崇祯八年）李天经完成新法历书的编纂，到 1643 年（崇祯十六年）皇帝终于决心将新历颁行天下，历时足足 8 年的时间。更为可悲的是，这时的大明江山已经风雨飘摇，关外的清军屡屡入犯，关内李自成、张献忠两支民军南北遥相呼应，逐鹿中原，所向披靡，打得官军连连败退。问题似乎已经不是大明王朝何时将新法历书颁行天下，而是把新法历书颁行天下的华夏新主将花落谁家了。

不管谁将成为华夏新主，肇始于徐光启而终结于李天经的明末历法改革，都是中华文明发展史的一个重大进步。从历局成立的 1629 年算起，这次以西洋天文学为指导思想的历法改革，费时将近 15 年时间，大量的西洋天文、数学著作得以翻译出版，若干西法天文仪器得到引进和使用，并在一次又一次的对日食、月食和对其他天象的观测中，证明了西洋新法的精准和优越。在这其中，望远镜无疑扮演了极其重要的角色，它效果最直观、使用最简便，特别

---

① 《治历缘起》（卷八），载徐光启编纂、潘鼐汇编《崇祯历书》，上海古籍出版社，2009，第 1746 页。
② 《治历缘起》（卷八），载徐光启编纂、潘鼐汇编《崇祯历书》，上海古籍出版社，2009，第 1752 页。

是对那些不甚熟悉天文学深奥理论的普通学者、官员，甚至最高统治者皇帝而言。

人们或许要说，在比较西洋新历与大统历、回回历在预测日月交食的时刻、食分时孰优孰劣，似乎肉眼观察也能胜任，那么望远镜又起到了什么作用呢？王广超等认为："远镜的最大作用就是可以将整个日食的过程投影在'尺素'之上，使到场观看的所有人可以'共睹之'，从而为评定历法优劣提供一个客观标准，即所谓：'众目皆同礼臣，亦亲笔书纪，是与臣局时刻分秒俱合。'而后来测日食时程序的变动也是逐渐地在向扩大公开性、增强透明度和准确性方向改进。另外，望远镜对于食甚时日体被掩刻分的验测是很关键的，其可以准确地将日体投测在尺素的指定位置上，从而得到'边际了了分明'的结果，就当时的技术条件来看，如果没有望远镜很难达到如此结果。"①

1642 年（崇祯十五年）明廷命汤若望制造各种仪器，支持战事。其中包括大、小火炮和"望远镜二具"。《明史》载："若夫望远镜，亦名窥筒，其制虚管层迭相套，使可伸缩，两端俱用玻璃，随所视物之远近以为长短。不但可以窥天象，且能摄数里外物，如在目前，可以望敌施炮，有大用焉。"②

正是由于西方传教士的居中介绍，由于望远镜等一系列西式仪器的使用，中国与欧洲天文学之间的差距大大缩短了。第一，望远镜将伽利略的天文发现介绍到中国；第二，望远镜将第谷的地心—日心的宇宙模式介绍到中国；第三，望远镜不仅促使中国编制出基于西方天文理论的新的历书，也使众多中国官员和文人、特别是最高统治者皇帝通过一次又一次的实际观测，终于心悦诚服地接受了这种西洋新法。总之，由于望远镜在最短的时间从它的诞生地传到了中国，使这一时期成为近代之前中西天文学发展水平最为接近的时期。

---

① 王广超、吴蕴豪、孙小淳：《明清之际望远镜的传入对中国天文学的影响》，《自然科学史研究》2008 年第 3 册，第 314 页。

② 《明史》（卷 25），《天文志一》，中华书局，1974，第 361 页。

当然，事物的发展进程总不是纯粹又纯粹、笔直又笔直的。来华传教士中也有如傅泛际（Franciscus Furtado，1587—1653）者，不完全承认望远镜所观测到的天象，对新学说不予接受，仍然顽固支持托勒密体系。有一些中国学者赞同傅泛际的观点，熊明遇就是其中之一①。

---

① 王广超、吴蕴豪、孙小淳：《明清之际望远镜的传入对中国天文学的影响》，《自然科学史研究》2008 年第 3 册，第 314 页。

第九章 明清交替时期民间制造的望远镜

以上各章述及，望远镜随着来华传教士的足迹，进入中国，进入大明王朝的都城——北京，进入朝廷的观天治历的场所，甚至进入紫禁城。众多的国人，包括崇祯皇帝都目睹了它的风采，感受到它的神奇功能。在京城以外，也有不少国人通过种种渠道，了解到望远镜这一来自西洋的奇器，甚至还可以花钱买到。

那么接触到望远镜的中国人除了赞叹之外，能否对其进行进一步的研究？是否能够制造出自己的望远镜呢？

这其中，薄珏是一个值得重视的人物。

薄珏，字子珏，江苏长洲（今苏州）人。"他出生于明万历三十四年到三十八年（1606～1610年）间，主要活动在崇祯元年到十四年（1628～1641年）间。崇祯十七年后他隐遁在浙江嘉兴。"①《明史》等官修史书未见其传，在清人的笔记野史和地方志中记载了他的片断生平。

薄珏天资聪明，勤奋刻苦，"读书一过成诵，又从尾诵至颠，亦不

---

① 王世平、刘恒亮、李志军：《薄珏及其"千里镜"》，《中国科技史料》1997 年第 3 期，第 26 页。

误一字。听者异之"①。青年时代的薄珏就已崭露头角，成为江南有名的学者。他特别专注那些科举考试以外的学问，且有精深的研究，"洞晓阴阳、占步、制造水火诸器"，"或问守城、行阵以及屯牧、引水诸法，则以口代书，以手代口，几案之上，即有成图，因地制形、因器成象，了然目前"。然而，"其学奥博，不知何所传"②，不知他师从何人。薄珏尤其精于制造方面，他曾应中丞巡抚张国维之请，制造过铜炮、水车、水铳、地雷、地弩等器，用于安庆之战。后来，"退归吴门"，在家中搞起一间实验和制造工厂，操觚著书。"忽煅炼、忽碾刻、忽运斤，忽操觚。"他对天文历法也做过研究，并制造过小型的浑天仪。薄珏一生著作颇丰，根据史籍记载，他的主要著作有：《格物论》百卷、《测地九》《大小几何法》《浑天仪图说》《盖天通宪图说》《简平仪图说》《日晷各地不同说》《灵漏象天说》《沙漏定时说》等。十分可惜的是这些著作和他的技艺一样，大都没有留传于世。另有一部以七言歌行体撰写的描述三垣二十八星宿的《经天该》，有专家称其为薄珏所作（也有专家认为是利玛窦或李之藻所作）③。如果真是出自薄珏之手，那就是他流传下来的唯一一部天文著作了。

关于望远镜，有记载曰："崇祯四年，流寇犯安庆。中丞张国维礼聘公为造铜炮，炮药发三十里。铁丸所过，三军糜烂。""每置一炮，即设千里镜以侦贼之远近。"并进一步指出薄珏的这种千里镜："镜筒两端嵌玻璃，望四、五十里外，如在咫尺也。"④ 研究者王世平、刘恒亮、李志军诸位先生对这段史料进行了考证，指出：第一，薄珏使用千里镜于安庆之战的时间"是崇祯八年，即 1635 年。确切地讲，是崇祯八年旧历二月"；第二，史料中所说的流寇，不是李自成军而是张献忠军；第三，薄珏的千里镜应该不是装在大炮上的瞄准器，"就是一具单

①　邹漪：《启祯野乘》（卷六），《薄文学传》，故宫博物院图书馆校印本，民国二十五年。
②　邹漪：《启祯野乘》（卷六），《薄文学传》，故宫博物院图书馆校印本，民国二十五年。
③　方豪：《中西交通史》（下），上海人民出版社，2008，第 492 页。
④　邹漪：《启祯野乘》（卷六），《薄文学传》，故宫博物院图书馆校印本，民国二十五年。

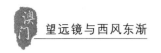

筒三节可伸缩的望远镜而已"①。

问题的关键是，究竟是薄珏受到来华传教士的影响而制造出他将之用于战争的"千里眼"，还是他并未受到任何来自欧洲的启示而独创性地制造出中国第一架望远镜？上述研究者认为：第一，至今没有任何史料证明薄珏受到传教士的直接影响②；第二，他制造出望远镜的时间应该早于1635年，而这时汤若望的《远镜说》或许尚未出版问世；第三，据说有人亲眼见过孙云球制造的望远镜，是开普勒式的双凸透镜望远镜，而传教士们带来的和汤若望在书中所介绍的都是一凸一凹透镜的伽利略式望远镜，因此断定薄珏所造的也是开普勒式望远镜，进而认为他是第一位独立制造出此类望远镜的中国人。甚至连以研究中国科技史专家著称于世的李约瑟，也曾提出："薄珏有没有可能就是中国的利伯休（Lippershey）？"因为"在十七世纪初叶的中国，任何一个对自然现象有兴趣的工匠或学者，都有可能借助于双凸透镜的组合，以造成那据说是荷兰工匠们曾获得的效果——教堂塔尖的顶端犹如就在眼前"③。

笔者却认为，说薄珏是独立发明开普勒式望远镜的中国人的论断，理由并不充分。

第一，虽然没有找到直接的史料说明薄珏受到了西人的启迪，但却不能排除这种可能性。薄珏的家乡苏州一带，一直是明末耶稣会士活跃的地区。1598年利玛窦首次进京失败后，曾南下在苏州暂居，后驻南京开教。1607年徐光启回上海为父亲守制，邀请郭居静到上海设堂传教。1611年李之藻又延请金尼阁到杭州传教。1616年"南京教案"爆发前，南京一带的天主教曾经搞得蓬蓬勃勃。"南京教案"虽然打击了南京的传教业，但对周边地区影响不大。一些传教士就在杭州李之藻、

① 王世平、刘恒亮、李志军：《薄珏及其"千里镜"》，《中国科技史料》1997年第3期，第27～28页。

② 王世平、刘恒亮、李志军：《薄珏及其"千里镜"》，《中国科技史料》1997年第3期，第29页。

③ 李约瑟、鲁桂珍：《江苏两位光学艺师》，载王锦光《中国光学史》，湖南教育出版社，1986，第189页。

杨庭筠的家乡避难。携望远镜东来的邓玉函于 1621 年从澳门北上杭州，1622 年潜入嘉定学习汉语①。从那时至 1629 年被徐光启延揽入历局修历，邓玉函居住杭州历时七、八年，类似前文所述的艾儒略向拜访者展示望远镜的情况极有可能多次发生。薄珏也极有可能直接或间接地接触到传教士带来的望远镜。有文章亦指出："传记作者不知薄的知识源于何处（'莫知所授'），但从'海外亦重其名'可推测他与海外有直接或间接的交往。"②

第二，汤若望的《远镜说》成稿于 1626 年，随后在北京刻印面世。薄珏在制造望远镜时没有阅读过此书是可能的，但如果如上所说，他亲眼见过实物的话，读没读过汤若望的书也并不重要了。

第三，如果据王世平、刘恒亮、李志军的题为《薄珏及其"千里镜"》的文章中所称，20 世纪 30 年代，有一位钱先生亲眼见过刻有铭文的孙云球制望远镜是开普勒式的，也不能得出作者们的结论，因为研究者有充足的证据证明，孙云球就是受了汤若望《远镜说》的启迪，才制造出望远镜的③。这将在下文中详细述及。

话又说回来，即使薄珏是在看到过传教士带来的望远镜，并受到他们影响之后，才造出望远镜的。他也很了不起，也堪称为中国第一位制造出望远镜的人。徐光启、李天经都多次使用望远镜观测天象，但他们也没有照葫芦画瓢地制造出一架望远镜来。

薄珏能够有此作为，不仅仅来源于他的聪明好学、才智过人，也和他家乡环境的熏陶不无关系。苏州，在明末时期已经有了繁盛的眼镜制造业。张橙华在《苏州光学史初探》中说道："我国古代光学史上著名的《梦溪笔谈》的作者沈括（1031—1095）祖籍钱塘，但他随母许氏

---

① 方豪：《中国天主教史人物传》（上），中华书局，1988，第 223 页。
② 张橙华：《苏州光学史初探》，《物理》1986 年第 6 期，第 381 页。
③ 孙承晟：《明清之际西方光学知识在中国的传播及影响——孙云球"镜史"研究》，《自然科学史研究》2007 年第 3 期。孙承晟先生将其搜寻到的孙云球之《镜史》康熙辛酉刻本的复印件慷慨相赠，在此致谢。——著者注

入吴县籍。沈括对虹的起因、凹面镜成像和'透光镜'的原理均有认识。"在明代，苏州人较早地接触到境外传来的眼镜，"如成化年间状元吴宽（苏州人）在得到友人送的眼镜后还写诗志谢。明代还有'单照'（单片眼镜），'以手持而用之'。'单照明时已有，旧传是西洋遗法'。苏州文人祝枝山是近视眼，传说中他随身携带单照"①。

薄珏没有著作传世，因此今人对他的了解很少。薄珏之后的另一名苏州的望远镜制造者——孙云球则留下了一本《镜史》。这本《镜史》及其多篇序跋文字，使我们可以对明清之际中国著名的望远镜和眼镜制造者孙云球的生平事迹，及当时苏杭一带民间在认知和制造望远镜方面的情况，有较多的了解。原以为这本书遗失了，但年轻的科技史研究者孙承晟在上海图书馆找到了它，并根据它撰写了一篇内容丰富的关于孙云球的论文。

孙云球，字文玉，又字泗滨，吴江人。据孙承晟考证，他大约出生于 1650 年，卒于 1681 年以后，享年仅 33 岁。他的父亲名志儒，字大若，为崇祯朝最后一届的进士（1643 年，崇祯十六年），曾任莆田知县、漳州知府，为官清廉，"不受民间一丝一粒，民亦爱之如慈父母焉"②。在遭遇明清之变后，孙大若就返回故里，闭门授徒，清贫度日。母亲董氏，吴县人，擅长诗书。孙云球为其第三子，自幼生性聪颖，得母亲口授经史，13 岁补弟子员，后两次乡试未果，遂淡于功名。父亲故去之后，孙云球"近变薄产，以葬其父，择地定穴，皆所手造"，偕母"僦寓（苏州）虎丘，货药利人"③。

孙云球对仕途功名失去了兴趣，却热衷于当时人鄙视的"奇技淫巧"。他"尝准自鸣钟，造自然晷，应时定刻，昼夜自旋，风雨晦明，不违分眇"④，尤其善于制镜。

---

① 张橙华：《苏州光学史初探》，《物理》1986 年第 6 期，第 381 页。
② 张若羲：《孙文玉〈眼镜法〉序》，载孙云球《镜史》，康熙辛酉刻本。
③ 张若羲：《孙文玉〈眼镜法〉序》，载孙云球《镜史》，康熙辛酉刻本。
④ 文康裔：《读〈镜史〉书后》，载孙云球《镜史》，康熙辛酉刻本。

　　1672 年（康熙十一年），20 岁出头的孙云球得到了被当时人称为"造镜几何心法"的汤若望的《远镜说》这本小册子，便着了迷，除自己研读之外，还游学访友与人讨论。

　　张若羲撰写的《孙文玉〈眼镜法〉序》和诸升的《〈镜史〉小引》，清楚地勾勒出孙云球西学的师承关系。

　　张若羲写道：孙氏"尤精于测量、算指、几何之法，制远视、近视诸镜。其术乃亲炙于武林日如诸生、桐溪天枢俞生、西泠逸上高生，私淑于钱塘天衢陈生，远袭诸泰西利玛窦、汤道未、钱复古诸先生者也。诸生慷慨尚义，卓荦超轶，工竹石山水，追踪夏昶，省会驰誉。镜法乃陈生所授，文玉寓武林，倾益如故，即以秘奥相贻。嗣遇俞生，贫而好侠，与文玉萍逢，一晤语即意气相投，倾其所知以赠。高生灵慧天成，技巧靡不研究，挟技游吴，为之较权分寸。诸生载至吴门，复为细加讲解，极致精详。文玉萃诸子之成模，参之几何求论之法，尽洗纰缪，极力揣摩，使无微疵可议，扩为七十二种，量人年岁、目力广隘，随目配镜，不爽毫发。"①

　　诸升，字日如，号曦庵，浙江仁和（今杭州市）人，即张若曦序文中所称的"武林日如诸生"。他是明末清初的著名画家，擅兰、竹，亦善山水。画竹师鲁得之，下笔劲利，潇洒自然。所写发竿劲挺秀拔，横斜曲直，不失法度；竹叶皆个分，疏密有致，所作雪竹尤为世人称道。

　　诸升不仅擅长丹青，也粗通西学望远镜之术。在为孙云球撰写了《〈镜史〉小引》一文中，他写道，孙云球于"壬子（1672 年，康熙十一年）春，得利玛窦、汤道未造镜几何心法一书，来游武林，访余镜学。时余为笔墨酬应之烦，日不暇给。雨窗促膝，略一指示，孙生妙领神会，举一贯诸，曾无疑义。越数载，余因崇沙刘提台之召，再过吴门，孙生出《镜史》及所制示余，造法驯巧，并臻绝顶。中秋月夜，

---

　　① 张若羲：《孙文玉〈眼镜法〉序》，载孙云球《镜史》，康熙辛酉刻本。

相对讨论，亹亹不倦，予亦罄厥肘后以述。今制诸镜迨无出其右矣"①。

这两段文字告诉我们，孙云球西学的源头毫无疑问是汤若望等来华传教士，然后是钱塘陈天衢。邓玉函居住杭州、嘉定期间极有可能曾授西学于陈天衢。后陈天衢授镜法与诸升。当孙云球拿着汤若望的《远镜说》向诸升请教时，诸升又"雨窗促膝"，倾其所知授予孙云球。孙云球虽然并未受到陈天衢的指教，但因其仰慕，便自称是他的私淑弟子。另有高云（字逸上），史记，"又制镜，隔数里望远人，眉目裳衣，纤态悉可数。复出一镜，与客俯视蛛丝，如斗柱"②。可见也是制造望远镜和放大镜的好手。还有俞天枢，也是"倾其所知以赠"，众人还在一起促膝切磋，"细加讲解，极致精详"。另外，在《镜史》的正文中，孙云球还引述了薄珏的话，称："薄子珏云"，显然也曾得到前辈人薄珏在关于如何使用望远镜方面的指点。那时这位前辈起码已经过了花甲之年。孙云球就是在这样的环境中成长成为一名制镜高手的。

再加上孙云球天生聪颖，善于妙领神会，能够举一反三，而且虚心好学，"稍闻有擅此技者，必虚衷请益，一若其反胜己者"③，因此其制镜技术提高得很快。苏州当时能制眼镜的工匠并不在少数，但孙云球能"量人年岁、目力广隘，随目配镜，不爽毫发"。他的舅舅董德其患高度近视，眼睛只有一寸左右的视力，看书写字非常吃力，但是借助了外甥孙云球给他配的眼镜，竟在1678年（康熙十七年）考中了举人。他感叹曰："文玉之法，能使目之昏者明，近者远，是人之所不能得知于天者，忽然得之于文玉也！"④ 孙云球的眼镜远近驰名，被称为"虎丘孙家眼镜"，致使"四方闻声景从，不惜数百里，重价以相购"⑤。

---

① 诸升：《〈镜史〉小引》，载孙云球《镜史》，康熙辛酉刻本。
② 参见龚嘉儁修、李榕纂《杭州府志》（民国十一年铅印本，卷150），转引自孙承晟《明清之际西方光学知识在中国的传播及影响——孙云球"镜史"研究》，《自然科学史研究》2007年第3期，第364页。
③ 诸升：《〈镜史〉小引》，载孙云球《镜史》，康熙辛酉刻本。
④ 董德其：《〈镜史〉弁言》，载孙云球《镜史》，康熙辛酉刻本。
⑤ 董德华：《〈镜史〉跋》，载孙云球《镜史》，康熙辛酉刻本。

关于孙云球所造望远镜，他的朋友文康裔特别为之折服，他感叹道："其远镜尤为奇幻，偕登虎丘巅，远观城中楼台塔院，若招致几席，了然在目；觇彼天平、邓尉、穹窿诸峰，峻嶒苍翠，如列目前，体色毕现。神哉，技至此乎！"①

孙云球不仅仅是掌握了制镜技术的工匠，还给我们留下了他撰写的《镜史》。

《镜史》正文非常简略，总共不到 1200 字，涉及了多种光学制品，有昏眼镜、近视镜、童光镜、远镜、火镜、端容镜、焚香镜、摄光镜、夕阳镜、显微镜、万花镜等 11 种。他对每一个镜种都作了言简意赅的说明，有的还配有对应的诗词与版画。而其他如鸳镜、半镜、多面镜、幻容镜、察微镜、观象镜、佐炮镜、放光镜、一线天、一线光诸镜种种，只是一带而过，未加解释。

第一种，昏眼镜，即今之老花镜。书中解释道："凡人老至目衰，视象不能敛聚，一如云雾蒙蔽，惚恍不真。或能视钜而苦于视微，或喜望远而不能视近。用镜则物形虽小而微，视之自大而显，神既不劳而自明也。量人年岁多寡，参之目力昏明，随目置镜，各得其宜。"配诗曰："黝发改素，目难升明。天工所致，孰能与争。昏昏聩聩，黯状魂惊。参苓未效，金镴虚名。唯兹灵法，还我瞳睛。神光复起，永年利贞。"署名："知非子"。

第二种，近视镜。书中解释道："凡人目不去书史，视不踰几席，更于灯烛之下，神光为火光烁夺，则能视近而不能视远。又有非由习贯（惯），因先天血气不足，视象不圆满者。用镜则巧合其习性，视远自明。量人目力广隘，配镜不爽毫厘。"这里将近视眼的病因说得清清楚楚。配词调寄"西江月"曰："眸子存人不异，神光如面难同。高低远近及昏蒙，半属先天秉种。花放闻香瞩目，宾来辩语观容。琉璃笼眼豁然通，珍重后天功用。"署名："明远"。

---

① 文康裔：《读〈镜史〉书后》，载孙云球《镜史》，康熙辛酉刻本。

第三种，童光镜。书中解释道："人之年老目衰，皆由平昔过用目力，神明既竭，时至则昏。观诸文人墨士，及钩画刻镂诸艺，专工细视，习久易昏。彼牧竖贩夫，不藉两眸者，老至不昏，差足征也。此镜利于少年，俾目光不随时而损，西士谓之存目镜。成童即用，十数年后去镜，目终不衰，至老仍如童子。若颜渊熟视白马，夫子预决其短夭。则目司为一身精气所聚，存养瞳神，可以延年永寿，岂小补哉？"

何为童光镜？孙承晟文中曰："李约瑟和鲁桂珍推测为'单式显微镜'还有一定可能，至于为'一种更强大形式的千里镜'，则似有些远了。"[1] 而我则认为，从文字理解，应该是一种保护视力的眼镜，"西士谓之存目镜"，其实已经说得很明白了。

文中配诗曰："少年气血强，神采溢于目。竭力悉秋毫，奚止不藏蓄。嗟哉有限资，任意恣弃暴。神散目继之，气血竞相逐。远西来异传，瞳睛赖以全，睛存命亦延，用以保长年。"署名："长春子"。

第四种，远镜，即望远镜。书中解释文字较多，但只涉及望远镜的功能和用法，并未涉及其原理和制造方法。书中曰：

> 此镜宜于楼台高处用之，远视山川河海、树木村落，如在目前。若十数里之内、千百步之外，取以观人鉴物，较之亲面，更觉分明。利用种种，具载汤道未先生《远镜说》中，兹不赘列。

> 筒筒相套者，取其可伸可缩也。物形弥近，筒须伸长；物形弥远，筒须收短；逐分伸缩，象显即止。若收至一二里，与二三十里略同，惟一里以内，收放颇多。

> 镜必置架，方不摇动。视欲开广，那（挪）动镜床，左右上下，宜缓勿急。

---

[1] 孙承晟：《明清之际西方光学知识在中国的传播及影响——孙云球"镜史"研究》，《自然科学史研究》2007年第3期，第367页。

前镜勿对日光，日光眩目，镜光反昏。若必需对日视象，须于暗处置架。

视镜止用一目，目力乃专。

人目虽同，其光万有不齐，如甲所定之分寸，乙视之则不合。须以筒进退之，极微为得。薄子珏云，须平时习视数日，由显之微，自近至远，转移进退，久久驯熟，然后临时举目便见。倘一毫未合，光明必减，奚镜之咎。

衰目人后镜略伸，短视人后镜略缩，目光亦万不能同，自调为得。

镜面勿沾手泽。倘蒙尘垢，以净布轻轻拂拭，即复光明。勿用绸绢揩摩。诸镜仿此。

"远镜"一节文后，没有配诗，而是配了一幅"西洋远画"（见图9－1）。画中中心位置明显是一座规模宏伟的教堂建筑，绝非当时中国境内的教堂可比。此画必有所宗，来源尚需考证。

图9－1　《镜史·远镜》
文字后的附图

第五种，火镜，即可以聚焦阳光引火的凸透镜。书中解释曰："周官司烜氏取明火于日，司爟氏四时改火，以救时疾。古先王用心于火政，必非无故也。李时珍先生云，石中之火损人头目，今习之不察者久矣。此镜于日中取火，无煤自燃，用以代燧，且大似金钱，便于携带，舟车途次，尤所必需。"

配诗曰："粤稽邃初，钻木改火。厚我生民，咸赖以妥。击石戛金，殊缪于古，资彼太阳，不无少补。"署名："古司烜氏"。司烜氏是《周礼·秋官》中记述的周代专管取火事务的官员。

第六种，端容镜，即小型袖珍型的梳妆镜。书中解释道："镜小如钱，用以鉴形，须眉毕备。既不如铜镜之累坠，可免衣冠不饰之讥。更与美女相宜，悬之扇头，系诸帕角，随时掠鬓，在处修容，顾影生妍，香闺异宝。"

此节之后没有配诗，而配以题为"金闺小照"的图，画的是一执镜女子。

第七种，焚香镜，其功能与火镜同，置一小木架上，下面放一龙涎香饼，借日光聚焦生热而点燃。书中解释道："香置镜下，随日东西，以架相逆，无火自蒸。且香味极佳，绝无烟火气息。一饼龙涎，可以竟日。南窗清供，似不可无。"

文后配诗曰："庐院风清丽日妍，玉盘小架尔当前。不须爇炭燃金鼎，香贵常存光自传。"署名："净香"。

第八种，摄光镜，孙承晟称此为"简易的针孔成像器，或与影戏灯类似"[1]。书中解释道："镜置极暗小室中，即西洋所谓月观者是也。素屏对镜，室外远近上下，动静大小物类，俱入屏中，细微体色，毕现如真。"

文后配诗曰："徊光揭：室中一窍，徊光反照。主人几中，纷来众妙。可以坐禅，可以悟道。"署名："静娱"。

第九种，夕阳镜，即墨镜。书中解释道："人有患赤火眼者，于天光明亮处，即不能视物。用镜则凉气沁肤，目痛立止。虽炎炎烈日，一如夕阳在山，犹酷暑热恼中一服清凉散也。"

文后没有配诗，而配以"夕阳图"，是一幅中国庙宇景色的图，署名为"吴趋严士端写"，即吴地严士端画，严士端不可考。

---

[1] 孙承晟：《明清之际西方光学知识在中国的传播及影响——孙云球"镜史"研究》，《自然科学史研究》2007 年第 3 期，第 367 页。

第十种，显微镜。书中解释道："镜用俯视，以极微细之物，置三足之中。视酰鸡头尾了然，视疥虫毛足毕现，蚊蟊宛如燕雀，蚁虱几类兔猿。博物者不特知所未知，信乎见所未见。"酰鸡是醋瓮里的一种小虫，疥虫、蚊蟊、蚁虱都是各种体形微小的虫子。

文后配诗曰："慎独铭：莫见乎隐，莫显乎微。慎独君子，铭之佩之。"署名："知微子"。"莫见乎隐，莫显乎微"，见于《礼记·中庸》。作者此处将显微镜用做道德方面的说教，与前文提及的艾儒略有异曲同工之妙。

第十一种，万花镜，即今之万花筒。书中解释道："此镜能视一物化为数十物。如视美人，顷刻金钗屏列；视花朵，忽来天女缤纷；远视山林台榭，俨然海市蜃楼，层迭参差，光华灿烂。蓬莱阁上，恐反无此变幻观也。"

文后有诗配画一幅（见图9-2），画的是太湖石、牡丹和孔雀，另题一首署名为"文玉"的诗："国色含香锦作帷，仙禽展翼斗芳时。尘区绝少怜文采，莫向繁华露羽仪。"诗中孙云球以"仙禽"孔雀自居，显示了"莫向繁华露羽仪"的清高孤傲的性格。正可谓"视世之劳劳攘攘、奔逐利名者，略不足以动其心也"①。这首诗正是孙云球淡薄功名，与世无争的隐士风骨的写照。通过这首署名诗，或许我们可以推测，其他几首诗也是作者本人吟诵的；几幅画图，也是作者精心选配的。

图9-2　《镜史·万花镜》
文字后的诗配画

① 董德其：《〈镜史〉弁言》，载孙云球《镜史》，康熙辛酉刻本。

短短一千多字的《镜史》正文及几篇序跋文字，提供给今人如下几方面的信息：

（1）孙云球擅长制作多种光学制品，他制作出来的望远镜的功能使观者赞叹，但并未有成反像之说，因此，他制造的仅仅是汤若望《远镜说》中所介绍的、由一凸一凹两片镜片组成的伽利略式望远镜，而并非如《薄珏及其"千里镜"》一文中说到的开普勒式望远镜①。

（2）孙云球明确指出，望远镜的"种种利用，具载汤道未《远镜说》中"，说明了该书对自己的影响。研究者孙承晟曾将《镜史》与汤若望《远镜说》作了详尽的比较，得出前者中关于"眼镜和望远镜部分的内容乃是依据《远镜说》中的相关部分纂辑而成"②的结论。所不同的是，《远镜说》涉及了眼镜和望远镜的原理，即光的折射理论，以及望远镜的制造方法；而《镜史》只涉及了其功能和使用方法。从《镜史》中看不出他对所涉及的光学理论有多少了解。从几篇题跋文字中，可以看到孙云球对"几何心法"似乎深有研究，即所谓"其玄妙在几何，高深平直，不碍不空，间不容发。夫岂与工人赝鼎，窃见一隅，或虚儗形似，或任意仿摹，冒其巧以博世资者，可同日语哉？"③或许正如孙承晟所言，《镜史》只是出于商业上的考虑而写出的一本"向一般人推广其制作的各种镜子"的手册。

（3）当时在苏杭一带，由传教士带来的西学具有相当的普及性。民间文人对西学的仰慕溢于言表。孙云球的舅舅董德华在《镜史·跋》中称："法莫神于西洋，以其巧由心造，非工师所能授也。然其所造，

① 王世平、刘恒亮、李志军：《薄珏及其"千里镜"》，《中国科技史料》1997年第3期，第28页。另有一事不符。此文称：有一钱先生曾见过一架刻有铭文"顺治丁酉孙云球制"的、成倒像的开普勒式望远镜。但据孙承晟考，顺治丁酉年（1657年）时，孙云球不满十岁，当然不可能造望远镜。而据诸升《〈镜史〉小引》载，孙云球首次读到汤若望《远镜说》并开始留心"镜学"，是在"壬子春"，即1672年。因此，该刻有铭文的望远镜的真实性值得怀疑。——著者注

② 孙承晟：《明清之际西方光学知识在中国的传播及影响——孙云球"镜史"研究》，《自然科学史研究》2007年第3期，第368页。

③ 文康裔：《读〈镜史〉书后》，载孙云球《镜史》，康熙辛酉刻本。

若历法，若炮法，皆绝奇，且大有裨当世，不止作小技观。"他甚至还知道南怀仁关于西方科学发展的某些言论，"闻之西洋历正南公之言曰，彼中六科取士，下及百家，莫不究心几何之学，各殚精于其中，是以法莫神焉，巧莫及焉"①。孙云球的好友吴奇生在赠他的诗中吟道："西来忽遇异人传，几何心法得真诠"②。

另据记载，有扬州人黄履庄（1658—？），受西学影响，专好制作各种"奇器"。曾做"千里镜于方匣布镜器，就日中照之，能摄数里之外之景，平列其上，历历如画"③。

可见在苏杭一带的文人中，例如以上谈到的陈天衢、诸升、高云、俞天枢等，被孙云球的眼镜和望远镜折服的张若羲、吴奇生、文康裔，和他的两位舅舅董德华、董德其，以及黄履庄和更多的不知名的民间文人，形成了一个热心西学、研究西学的群体。

此外，明末清初在著作文集中提及西洋望远镜的还有河北沧州人宋起凤（？—1653）、浙江海宁人谈迁（1594—1658）、安徽桐城人方以智（1611—1671）、广东番禺人屈大均（1630—1696）、山东新城人王士禛（1634—1711）等。

宋起凤在《稗说》提到了他在天主堂内的所见："器有自鸣钟、铁弦琴、千里镜、龙尾水车、混天仪、天地图。"④ 谈迁在《北游录》描述了北京天主教堂中的望远镜："登其楼。简平仪、候钟、远镜、天琴之属。钟仪俱铜质。远镜以玻璃。琴以铁丝。琴匣纵五尺。衡一尺。高九寸。"⑤ 方以智在《物理小识》中称："西国以望远镜测太白，则有时晦，有时光满，有时为上下弦。"⑥ 屈大均在《广东新语》中谈及了

① 董德华：《〈镜史〉跋》，载孙云球《镜史》，康熙辛酉刻本。
② 吴奇生：《〈镜史〉赠言》，载孙云球《镜史》，康熙辛酉刻本。
③ 戴榕：《黄履庄小传》，载《虞初新志》。
④ 宋起凤：《稗说》（卷一），载《明史资料丛刊》（第二辑），江苏人民出版社，1982，第21页。
⑤ 谈迁：《北游录》，中华书局，1981，第46页。
⑥ 方以智：《物理小识》，1937年万有文库版，第17页。

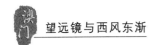

望远镜、显微镜等西洋仪器："有千里镜，见三十里外塔尖，铃索宛然，字画横斜，一一不爽。月中如一盂水，有黑纸渣浮出，其淡者如画中微云一抹。其底碎光四射，如纸隔华灯，纸穿而灯透漏然。有显微镜，见花须之蛆，背负其子，子有三四。见虮虱毛黑色，长至寸许若可数。"① 王士祯在《池北偶谈》中说道，在澳门"有千里镜，番人持之登高以望舶，械仗驷樯，可瞩三十里外"②。

可见当时的文人学者对望远镜已经有了广泛的认知。

① 屈大均：《广东新语》（卷二），中华书局，1985，第 38 页。
② 王士祯：《池北偶谈》（下册），中华书局，1982，第 516～517 页。

第十章 李渔小说《夏宜楼》中的望远镜

第九章说及，在明末清初苏杭一代的民间，西学、特别是本书所关注的西洋仪器望远镜曾一度被文人们广泛认知，这一点可以从李渔（见图10-1）的小说《夏宜楼》中得到再一次的印证。

图 10-1 李渔像

李渔（1611—1680），字笠鸿，号湖上笠翁，是明末清初著名的小说家、戏剧家和戏剧评论家。他的作品不仅反映了社会激荡变动时期的风土人情，提倡人性解放，也折射出当时西学东渐对苏杭一带民间的广泛影响。《夏宜楼》是他的系列小说《十二楼》中的一篇。

这篇小说其实就是一篇才子配佳人的通俗故事。但是，作者巧妙地将望远镜这一来自西洋的望远奇器穿插其间，使情节发展跌宕起伏，人物命运曲折婉转，虽不脱大多数同类小说大团圆结局的俗套，却也屡出奇招，悬念迭生，使读者兴趣盎然，欲罢不能。

故事说的是在浙江金华有一位名叫瞿吉人的公子，倾心于本地大户人家的詹小姐，但遭到眼光势利的詹父的拒绝。他借助望远镜窥探到詹府家中的情况，设计出他似乎能够"先知先觉"的一个又一个局，让詹氏父女误认为他是神仙下凡，于是击败了其他竞争者，成就了一段美好姻缘。

在当时的中国，男女授受不亲，女子大门不出二门不迈，婚姻全由父母之名、媒妁之言而定。不仅女子不能挑选丈夫，就是男子也没有自主选择妻子的机会。小说中的主人公瞿吉人于心不甘，决心"要选个人间的绝色"作伴侣。但"只是仕宦人家的女子都没得与人见面，低门小户又不便联姻"。他凭借自己头脑活络，将在市肆购得的西洋望远镜用来登高远眺，"看是哪一位小姐生得出类拔萃，把她看得明明白白，然后央人去说，就没有错配姻缘之事了"[①]。于是他"定下这个主意，就到高山寺租了一间僧房，以读书登眺为名，终日去试千里眼。望见许多院落，看过无数佳人，再没有一个中意的"。最终，他看到了詹家小姐娴娴，不独"月貌花容"，且又"端方镇静"，在处理侍女不端行为时"宽严得体，御下有方"，因此认为"娶进门来，自然是个绝好的内助"，于是便踏上了追求之路。不想娴娴的父亲铁了心不招白衣之婿，指望在京城做官的儿子找一个新科进士来做乘龙快婿。

瞿公子一方面迎合詹老爷的要求，先后考取了举人和进士；一方面则祭出望远镜这一西洋奇器，"筑起坛来，拜为上将"。为了获取小姐的芳心，他窥得了小姐写到一半的诗，就迅速将诗续完，并立即差媒人

---

① 李渔《十二楼》中的《夏宜楼》，春风文艺出版社，1997 年出版。本章节中引文凡出于此者，不再注明。——著者注

送到小姐面前；他窥得小姐面带病容，又及时托媒人送来问候。似这般几次三番之后，小姐就佩服得五体投地，矢志非他不嫁，并与他联手对付詹父。最后瞿吉人又窥视了詹老爷独自给亡妻写的祭文，令娴娴给父亲一字不差地背出来，詹父惊得毛骨悚然，相信女儿和瞿公子"百世姻缘果由前定""把个肉身男子假充了蜕骨神仙"，确信瞿公子乃神仙下凡。于是瞿吉人在三个候选人中脱颖而出，终于随心所愿抱得美人归。

本书引述李渔的这篇小说，不在于它的道德取向和文学价值，而在于其反映的与西洋奇器望远镜相关的文字。李渔赋《西江月》一词将望远镜描写得离奇生动：

> 非独公输炫巧，离娄画策相资。
>
> 微光一隙仅如丝，能使瞳人生翅。
>
> 制体初无远近，全凭用法参差。
>
> 休嫌独目把人嗤，眇者从来善视。

李渔写道："这件东西的出处，虽然不在中国，却是好奇访异的人家都收藏得有，不是什么荒唐之物。但可惜世上的人都拿来做了戏具，所以不觉其可宝。""这件东西名为千里镜"。

行文至此，小说一反常态地脱离开了人物和情节，笔锋一转，介绍起千里镜和"显微、焚香、端容、取火诸镜"来。

文中写到，千里镜"出在西洋，与显微、焚香、端容、取火诸镜同是一种聪明，生出许多奇巧。附录诸镜之式于后：

> 显微镜。大似金钱，下有二足。以极微极细之物置于二足之中，从上视之，即变为极宏极巨。蚁虱之属，几类犬羊；蚊虻之形，有同鹳鹤。并蚁虱身上之毛，蚊虻翼边之彩，都觉得根根可数，历历可观。所以叫做"显微"，以其能显至微之物而使之光明较着也。

焚香镜。其大亦似金钱，有活架，架之可以运动。下有银盘。用香饼香片之属置于镜之下、盘之上，一遇日光，无火自燃。随日之东西，以镜相逆，使之运动，正为此耳。最可爱者，但有香气而无烟，一饼龙涎，可以竟日。此诸镜中之最适用者也。

端容镜。此镜较焚香、显微更小，取以鉴形，须眉毕备。更与游女相宜，悬之扇头或系之帕上，可以沿途掠物，到处修容，不致有飞蓬不戢之虑。

取火镜。此镜无甚奇特，仅可于日中取火，用以代燧。然迩来烟酒甚行，时时索醉，乞火之仆，不胜其烦。以此伴身，随取随得，又似于诸镜之中更为适用。此世运使然，即西洋国创造之时，亦不料其当令至此也。

千里镜。此镜用大小数管，粗细不一。细者纳于粗者之中，欲使其可放可收，随伸随缩。所谓千里镜者，即嵌于管之两头，取以视远，无远不到。"千里"二字虽属过称，未必果能由吴视越，坐秦观楚，然试千百里之内，便自不觉其诬。至于十数里之中，千百步之外，取以观人鉴物，不但不觉其远，较对面相视者更觉分明。真可宝也。

关于千里镜的来源，李渔称其出在西洋，"皆西洋国所产，二百年以前不过贡使携来，偶尔一见，不易得也。自明朝至今，彼国之中有出类拔萃之士，不为员幅所限，偶来设教于中土，自能制造，取以赠人。故凡探奇好事者，皆得而有之。诸公欲广其传，常授人以制造之法"。此话显然有误，他将《夏宜楼》的故事确定在"元朝至正年间"，也是子虚乌有。望远镜原本系 17 世纪初西洋的产物，不可能出现在 300 多年前的元代。但李氏称：明朝以降，由外国传教士携来，作为礼物赠予国人，且授国人以制造方法，以至当时在民间已经具有相当的普及性，等等，却还有些靠谱。

尤其有趣的是，李渔说："然而此种聪明，中国不如外国，得其传者甚少。数年以来，独有武林诸曦庵讳某者，系笔墨中知名之士，果能得其真传。所作显微、焚香、端容、取火及千里诸镜，皆不类寻常，与西洋土著者无异，而近视、远视诸眼镜更佳，得者皆珍为异宝。"他在这里提到了本书第九章中说及的杭州武林的诸升（字日如，号曦庵），且列举了孙云球《镜史》中论述过的各种奇镜。其中有些文字，直与《镜史》雷同，像是直接引用而来的。诸升和李渔同是那一时期的江南名士。孙承晟在其论文中指出："在以李渔金陵别墅芥子园命名的《芥子园画传》中，其女婿沈心友请诸升为第二集编画了《兰竹谱》，诸升并为之作序。可见诸升与李渔一家应是很熟悉的。"（李渔行书作品及其在南京的故居见图 10 - 2 和图 10 - 3。）且"《十二楼》中关于诸镜的文字一定是参考了《镜史》一书。因此可推断是诸升向李渔透露了孙云球的《镜史》，而使得李渔孙冠诸戴了"①。

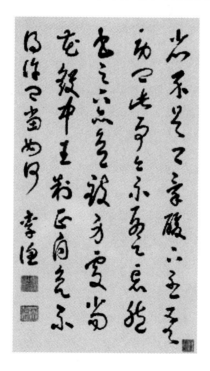

图 10 - 2　李渔行书

---

① 孙承晟：《明清之际西方光学知识在中国的传播及影响——孙云球"镜史"研究》，《自然科学史研究》2007 年第 3 期，第 370 页。

图 10 – 3 李渔在南京的故居——芥子园

　　小说中还描述了肆间坊巷购买千里镜之事。文中写道，瞿公子与朋友上街买书，在卖古玩的铺子里看到了"西洋千里镜"。"众人间说：'要他何用？'店主道：'登高之时取以眺远，数十里外的山川，可以一览而尽。'众人不信，都说：'哪有这般奇事？'店主道：'诸公不信，不妨小试其端。'就取一张废纸，乃是选落的时文，对了众人道：'这一篇文字，贴在对面人家的门首，诸公立在此处可念得出么？'众人道：'字细而路远，哪里念得出？'店主人道：'既然如此，就把他试验一试验。'叫人取了过去，贴在对门，然后将此镜悬起。众人一看，甚是惊骇，都说：'不但字字碧清可以朗诵得出，连纸上的笔画都粗壮了许多，一个竟有几个大。'店主道：'若还再远几步，他还要粗壮起来。到了百步之外、一里之内，这件异物才得尽其所长。只怕八咏楼上的牌匾、宝婺观前的诗对，还没有这些字大哩。'"小说的作者将民间买卖望远镜的情节描述得栩栩如生。

在这之后的文人笔记和小说中描述过望远镜的还有多部，如《红楼梦》《老残游记》《野叟曝言》等。然而，唯有李渔的《夏宜楼》以望远镜作为贯穿整部小说自始至终的道具，且对它作了游离主要情节之外的详细描写。这也是笔者在这里重点谈及该作品的原因。

《夏宜楼》不仅反映了当时苏杭民间对望远镜的一定程度的认知情况，反映了中国文人百姓对其神奇功能惊诧叹服的态度，也真实地反映出望远镜传到中国后惨淡的遭遇。当欧洲人争相将其利用来探究宇宙奥秘的时候，当欧洲人前赴后继地揭示光学奥秘，进而改进望远镜，竞相推出更新款式、更强功能的望远镜的时候，中国人却利用它来偷窥小姐闺房，装神弄鬼，冒充"蜕骨神仙"。

更具讽刺意味的是，新婚之夜，瞿公子感到"骗了亲事上手，知道这位假神仙也做到功成行满的时候了，若不把直言告禀，等她试出破绽来，倒是桩没趣的事，就把从前的底里和盘托出"。娴娴知道真相后不但不恼，反而说："这些情节虽是人谋，也原有几分天意。"且"明日起来，就把这件法宝供在夏宜楼，做了家堂香火，夫妻二人不时礼拜。后来凡有疑事，就去卜问他，取来一照，就觉得眼目之前定有些奇奇怪怪，所见之物就当了一首签诗，做出事来无不奇验"，将原本用于科学探索的仪器，当做了占卜求签的迷信道具。

更有甚者，在相比更为封闭的江西，竟然屡屡发生令人哭笑不得的对望远镜的误解。

一名法国耶稣会神父傅圣泽曾在发回法国的一封信中谈道："一天，我准备去为一名临终的妇女施洗礼，一位传道员到教堂找到我，告诉我不用再去她家了，因为前天晚上亲自来要我去施洗礼的那位妇女的丈夫改变了念头。这位失信者对传道员说：'去告诉你们宗教的那位传教者，他还是在家里休息吧，我知道他的打算，人家已告诉我他的企图。他想用我妻子的眼睛去制造望远镜。让他对其他人说，我绝不会同意让他迈进我家的门槛，也不同意让他施洗礼。'"①

　　另一名法国耶稣会士沙守信也谈到过类似的情况："次日，当传教士准备去为这位垂死的妇女施洗的时候，丈夫派人来说，他感谢神父为他做的工作，但现在不想让自己的妻子受洗了。我们尽了一切努力说服他让我们做当初他已经同意的事情，他的基督教朋友也特意赶来劝说他。但他就是不从，他说：'我知道你们和传教士的伎俩，他带着他的油来，是想把病人的眼珠挖出来，做成望远镜。不，他不能踏进我的家门，我希望我的妻子能带着她的眼睛入土。'不管人们如何做，都无法使他醒悟，他妻子没接受洗礼就死了。"②

　　这些愚昧的人们甚至认为具有超常观测能力的望远镜是传教士们挖了人眼做成的。

　　望远镜在中国的悲惨命运，几乎在与它到来的同一时间，就肇端开始了。

---

① 〔法〕杜赫德：《耶稣会士中国书简集》（第I册），郑德弟等译，大象出版社，2005，第206页。
② 〔法〕杜赫德：《耶稣会士中国书简集》（第I册），郑德弟等译，大象出版社，2005，第245页。

第十一章　汤若望将望远镜和新法历书献给大清朝廷

在第九章、第十章两章关注了望远镜在苏杭民间的流传情况之后，让我们再次将目光返回到正在经历着改朝换代的都城——北京。

1644 年在中国的历史和北京的历史上都是一个极其特殊的年代。在这一年，北京经历了三个王朝。作为千年古都，她经历了一次又一次血与火的洗礼。

这年的 4 月，当李自成的农民军兵临北京城下的时候，崇祯皇帝竟将 7 万守军的指挥权交给了太监曹化淳。汤若望铸造的西式大炮并没有发挥作用。曹化淳下令打开彰义门（即今之广安门——著者注）城门放李自成军进城。皇帝起先打算亲赴南城组织军力，作困兽犹斗之抵抗。汤若望亲眼看见他骑马从南堂前面匆匆驰过。但是皇帝不仅未能组织起有效的抵抗，甚至还遭到城墙上由汤若望制造的大炮的轰击。他终于认识到大势已去，便赶回皇宫赐死了皇后，遣散了皇子，并残忍地要亲手杀死亲生女儿，而最终自缢于紫禁城后的煤山（即今日之景山——著者注）。

汤若望（见图 11 - 1）对这位大明王朝的末代皇帝是这样评价的："这位皇帝，几乎是当时最出色的皇帝，其仁慈的性格也是独一无二的。但是因其行为轻率，最后导致众叛亲离，年仅 36 岁就毫无意义地凄然死去。以'大明'（伟大澄明之意）命名的、拥有 80000 多名皇族成员的帝国王朝，在经历 276 年之后最终被推翻了。当时我为他指明了救赎的办法，他却没有听从。尽管如此，他还是值得我同情的。因为他不仅继续保留了过去就曾在中国存在过、后来在其祖父的王朝之中再次到来的天主教，还为其臣民的最大利益而赞扬它、培养它。如果他不是在那个时候惨死，他会做得更多。"①

图 11-1 汤若望像

曾经善待来华耶稣会士的崇祯皇帝死了，大明王朝的首都——北京落入农民军之手。在京的耶稣会士何去何从？当时的北京教会总会长龙华民和傅泛济都离开了这危险之地，龙华民劝汤若望也离京南下。但是汤若望却作出了与他们不同的选择——留在北京，守护南堂。

汤若望之所以作出这一不同寻常的选择，首先是源自他清醒的头脑。"他洞察着中国社会发生的急骤变化，预感到一个新旧交替时刻的到来，并不觉得是什么大难临头。"②他曾经说："有时我们的数学家③吓唬我说，皇上的恩典并不是永世长存的。我回答他们说：'如果这个皇帝不在了，会再来一个，对我们也许比他更好。'"④

汤若望选择留在北京，也是出于保护他的虔诚的教友的目的。农民军刚刚进城时，并没有过分严重的滋扰平民的行为。尽管开始时，有零

① 〔美〕魏若望：《汤若望与明清变迁》，余三乐、丁伯成等译，载《汉学研究》（第七集），中华书局，2002，第 218 页。魏若望在注释中指出："以上文字是从他的拉丁文原书 Letters et Memorires 中直接译成英文的。"〔德〕魏特：《汤若望传》，杨丙辰译，商务印书馆，1950，第 207～208 页，其中也引用了此段话，两者在文字上略有不同。
② 转引自张力、刘鉴堂《中国教案史》，四川社会科学院出版社，1987，第 53 页。
③ 指历局的中国同事。——著者注
④ 转引自张力、刘鉴堂《中国教案史》，四川社会科学院出版社，1987，第 53 页。

星滥杀无辜的个案，但立即有首领在城门上张贴告谕，加以制止。农民军制裁的主要对象是明朝的官员和富人。因为号称"闯王"的李自成向平民承诺"迎闯王，不纳粮"，但是他的军队还是要吃饭的，因此就把官员（不管是贪污腐败的还是为官清廉的）和富人抓起来，严刑拷打，逼他们交出不义之财。这叫做"追赃助饷"。

这一时期，汤若望特别操心的是奉教的妇女。由于农民军对前朝官吏和富人的"追赃助饷"的政策，这些官宦富贵人家多数倾家荡产、家破人亡，不少此类家庭的妇女以自杀了断了自己的生命。汤若望担心他的女信友也寻此短见。天主教认为，人的生命是属于天主的，轻生则是违反教义的。为此，汤若望在混乱中逐一走访了女教徒的家，谆谆劝导她们切勿轻生。他还常常虔诚地祷告，请上帝保佑那些妇女不受恶人非礼。汤若望还保护了一位名叫陈名夏的新科状元。他在李自成军进城后曾躲入天主教堂。汤若望不但收留了他，而且力劝他不要寻短见。谈迁在《北游录》中有关汤若望的一则记载说："崇祯甲申三月，京城陷，陈避天主堂，欲投缳，力沮之。"①

汤若望不顾个人安危，守护在动荡莫测的北京的另一个重要的原因，是致力于保护蕴含了从徐光启到李天经，以及包括自己在内的多名传教士辛勤劳动的、基本完成了的《崇祯历书》的雕刻木板，还有长途跋涉几万里、历经千难万险而到达北京，当时存放在南堂的欧洲仪器和图书，其中就包括几架望远镜。这些作为天主教在中国的保护神的欧洲天文学的结晶，如果毁于一旦，绝不是短时间可以恢复的。尽可能地保护它们，避免任何损失，对汤若望来说，不管是以他的耶稣会传教士身份，还是以他的欧洲科学家的身份，都是责无旁贷的。

农民军政权在积极筹备新朝的登基大典的时候也没有忘记颁布新皇历。他们并不知道明末的新旧历法之争，就责成钦天监将新皇帝——李自成的名字印在他们编纂的第二年的历书上，并以"永昌"作为大顺

① 谈迁：《北游录》，中华书局，1981，第278页。

朝的新年号。钦天监都一一照办了。但是登基大典却没有立即举行，原因是山海关出了麻烦，原明军守将吴三桂拒绝归顺新朝。鉴于山海关的战略重要性，李自成将登基大典延后，而亲率 20 万大军北上。

一个月后，李自成军在山海关迎击清军和吴三桂的军队而遭败绩，狼狈地退回北京。李自成匆匆举行了登基大典，接着就掳掠了皇宫中的金银财宝，撤出北京。他留下 3000 人，令他们洗劫和焚毁宫殿和城池。甚至连居住在宣武门旁的汤若望，都听到皇城里的建筑在烈火中崩裂倒塌的声音。

在这一混乱动荡的时期，作为耶稣会士的住所和教堂，南堂也遭到破坏。

教堂周围的一切房屋，都被烈火所燃烧。受命纵火烧房的农军士兵在城墙上看到教堂尚未焚烧，就向教会院内燃放火球，投掷火把。幸好两间专门储藏印刷历法书籍的木版的房子没有着火，凝聚着徐光启等中国学者和汤若望等耶稣会士多年心血的这部卷帙浩繁的科学巨著得以保存下来。

南堂周围的一些居民，因自己的房屋被焚，也躲进了教会院内。汤若望热情地接待他们，并为伤者包扎伤口。他还组织仆人们尝试着修补房屋残破之处。

这种混乱的局势持续了一个多月。清军统帅——摄政王多尔衮率部进入北京。当时北京的"老百姓高呼'万岁'，夹道欢迎。北京城的居民们已经非常反对李自成，而公开衷心欢迎满人军队"①。但是第二天多尔衮就颁布了一道严重伤害北京市民的命令。他勒令原在北京内城居住的汉人必须在 3 天之内搬到外城。内城地区统统让给进城的满人居住。

耶稣会士的南堂，处于内城最南边的宣武门东侧，也是属于勒令迁出之列的。著名汉学家、现代耶稣会士、美国乔治敦大学历史教授魏若

---

① 〔美〕魏若望：《汤若望与明清变迁》，余三乐等译，载《汉学研究》（第七集），中华书局，2002，第 219 页。

望神父分析道:"对于汤若望而言,这意味着耶稣会的住所及其他财产将有丧失的可能。他必须马上行动,否则天主教在首都北京的继续存在将面临危险。作为一个外国人,他已经建了一座教堂、一间礼拜堂和一处颇具规模的、收集了大量宗教书籍、图画和包括了数学、天文学的多卷本丛书的图书馆。如果他以后继续为改进中国历书而工作的话,他是绝对需要这些文献书籍的。"①

于是汤若望立即写了一份请愿书。文中写道:

> 臣自大西洋八万里,航海东来,不婚不宦,以昭事上主,阐扬天主圣教为本。劝人忠君孝亲,贞廉守法为务。臣自构天主堂一所,朝夕虔修,祈求普佑。作宾于京,已有年所。曾奉前朝故帝令修历法,著有历书多帙,付工镌版,尚未完竣,而板片已堆积累累。并堂中供象礼器,传教所用经典,修历应用书籍,并测量天象各种仪器,件数甚夥。若欲一并迁于外城,不但三日限内不能悉数搬尽,且必难免损坏。其测量仪器由西洋带来者居多。倘一损伤,修整既非容易,购办又非可随时寄来。特为沥情具折,恳请皇上恩赐,臣与同伴诸远臣龙华民等,仍居原寓,照旧虔修②。

请愿书写好后,一日,汤若望身着中国平民服装,径自来到皇宫门前。那里还有很多类似的请愿民众,汤若望和他们一起跪下。但是别人都被士兵用皮鞭赶走,唯有他得到了一位高官的接见。这位高官姓甚名谁?《汤若望传》一书的作者、德国学者魏特称"一位姓范的",而魏若望则在文中明确指出,这人叫做"范文程"。

范文程,字宪斗,号辉岳,辽东沈阳卫(今沈阳市)人,系北宋

---

① 〔美〕魏若望:《汤若望与明清变迁》,余三乐等译,载《汉学研究》(第七集),中华书局,2002,第219页。
② 《正教奉褒》,韩琦、吴旻校注《熙朝崇正集、熙朝定案》,中华书局,2006,第278页。

著名的政治家范仲淹的后裔。他 18 岁时中秀才，明万历四十六年（1618 年），自愿投效努尔哈赤，参加后金政权，成为努尔哈赤和皇太极的主要谋士之一。世祖顺治皇帝即位后，他向摄政王、睿亲王多尔衮进言："中原百姓蹇离丧乱，备极荼毒，思择令主，以图乐业。曩者弃遵化，屠永平，两次深入而复返。彼必以我为无大志，惟金帛子女是图，因怀疑贰。今当申严纪律，秋毫勿犯，宣谕进取中原之意：官仍其职，民复其业，录贤能，恤无告。大河以北，可传檄定也。"①

当李自成攻破北京的消息传来，正在养病的范文程立即向多尔衮建言进军中原。他还劝说清军改变以往滥杀汉人的政策："好生者天之德也，古未有嗜杀而得天下者。"② 多尔衮采纳了他的建议，联合明军降将吴三桂，击败李自成，进入北京城。《清史稿》称："既克明都，百度草创，用文程议，为明庄烈愍皇帝发丧，安抚孑遗，举用废官，搜求隐逸，甄考文献，更定律令，广开言路，招集诸曹胥吏，征求册籍。"又以"治天下在得民心，士为秀民。士心得，则民心得矣"③，而恢复了科举考试。范文程以其在清朝定鼎中原大业中立下的汗马功劳而相继被晋升为少保兼太子太保、太傅兼太子太师，一直在最高决策层发挥关键性作用，后于康熙五年八月病逝，享年 70 岁。康熙皇帝将他赐葬怀柔红螺山，立碑纪绩，谥文肃，御书祠额曰"元辅高风"。

笔者在此扼要地介绍范文程的生平政绩，并非赘言。他是汉人，但却能破除传统的"华夷"偏见，而辅佐一个虽然带有浓重的落后意识，但却是新兴的、生气勃勃的非汉族政权。他不失时机地建议清军挺进中原，建立新朝；而同时他又尽力使这些外族统治者接受汉族文化，改变他们的落后意识，从而使中原汉人少受残害。范文程是当时清王朝统治核心中少有的（如果不是说"绝无仅有"的话）能够高瞻远瞩、海纳百川的有远见的政治家和开明学者。只有他能够敏锐地认识到汤若望的

---

① 《清史稿》（卷 232），第 31 册，中华书局，1977，第 9352 页。
② 《清史稿》（卷 232），第 31 册，中华书局，1977，第 9352 页。
③ 《清史稿》（卷七），中华书局，第 218 页。

才华，以及新法历书和远道而来的西洋仪器，对刚刚创建的王朝所具有的宝贵价值。正如当年利玛窦与徐光启的会面开创了明末中西文化交流的新局面一样，汤若望与范文程的会面则开创了清初中西文化交流的新局面。

范文程命汤若望走上前来，接过他的请愿书，并询问了有关教堂和观天治历等工作，然后就让汤神父暂且回家，第二天再来听候批复。

汤若望还没到家，就已经有两位官员来到教堂，核查请愿书中所谈到的情况是否属实。第二天汤若望便领到了一份谕旨："恩准西士汤若望等安居天主堂，各旗兵弁等人，毋许阑入滋扰。"① 汤若望带着这件公文回到他的住所时，他发现屋内已经满是满人，这些人要将汤若望驱逐出去。"可是他们一瞧见汤若望的公文，就不得不至急地又都搬走了。连教会在墓地上的房舍田园，这时已经被他们夺走了，和城内教士们的其他房产，均得到幸免。"② 教堂中近3000卷欧洲书籍以及印刷中文有关天文历算的书籍的木版，全部完好，未受丝毫损毁。仅有一些天文仪器受到损伤。

在众多的来华耶稣会传教士中，人们将汤若望列为仅次于利玛窦的第二位伟人，是有充分理由的。就北京的教会和教堂而言，利玛窦无疑是其草创者，而汤若望则堪称是中兴时代的缔造人。试想如果汤若望与龙华民、傅泛济一样，在动荡和混乱的时期离开北京。那么南堂就可能被毁于一旦，晚明时期中国科学家与耶稣会士连手编纂的先进的天文历法书籍和科学仪器，包括几架望远镜，就可能被付之一炬。从利玛窦进京以来所开创和积累的中西文化交流的成果，就可能化为乌有。正如传记学家魏特所评论道的："这样汤若望在恐怖时日在城内的勇敢停留坚持，竟获得了灿烂优异的胜利。在危急的时期他救了北京的教会，不但

---

① 《正教奉褒》，韩琦、吴旻校注《熙朝崇正集、熙朝定案》，中华书局，2006，第279页。
② 〔德〕魏特：《汤若望传》（上），杨丙辰译，商务印书馆，1950，第222页。

未使它得以灭亡，反而更巩固了它的存在。"①

明崇祯年间的中公历法之争又延续到了顺治初年。但是清王朝的统治者比农民领袖李自成到底是高明。他们清楚地知道当时存在着两种历法，根据这不同的方法编纂了两种不同的历书。他们也比明崇祯皇帝果断，在很短的时间内就作出决断——除旧布新，采用西法。

当时，原明王朝钦天监的官员也都归顺新朝。他们将原来的皇历改头换面，添加上新朝的标签献给摄政王多尔衮。摄政王问，这是一种什么样的历书，他们回答，是流行的中国皇历。对此了如指掌的摄政王不客气地说："这种舛错百出的历书，这上面的报告预测，既不能上合天象，又不能下应地事，是要不得的。一位名汤若望的欧洲人曾制有较佳历书，这一种历书是应当行用的。你们从速把这个人唤来。"②

不久，1644年6月的一天，清王朝的一位高官将汤若望召进了皇宫，向他询问天文和数学问题及两种不同的历书的情况。汤若望指出了原钦天监的旧式历书的七大错误，并报告说，他已经完成了第二年，即1645年的新式历书的编纂工作，敬请朝廷颁布施行。

7月25日，汤若望上奏，报告了他对将在9月1日发生日食的推测预报，奏折中提及了他正在修复被毁坏的望远镜和日晷："目今交食伊迩，则测验无器，何凭？日食每因阳光炫耀，则所见之分秒有非目力能真；或用水盆映照，亦属荡漾难定。惟有臣制窥远镜及地平日晷二器，于日食时用远镜可以觇其亏复食分；用日晷可以觇其亏复时刻。倘临期不依此法窥测，则各法之食分多寡与时刻先后不同之数，又安能证定其疏密哉？臣是以晓夜拮据，拟将需用定时、窥测之器另行制造数种进呈睿览。方在精工缮制，不日可以告成。"次日圣旨批答："其窥测诸器速造进览。"③

---

① 〔德〕魏特：《汤若望传》（上），杨丙辰译，商务印书馆，1950，第222页。
② 〔德〕魏特：《汤若望传》（上），杨丙辰译，商务印书馆，1950，第235页。
③ 《奏疏》，载徐光启编纂、潘鼐汇编《崇祯历书》，上海古籍出版社，2009，第2047~2049页。

这时，原历局的领导者李天经隐居民间，不愿出仕为新朝效力。于是，正在寻求一本新历书作为新王朝标志的清朝统治者，义无反顾地选择了新法历书和作为它的编写人之一的汤若望。这年的 8 月 2 日（七月初一）摄政王多尔衮在礼部的奏折上批道："治历明时，帝王首重。今用新法正历，以敬迓天休，诚为大典，宜名'时宪历'。""自明岁顺治二年为始，即用新历颁行天下。"① 并在历书上批下了"依西洋新法"五个字②。在明王朝数十年争论不休的事情，终于在新兴的清王朝中仅仅几个月就尘埃落定了。

8 月 10 日（七月初九）汤若望向朝廷呈献了 6 幅地图和 3 件天文仪器——浑天仪、望远镜和地平日晷③，以及如何使用这些仪器的小册子。他在奏疏中写道："臣殚力精工，悉心料理，今已捐赀制就浑天星球一座、地平日晷并窥远镜一具。"窥远镜还附有"置镜铜架并螺丝转架各一、木立架一、看日食绢纸壳二"④。摄政王批答道："所进测天仪器准留览。应用诸历一依新法推算，其颁行式样作速催竣进呈。"⑤ 再

① 《清世祖实录》（卷五），第三册，中华书局，1995，第 66 页；《奏疏》，载徐光启编纂、潘鼐汇编《崇祯历书》，上海古籍出版社，2009，第 2051 页。

② 南怀仁称："汤若望初进历时，历面上原物'依西洋新法'字样。此五字者，乃内院大学士奉上传批在原本历面上，发与礼部颁行。"引自南怀仁著《不得已辩》，载吴相湘编《梵蒂冈图书馆藏本天主教东传文献》，台湾学生书局，1997，第 348 页。

③ 汤若望奏："臣制就浑天星球一座。地平、日晷、窥远镜各一具。并舆地屏图。恭进王览。"见《清世祖实录》（卷六），第三册，中华书局，1995，第 68 页。

据顾宁先生考证，此地平日晷现由中国故宫博物院收藏。"'新法地平日晷'呈长方形，长 23.2 厘米，宽 15 厘米，高 7.8 厘米，由银制成，镀以金面，置放在一个红木制成的架子上。以其表面有一个三角形体，可以竖起并放下。在表的底部有一个指南针，可以确定日晷放置的方向。日晷的表面有经纬刻度以及节气线，上端刻有'新法地平日晷'字样。日晷的背面刻有龙纹和花卉，以及'顺治元年七月吉日恭进 修改历法远臣 臣汤若望制'的字样。"详细内容见顾宁先生著《汤若望、"新法地平日晷"和中外交流》一文。该文载于"华裔学志丛书"*Western Learning and Christianity in China: The Contribution and Impact of Johann Adam Schall von Bell, S. J.（1592 - 1666）*，第 533 ~ 541 页。

④ 《奏疏》，载徐光启编纂、潘鼐汇编《崇祯历书》，上海古籍出版社，2009，第 2050 ~ 2051 页。

⑤ 《清世祖实录》（卷六），第三册，中华书局，1995，第 67 页。《奏疏》，载徐光启编纂、潘鼐汇编《崇祯历书》，上海古籍出版社，2009，第 2051 页。

次肯定了西洋新法，同时望远镜也首次进入了大清王朝的宫廷。

8月20日（七月十九）汤若望再奏道："敬授民时，全以节气交宫与太阳出入昼夜时刻等项为重。若节气之时日不真，则太阳出入昼夜刻分俱谬矣。历稽《大统》《回回》旧历，所用节气等项，因不谙历法真实之理，所以不能尽推天下诸方应用之数，而刊行止泥一方，且北直之节气，于春秋两分前后俱差一二日不等，况诸方乎！即诸方每以一方为然，考之殊无准则，薄海内外尽知纰谬。若此又安可谓敬授民时之信历乎？新法之推太阳出入地平环也，则有此昼而彼夜，此入而彼出之理。第旧法止以一处而概诸方，是旧法不明经纬之奥也。夫惟旧法之不明，故日月多应食而不食，当食而失推。五星每多当疾而反迟，应伏而反见矣。不知者非视之以为异常，即诧之以为灾变。然数者皆非变异，乃罔知真实一定之良法故也。种种差讹，有难枚举。今幸圣明御宇，首先去旧历而用新法颁行，则旧式亦宜改革。今以臣局新法，所有诸方节气及太阳出入昼夜时刻早晏不同。微臣一一殚竭心力，率同本局供事官生朱光大等、生儒宋可成等，星夜攒催。悉于本月十四日推步已完，共增数叶，加于颁行宝历之首，以协民时。"①

能够最为有力地证明汤若望新法历书的正确性的，是他对9月1日发生的日食的分秒不差的预测。早在这一年7月29日（六月二十六），做好周密准备的汤若望上奏曰："臣于明崇祯二年来京，曾用西洋新法厘正旧历，制有测量日月星辰晷，定时考验诸器，尽进内廷，用以推测，屡屡密合。近闻诸器尽遭贼毁。臣拟另制进呈。今先将本年八月初一②日食，照西洋新法推步京师所见日食限分秒，并起复方位图像，与各省所见日食多寡先后不同诸数开列呈览。乞敕该部届时共同测验。"③ 与此同时，原大统历、回回历的拥护者也分别预报了日食的

---

① 《奏疏》，载徐光启编纂、潘鼐汇编《崇祯历书》，上海古籍出版社，2009，第2052页。

② 指公历9月1日。——著者注

③ 《清世祖实录》（卷五），第三册，中华书局，1995，第64页。

时刻。

这是在清王朝创立后的第一次新旧历法的较量，而且望远镜又一次发挥了它无可替代的独特功能。朝廷十分重视此次观测，9月1日这天，"令大学士冯铨同汤若望携窥远镜等仪器，率局、监官生员齐赴观象台测验"①。结果是汤若望预报的分秒不差，而旧式历书拥护者的预测则整整误差了一个小时。一位大学士亲自执笔，撰写了观察报告："唯西洋新法一一吻合，大统、回回两法俱差时刻。"②

几天之后的9月7日，再传圣旨："西洋新法，测验日食时，时刻、分秒、方位一一精确密合天行，尽善尽美。见今定造'时宪新历'，颁行天下，宜悉依此法为准，宜钦崇天道，敬授人时。该监旧法，岁久日差，非由各官推算之误。以后都着精习新法，不得怠玩。"③

四个月后的12月23日（十一月二十五），大清皇帝颁旨曰："钦天监印信，着汤若望掌管，所属该监官员。嗣后一切进历、占候、选择等项，悉听掌印官员举行。"④ 至此，困扰汤若望多年的历局与钦天监之争得到了彻底地解决。

然而，作为一名献身教会的传教士，汤若望本意是不愿做官的，他上疏辞谢曰："臣思从幼辞家学道，誓绝婚宦，决无服官之理。况臣迭遵督率职掌之旨，料理历法无难。至于掌管印信，臣何敢当也？伏乞皇上收回成命，别选贤能管理，务期称职。"⑤ 但是他的意见很快就被皇上否决："汤若望着遵旨任事，不准辞。"在教会方面，当时任会长的傅泛济神父也劝他接受皇帝的任命。傅泛济担心，一味地拒绝会被误解为对已经灭亡了的明朝的留恋，并由此导致于教会不利的后果。他多次

---

① 《清世祖实录》（卷七），第三册，中华书局，1995，第74页。

② 《清世祖实录》（卷七），第三册，中华书局，1995，第74页。

③ 南怀仁：《不得已辩》，载吴相湘编《梵蒂冈图书馆藏本天主教东传文献》，台湾学生书局，1997，第359页。

④ 《清圣祖实录》（卷十一），第三册，中华书局，1995，第111页。

⑤ 《奏疏》，载徐光启编纂、潘鼐汇编《崇祯历书》，上海古籍出版社，2009，第2080页。

给汤若望写信表达了这一观点。

违心从命的汤若望还是提出了两个条件：第一，鉴于作为天主教传教士的他，每天早晨必须作弥撒，因此不能和其他大臣一道参加朝廷例行的早朝；第二，作为教士，他不能接受朝廷发给官员的俸禄。对此新朝执政者显示出特别的宽容。朝廷颁旨免除汤若望早朝，准许他在自己的住所（即南堂）办理钦天监事务；宫中每日为汤若望准备两餐，以代替他所拒绝的官员俸禄。另外，身为内阁大学士的范文程，每年送给汤若望一笔价值 30 块金币的款项，作为教堂和他本人的开销①。为了照顾汤若望，作为钦天监的领导人，汤若望平常仍可以在紧邻南堂的原历局工作，而不必每日奔波于南堂和位于东便门一隅的观象台。

就这样，汤若望成为清王朝的第一任钦天监的洋人掌印官，这也是中国历史上第一位主管钦天监的洋人官员。钦天监是最能发挥汤若望才华和能力的场所，在修历、制器、著书、观象等各方面，他都做出了引人注目的成就。在原有《崇祯历书》的基础上，汤若望做了少许精简，又加上自己撰写了《历法西传》《新法表异》等篇章，合在一起编纂成题为《西洋新法历书》的 103 卷的巨著。他用自己的钱将其印制成册，呈献给朝廷。后来，此部鸿文巨著以《新法算书》之题编入《四库全书》。

在《历法西传》中，汤若望介绍了欧洲天文学的几个主要派别，即多禄某（即托勒密）、歌白尼（即哥白尼）、第谷等。

首先汤若望提到的是托勒密。他说："多禄某即西洋历学名师，在郭守敬前一千百有余年，汉顺帝永建时人，著书一部计十有三卷。"②这就是托勒密的经典著作《至大论》。随后他扼要地介绍了各卷的内

---

① 〔美〕魏若望：《汤若望与明清变迁》，余三乐、丁伯成译，载《汉学研究》（第七集），中华书局，2002，第 222 页。

② 《历法西传》，载徐光启编纂、潘鼐汇编《崇祯历书》，上海古籍出版社，2009，第 1991 页。

容。近代中国的某些学者，一提起托勒密总是以其"地心说"一言以蔽之。就连介绍了该学说的来华西洋传教士也因此遭到片面的非难和贬低，认为他们"有意将落后保守的理论传给中国"。更有甚者，将近代中国落后挨打的责任全加在他们身上。这一历史的颠倒至今未被颠倒回来，致使当今天文史专家江晓原教授发出"我们是该谈谈托勒密了"的呼吁。

江教授称："托勒密（C. Ptolemy Claudius），本来是世界科学史上极少数最伟大的人物之一""《至大论》堪称西方古典天文学中的泰山北斗，是希腊数理天文学的渊薮，也是后来中世纪阿拉伯天文学和文艺复兴之后欧洲近代天文学的无可置疑的源头。从《至大论》问世之后，直到牛顿之前，其间所有伟大的西方天文学家，包括哥白尼、开普勒，没有一个不是吮吸着《至大论》的乳汁成长起来的——包括那些对托勒密体系不满意而想有所改进的人；其间所有重要的西方天文学著作，包括哥白尼的《天体运行论》，没有一部不是建立在《至大论》所奠定的基础之上的"。但是托勒密"在中国却颇受委屈，一直被排挤在科学伟人行列之外，他那些伟大的科学著作也没有任何一部被译成中文——连《至大论》也没有！现在能看到的唯一一篇《至大论》中文提要，只有一千多字，还是近 400 年前来华耶稣会士汤若望（J. Adam Shall von Bell，德国人）留下的"[1]。

以此看来，汤若望介绍托勒密的《至大论》并非是过，而是有功的。其原因不必细说，只用古人的两句诗便可说明，即"江山代有才人出，各领风骚数百年"。托勒密是公元 2 世纪（中国汉顺帝时代）的人，比哥白尼要早一千多年。

接下来汤若望提到的是亚而封所，"乃极西宝佑[2]时人，身居王位，

---

① 江晓原：《泰山北斗"至大论"——该谈谈托勒密了之一》（上），《新发现》2007 年第 12 期。

② 指宋理宗年号，1253～1258 年。——著者注

自谙历学,捐数万金钱,访求四方知历之人","其功不在多禄某之下"①。亚而封所即 13 世纪的西班牙王子阿尔方索十世。

汤若望并没有像某些人批评的那样,向中国人恶意地隐瞒哥白尼学说,他说,"又其后四百年有歌白尼,验多禄某法虽全备,微欠晓明,乃别做新图,著书六卷"②。随后,他将这六卷著作的梗概作了介绍。

随后就介绍了第谷:"近六十年,西土有多名家先后继起,较前人用测更精,立法更尽,造图更美。""第谷竭四十年心力,穷究历学,备诸巧器,以测天度,不爽分秒。第谷本大家,赡养知历人,造器市书,计用二十万金,著书计六卷。"③ 随后,他也将这六卷著作和另外的十卷《彗星解》的梗概作了介绍。

"第谷没后,望远镜出,天象微渺尽著。于是有加利勒阿,于三十年前创有新图。发千古星学之所未发,著书一部。自后明贤继起,著作转多。乃知木星旁有小星四,其行甚疾,土星旁亦有小星二,金星有上下弦等象,皆前此所未闻。"④ 这里所说的"加利勒阿"就是利用望远镜观测天象的第一人——伽利略。他总结道:"合而观之,西庠之于天学,历数千年,经数百手而成,非徒凭一人一时之臆见,贸贸为之者。日久弥精,后出者益奇。"⑤

在《历法西传》后面的章节中,汤若望提纲挈领地介绍了《西新历法》(即《崇祯历书》——著者注)各分册的内容。他着重强调了天文观测的重要性,"余著新法,悉本西传,非敢强天就法也,乃为法以

---

① 《历法西传》,载徐光启编纂、潘鼐汇编《崇祯历书》,上海古籍出版社,2009,第 1994 页。
② 《历法西传》,载徐光启编纂、潘鼐汇编《崇祯历书》,上海古籍出版社,2009,第 1994 页。
③ 《历法西传》,载徐光启编纂、潘鼐汇编《崇祯历书》,上海古籍出版社,2009,第 1996 页。
④ 《历法西传》,载徐光启编纂、潘鼐汇编《崇祯历书》,上海古籍出版社,2009,第 1996 页。
⑤ 《历法西传》,载徐光启编纂、潘鼐汇编《崇祯历书》,上海古籍出版社,2009,第 1997 页。

合天，以测候为历家之首务"①。他
列举了用来观天测候的天文仪器，
有的是从欧洲带来的，有的是他们在
历局自制的。在一幅欧洲人编织的反
映西洋传教士在大清钦天监工作情况
的挂毯上，就有高擎望远镜观测星空
的人物形象（见图11-2）。

图11-2　反映汤若望主持钦天监
工作的欧洲工艺挂毯

在《新法表异》的最后，他再
次强调："欲求倍胜之法，必资倍胜
之器"；"欲齐七政，首重玑衡。所
藉以验合改差者，器也。古历尚有数
种，近代灵台所存惟有圭表、景符、
简仪、浑象等器，颇不足用。新法增
置者，曰：象限仪、百游仪、地平
仪、弩仪、天环、天球、纪限仪、浑盖简平仪、黄赤全仪、日星等晷诸
器。或用推诸曜，或用审经纬，或用测极，或用求时，尽皆精妙。而其
最巧最奇，则所制远镜，更为窥天要具。用之能详日食分秒，能观太白
有上下弦，能见岁星旁四小星，填星为椭形，旁附有两小星，昴宿有三
十余，鬼宿中之积尸气。以至体微光渺之星，用此所见奚啻多数十倍，
又且界限分明，光芒璀璨。然此亦西洋近时新增之器，百年未有也"②。
岁星就是现代所称的木星，填星就是土星。

这位《远镜说》的作者，在这里再一次高度评价了望远镜在观天
测候中的重要作用。

但与此同时，我们看到直到1644年汤若望入仕大清朝之后，他对

---

① 《历法西传》，载徐光启编纂、潘鼐汇编《崇祯历书》，上海古籍出版社，2009，第
1997页。

② 《新法表异》，载徐光启编纂、潘鼐汇编《崇祯历书》，上海古籍出版社，2009，第
2039页。

望远镜的功能的介绍还是停留在他 1626 年撰写的和 1630 年刻印的《远镜说》的水平上，即木星和土星的卫星，金星的上下弦，昂宿的三十余星和鬼宿中的积尸气，等等，没有任何新鲜内容。而在这 14 至 18 年间，欧洲各国的科学家们为了增强望远镜探求未知星空奥秘的功能，对其进行了多方面不懈的试探和改进，其梗概我们将在第十二章述及。

《汤若望传》的作者魏特也曾客观地评价道："在欧洲，在科学史上，汤若望的名姓之被提出于科学家历史中之次数，较少于数位他的继任者，即南怀仁、戴进贤、刘松龄。由上文我们已经得知：汤若望在他天算的工作中之所追求的，主要的皆在实际方面之目的。""他的那些仪器，无论他能多样很加以改良，终究仍是极不完备的。迨南怀仁时，才又制造完全新式之仪器。况且在汤若望还是同欧洲的科学界缺乏继续不断的联络的，这种联络便是为许多工作之可以促进科学的进步的。"①

当今自然科学史研究的新秀张柏春先生也指出："汤若望、罗雅谷等来华时望远镜还没有用于天体方位的观测，不知道将望远镜装到象限仪、纪限仪之类的仪器上。"② 这当然是我们不能苛求他的。

但是当汤若望没有完成的任务，历史地传给了他的继承人南怀仁的时候，南怀仁会给中国人带来更为先进的望远镜吗？他能借助望远镜推进中国天文学取得新的进步吗？

---

① 〔德〕魏特：《汤若望传》（下），杨丙辰译，商务印书馆，1936，第 539～540 页。
② 张柏春：《明清测天仪器之欧化》，辽宁教育出版社，2000，第 154 页。

第十二章 南怀仁为什么没有
制造望远镜

当康熙皇帝为汤若望的"历狱"平反，废除了杨光先编制的错误百出的历书，重新起用精通欧洲天文学的南怀仁主持大清王朝的钦天监的时候，时间已经进入了 17 世纪 70 年代。也就是说，望远镜在欧洲自从 1608 年被发明和 1609 年被首次用于天文观测以来，已经 60 年了。这 60 年间，欧洲的望远镜发生了什么变化呢？

自从伽利略借助望远镜得到震惊世界的天文发现之后，欧洲各国的科学家纷纷争相效仿。他们千方百计地改进望远镜，以期增强它的观测功能，从而发现宇宙空间更多的奥秘。但是尽管他们八仙过海，各显其能，做了多方面的探索与尝试，然而直到 18 世纪末，望远镜的功能并没有得到根本的改善。

伽利略时代望远镜的最大放大倍数达到了 32 倍。后继者试图造出倍数更大的望远镜。从理论公式上说，望远镜的放大倍数等于物镜的焦距值除以目镜的焦距值，似乎人们可以制造出足够大倍数的望远镜。但是，当科学家们这样做时，却遇到了两个难以克服的障碍——球面像差和色差。

球面像差说的是，呈球形曲率镜面的玻璃透镜不能将平行光束聚焦在一个点上，即比较靠近光轴的透镜中心部分的折射光线会聚在光轴比较远的点上，而离光轴较远的透镜边缘部分的折射光线则聚在光轴比较近的点上。因此与理想的透镜折射光线的情况不同，从整个透镜折射过来的光线不能汇聚在一个理想的焦点上，因而造成了图像的模糊。这就是透镜折射光线时真实的情况，即存在着球面像差（见图12－1）。

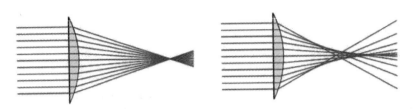

图12－1　球面玻璃透镜折光示意图（左图为理想状态，右图为实际状态）

另一个困扰望远镜的制造者和使用者的难题是"色差"（见图12－2）。我们都知道一个横切面为三角形的棱镜能将白光折射出赤、橙、黄、绿、青、蓝、紫的七色光谱。而透镜就可以看做由若干棱镜所组成。这就是说，同样一个透镜对平行白光中的红光和蓝光的折射率是不同的。红光的焦点比较远，而蓝光，特别是紫光的焦点比较近。如果望远镜做的使红光的聚焦最好，那么在红光的焦点处，其他颜色的光已经

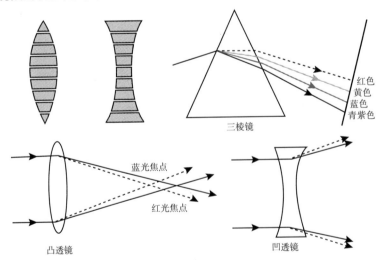

图12－2　玻璃透镜色差现象示意图

资料来源：卞毓麟：《追星：关于天文、历史、艺术与宗教的传奇》，上海文化出版社，2007，第109页。

折射到了各自的焦点之外，物象周围就会出现一道稍带蓝色的环；如果望远镜对紫光聚焦良好，那么在紫光聚焦时，其他颜色的光尚未到达各自的焦点，于是物象四周就会形成一个稍带橙色的环。无论科学家怎样调焦，都无法去掉这个环。

当折射望远镜刚刚问世时，伽利略以及后来的开普勒，用它来观测月球、土星、木星、银河系和太阳这些大型天体的时候，当徐光启等用它观测日食、月食时，上述障碍表现得并不明显。但是当后续的欧洲天文学家将它对准宇宙遥远的星系，试图用它来探索天空更深更远的秘密时，球面像差和色差就成了难以克服的拦路虎。

在 17 世纪，所有研磨和抛光非球面透镜的尝试都失败了。有的科学家发现，小曲率、长焦距的透镜可以降低球面像差和色差的影响。所以一些超长望远镜纷纷问世：波兰科学家约翰内斯·海维留斯（Johannes Hevelius，1611—1687）制作了一架长达 150 英尺的望远镜（见图 12－3）。为了避免超长管筒重量太大且受风力干扰而造成的麻烦，他的望远镜只有骨架而无套筒。荷兰科学家惠更斯（Christiaan

图 12－3 海维留斯制造的望远镜

Huygens，1629—1695）制造的 123 英尺的超长望远镜（见图 12 - 4）
更将骨架都省了，目镜与物镜之间只用一条绳索相连①。

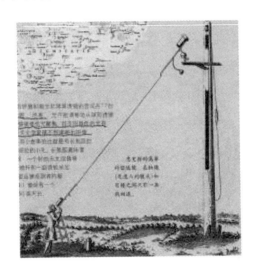

图 12 - 4　惠更斯制造的望远镜

资料来源：〔英〕米歇尔·霍斯金：《剑桥插图天文学史》，江晓
源等译，山东画报出版社，2003，第 133 页。

这些超大型望远镜不仅极其笨重，其观测效果也令人失望。以至上
述超长望远镜的制造者海维留斯坚定地认为，望远镜不适应作精确的恒
星定位工作，他确信肉眼观测要比望远镜更好。而英国科学家胡克
（Robert Hooke，1635—1703）则不同意他的观点。为了给这一争论找
到一个公正的答案，一场公平的擂台赛在波兰的但泽市举行了。

中国科学院院士、著名的自然科学史专家席泽宗撰文介绍了这次擂
台赛。他写道："1679 年伦敦皇家学会便挑选了年仅二十三岁、前一年
刚当选为会员的哈雷前往波兰和赫威律斯②进行比赛，而赫威律斯此时
年已七十。但一老一少之间的这场比赛进行得非常友好。哈雷在当选皇

---

① 〔英〕米歇尔·霍斯金：《剑桥插图天文学史》，江晓原等译，山东画报出版社，
2003，第 133 页。
② 即海维留斯。——著者注

家学会会员之前，已于 1676 年在圣海伦岛上用带有望远镜的纪限仪观测过 350 颗南天的星，使用望远镜已很有经验。"[1]

在 1679 年 5 月 26 日哈雷到达但泽市的当天晚上，就开始了观测工作。事后哈雷承认他的对手赢了。哈雷在给英国皇家学会的信中坦诚地承认："赫威律斯的仪器很特别，全用目视观测，但他能把相距半分的两颗星分辨开来，而我用望远镜把相距一分的还区别不开。"[2] 连续三次的观测都是同样的结果，哈雷带有望远镜的纪限仪败给了海维留斯不带望远镜、全靠肉眼观测的铜制大型纪限仪。在之后不久发表的一篇报导文字称："当哈雷在赫威律斯处工作时，他发现用 300 英尺长的望远镜什么也看不见，根本无法观测。赫氏的其他望远镜也不能用，因为镜子太大，不能把星象集中到目镜中心。这些大的望远镜没有什么价值。"[3] 席先生对此段话做了两点纠正：第一，不是 300 英尺而是 150 英尺；第二，不是镜子太大而是焦距太长。惠更斯的超长望远镜的效果同样不能使人满意，试用过它的科学家称，"露天安装的长 123 英尺的望远镜不可能得出许多好的观测结果"[4]。

几乎与此同时，一些欧洲科学家另辟蹊径，改进望远镜性能的努力取得了新的进展，制造出一种被称做"反射式望远镜"的新型望远镜。为了克服上述的玻璃透镜的致命弱点——球面像差和色差，人们尝试着使用其他材料。光洁的金属可以反射光线，而且光线的反射角永远等于入射角，光线反射后不会分散。

1663 年英国科学家格里高利首先提出一个反射望远镜的设计方案。

① 席泽宗：《南怀仁为什么没有制造望远镜》，载中国科学史论文集编辑小组编《中国科技史论文集》，台北联经出版事业公司，1995，第 218 页。

② 席泽宗：《南怀仁为什么没有制造望远镜》，载中国科学史论文集编辑小组编《中国科技史论文集》，台北联经出版事业公司，1995，第 218 页。

③ 席泽宗：《南怀仁为什么没有制造望远镜》，载中国科学史论文集编辑小组编《中国科技史论文集》，台北联经出版事业公司，1995，第 219 页。

④ 席泽宗：《南怀仁为什么没有制造望远镜》，载中国科学史论文集编辑小组编《中国科技史论文集》，台北联经出版事业公司，1995，第 220 页。

他将玻璃做的物镜取消，让光线照射在凹形金属反射镜上，然后经过一个小凹面镜的反射，最后进入玻璃的目镜，也能达到放大物像的效果（见图12－5）。但是，由于工艺水平所限，格里高利并没有根据上述构想制造出一架实用的望远镜来。而后人则据此造出了性能良好的望远镜。

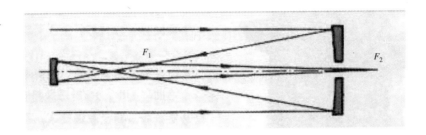

图 12－5　格里高利式望远镜的光路图

发现了白光通过三棱镜后分解成七色光的牛顿，断定玻璃透镜的"色差"是不可克服的。于是他也另辟蹊径，把注意力放在这种反射望远镜上。他干脆把上述设计中的那个反射小透镜换成了平面镜，最大限度地克服了玻璃透镜的缺点，取得了优于从前的放大效果（见图12－6）。1671年，他将自己的新式望远镜（见图12－7）献给了英国皇家学会，获得了普遍认可。

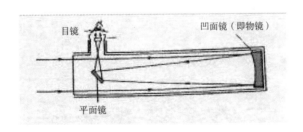

图 12－6　牛顿反射式望远镜的光路图

几乎就在同时代，1672年一名法国科学家卡塞格林设计了另一种反射式望远镜，他将格里高利望远镜中的小凹透镜，换成了小凸透镜

图 12 - 7　牛顿制造的望远镜

（见图12 - 8）。这三种反射式望远镜都因其各自不同的优点，而被后人所效仿①。

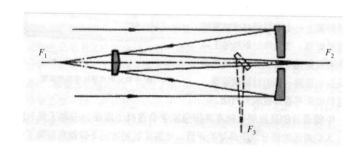

图 12 - 8　卡塞格林式望远镜的光路图

　　但是，反射式望远镜在其诞生之初也还不够完善，在天体位置测量方面，没有显示出比肉眼观测明显的优势。据此，席先生得出的结论是："直到 18 世纪之前，反射望远镜只不过是一种有趣的科学玩具而

---

①　以上四幅图引自卞毓麟《追星：关于天文、历史、艺术与宗教的传奇》，上海文化出版社，2007，第 39 ~ 44 页。

已。""在球面像差和色差问题没有解决以前，在天体位置测量方面，望远镜尚不是先进的工具。"①

让我们把笔锋转回到中国。南怀仁虽然比汤若望年轻 22 岁，离开欧洲来到中国的时间迟 34 年，但是他也没有看到望远镜取得突破性的进展。张柏春称："1657 年南怀仁踏上了前往中国的旅程，当时欧洲方位天文学基本上未脱离第谷时期的状态，仪器技术正处于一系列重要突破的前夕……虽然天文学家和技术专家正努力改进望远镜和其他观测仪器，但第谷式的照准器和横截线刻度仍然是最有效的实用措施。"② "在南怀仁离开欧洲后的一段时间里，欧洲天文学和天文仪器技术又有了明显的进步。虽然他可能从那些后来到中国的欧洲人那里和通信中得到一点新的科技信息，但他显然不熟悉 1657 年以后的欧洲新技术，他的论：没有提到望远镜照准仪、测微器、摆钟等。无论如何，南怀仁、纪理安和戴进贤远离欧洲，缺乏跟上欧洲一起发展步伐的意识、需要和条件。"③

张柏春先生将南怀仁归入和上述波兰天文学家海维留斯并列的欧洲古典仪器的最后代表者。"应该说，欧洲古典仪器的最后代表人物在欧洲和中国各有一位，在欧洲是赫留维④，在中国是南怀仁。他们都模仿了第谷的设计，放弃了木制零件，引入了其他技术内容。赫留维采用金属结构，在选材、零件设计和制造工艺方面超过了第谷。南怀仁对第谷的设计作了适当的简化和改进，吸收了中国的座架造型艺术，也选择了金属结构。前者坚信望远镜对于位置观测的帮助不大，后者没有制造望远镜。"⑤

是的，因为大清朝颁布的《时宪历》是依照西洋新法而制定的，

---

① 席泽宗：《南怀仁为什么没有制造望远镜》，载中国科学史论文集编辑小组编《中国科技史论文集》，台北联经出版事业公司，1995，第 220 页。

② 张柏春：《明清测天仪器之欧化》，辽宁教育出版社，2000，第 332 页。

③ 张柏春：《明清测天仪器之欧化》，辽宁教育出版社，2000，第 333 页。

④ 即海维留斯。——著者注

⑤ 张柏春：《明清测天仪器之欧化》，辽宁教育出版社，2000，第 332 页。

原来观象台的旧有仪器显然就不适用了，需要重造。南怀仁在刚刚接任钦天监职务时，就上疏建议制造一批新仪器。此建议得到了康熙皇帝的支持。南怀仁与钦天监的中国官员们一道，先后制造了天球仪、黄道经纬仪、赤道经纬仪、地平经纬仪、纪限仪、象限仪共 6 种新仪器，于 1673 年（康熙十二年）完成。作为国家天文台的观象台装备上了崭新的、体现了比较先进的欧洲天文学理论的仪器。但是南怀仁没有制造一架大型的、新的望远镜，他设计的天文仪器也都没有配上望远镜。

是不是因为南怀仁抱有宗教偏见，像有些人过去批评的那样，故意不把先进的科学介绍给中国呢？

应该不是。南怀仁在重建大清钦天监的观象台时没有制造望远镜的原因大体有以下几点：

第一，就是上面所说的，当时即使在欧洲，望远镜也为球面像差和色差而困扰，观测效果不能令人满意，不能用于精确的天文观测。南怀仁等服务于钦天监的外国传教士，本身并不是终身从事科学研究的科学家，而是献身于天主的传教士。为了取悦于中国皇帝和朝廷，他们确实是将他们来华之前所了解的欧洲科学知识介绍给了中国人。但是一旦离开欧洲之后，他们的学识就很难与时俱进，跟上欧洲科学发展的步伐。况且他们也不可能全力以赴地从事科学研究，更不可能独立地取得望远镜研制方面的突破性进展。

第二，南怀仁所供职的大清朝的钦天监，并不是一个探索宇宙星空奥秘的科研机构，而仅仅是帝国一年一度的历书编制者。它当然有责任预报日食、月食等与国家政治密切相关的重要天象，但仅此而已。

张柏春先生指出："值得注意的是，观察、实验、分析和理论化等方法将 17 世纪的科学推入了近代时期。近代天文仪器开辟着新的研究领域，它们在实用方面也越来越超出编算历法的需要，成为认识太阳系乃至宇宙的工具。"[1]

---

[1] 张柏春：《明清测天仪器之欧化》，辽宁教育出版社，2000，第 339 页。

　　然而，中国的情况则不同。"中国皇帝和朝廷所需要的一切只是一部精确的历法、预测日食和月食、激发关于自然哲学的饭后闲谈。""中国人把传教士的西法当做修历的'新法'，而不是认识世界的新方法。"① "在中国，望远镜仅仅是改善观测效果的手段，而没有改变天文学家的观测目的"。"望远镜主要用于观测日食、月食的状况和过程，而不是用于测星的方位"②。"中国天文学家缺乏足够的从物质结构角度深入探索宇宙和观测天体的意识。南怀仁、纪理安、戴进贤和钦天监的中国学者没有制造望远镜也就不奇怪了。"③

　　"从南怀仁离开欧洲的时间看，他或许有机会耳闻有人已经在方位观测仪器上试装瞭望远镜。但是，他没有必要将望远镜安装到观测仪器上，因为望远镜在中国天文学用途限于观察日食和月食。如果汤若望留下的望远镜还能满足日、月食观察的需要，观象台也就不必要再造望远镜了。""钦天监编制的星表、观测日食和月食时作标值通常只取到'分'。连南怀仁仪器的刻度都没有充分利用，那就更没有必要制造刻度更精细的仪器。在此情况下，追求带望远镜照准仪和读数显微镜的方位观测仪器，就是多余之举了。"④

　　1730 年传教士巴多明在一封信中谈道："钦天监的氛围不鼓励学者追求科学研究和竞争，人们坚持按部就班地做事，以至观象台无人再用望远镜去发现肉眼看不到的东西。望远镜和座钟得不到充分的利用，皇帝不知道它们在准确观测方面的价值，墨守成规的人极力反对这类发明。"⑤

　　第三，"北京有聪明的金属工匠，却没有精密光学透镜、测微计螺旋的制作者"⑥，或许这也是原因之一。

　　总之，有了能将欧洲科学介绍进来的传教士，当然是极好的外部条

① 张柏春：《明清测天仪器之欧化》，辽宁教育出版社，2000，第339页。
② 张柏春：《明清测天仪器之欧化》，辽宁教育出版社，2000，第318页。
③ 张柏春：《明清测天仪器之欧化》，辽宁教育出版社，2000，第338页。
④ 张柏春：《明清测天仪器之欧化》，辽宁教育出版社，2000，第345~346页。
⑤ 张柏春：《明清测天仪器之欧化》，辽宁教育出版社，2000，第343页。
⑥ 张柏春：《明清测天仪器之欧化》，辽宁教育出版社，2000，第348页。

件，但是中国的科学研究归根到底还只能依靠中国的科学家。并不是传教士们恶意地对中国进行了信息封锁，"事实上，传教士带来的科学知识和技术比中国人实际接受的多。这多少给人一种中国人对外来知识反应不够灵敏或者有点不识货的感觉"①。

实际上，南怀仁没有忘记望远镜。他在他的中文著作《灵台仪象志》和拉丁文著作《欧洲天文学》中都提到了望远镜。在欧洲人和中国人分别绘制的两幅南怀仁画像上，其背后都衬有一架望远镜（见图12－9和图12－10）。

图 12－9 欧洲人绘制的
南怀仁画像

图 12－10 中国人绘制的
南怀仁画像

在《灵台仪象志》卷四中，南怀仁在解释天文观测中出现的"蒙气之差"时，继汤若望的《远镜说》之后，再次论述了光的折射原理，他说："夫日月诸星之光，若从易通光之体而入难通光之体，则其所透之光必向顶线而凝聚矣；若从难通光之体而入易通光之体，则其所透之光必离顶线而渔散矣。"②

---

① 张柏春：《明清测天仪器之欧化》，辽宁教育出版社，2000，第347页。
② 南怀仁：《灵台仪象志》，载《中国科学技术典籍通汇·天文卷》，河南教育出版社，1993，第7~88页。

他用类似汤若望《远镜说》书中插图的一幅图（见图 12 – 11），揭示了这一原理："假如丙丁为水盈之盘，于其底而置一钱。而钱所升之象与太阳之升光，同一理也。其象交水盘之边而初入空明之气，若立顶线如壬丙己。则明见其象不依直线而射于乙，必更离于壬丙己顶线而射于辛。因从难透之水体入易透之气体故也。"①

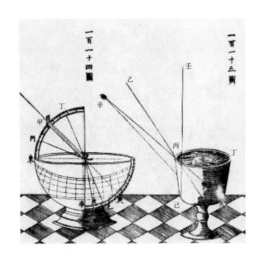

图 12 – 11　《灵台仪象志》中有关光的折射原理的插图

南怀仁对光线折射的论述比汤若望在《远镜说》中的论述有了一个重大的进步，即是他第一次引入了法线概念。虽然汤若望在《远镜说》里的示意图也画了一条与水平线垂直的线，但是他既没有命名它，也没有说明它。而南怀仁则不同，他将这条与水平面"丙丁"垂直的线命名为"壬丙己"线，并称其为"顶线"，即现代光学知识中的"法线"，从而使他在论述光线折射后发生的"凝聚"和"渔散"现象时有了基准。

上一段话，用今天的白话和习惯用语可以解释为：因为甲物的影像从水这一"难通光之体"射入空气这一"易通光之体"，它将不是沿直

---

① 南怀仁：《灵台仪象志》，载《中国科学技术典籍通汇·天文卷》，河南教育出版社，1993，第 7 ~ 88 页。

线射到乙点，而是"更离于壬丙己顶线"，折射到辛点。按今日的解释就是"反射角大于入射角"。

他接着说："又试观空明之地，如辛有光而以顶线壬丙己，从本盘之底己，至立水面丙，立有直表。而辛光之一道，照至于丙点，其光道与表影，不依直线而射戊地，必依曲线向壬丙己顶线而偏于甲。因从易透空明之气体，入难透之水体故也。"①

即是说，如辛点有一光源在丙点处射入水中时，不是沿直线射至戊点，而是射到了甲点。与法线（即他称为的顶线）壬丙己形成的反射角小于入射角。原因在于"从易透空明之气体，入难透之水体"。

随后南怀仁提到望远镜，指出："凡玻璃望远、显微等镜，其所以发现物象近远大小暗明正斜之众端，皆可从此差之理而明之。"② 即望远镜和显微镜等玻璃制成的仪器，之所以能够将远物拉近，将小物放大，等等，都是基于光线的折射原理。他在该书的第 114 图中就画了一架望远镜（见图12 – 12）。

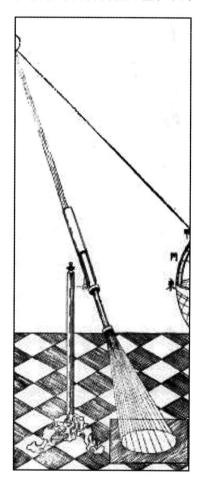

图 12 – 12　《灵台仪象志》插图中的望远镜

---

① 南怀仁：《灵台仪象志》，载《中国科学技术典籍通汇·天文卷》，河南教育出版社，1993，第 7 ~ 88 页。

② 南怀仁：《灵台仪象志》，载《中国科学技术典籍通汇·天文卷》，河南教育出版社，1993，第 7 ~ 88 页。

另外，《灵台仪象志》中还附有几个表，"给出光线从空气进入水，从空气进入玻璃和从水进入玻璃时，光线偏折的'差表'"。《中国光学史》评价说："该书没有给出折射定律的数学表达式。因此，各'差表'不是通过计算，而是通过测量而得到的近似数据。"①

在南怀仁的拉丁文著作《欧洲天文学》有专门的一章《反射光学》。他提到："反射光学进献给皇帝几种类型的眼镜，还有几种凝聚了光学原理的圆筒。其中就有几副望远镜，甚至有包含有四组镜片的望远镜。它们五光十色，相争奇斗艳。"他把望远镜所体现的光学知识和其他学科的知识比喻成科学女神，称她们"紧紧地站在圣母玛丽亚一边，围绕着她，成为她最具魅力的同伴。甚至在今天，以所有站在她一边的科学为伴侣，她比以前容易得多地在中国各处漫游"②。但是他没有论及任何有关光学的基础理论知识。

据日本方面的史籍记载，南怀仁曾著有一本有关光学和声学方面的著作，书名为《光向异验理推》，但并没有流传至今③。

在南怀仁之后，闵明我（Philippe Marie Grimaldi，1639—1712）、庞嘉宾（Gaspard Kastner，1665—1709）、纪理安（Kilian Stumpf，1655—1720）、戴进贤（Iguatius Kögler，1680—1746）、刘松龄（Augustin von Hallerstein，1703—1774）、傅作霖（Felix da Rocha，1713—1781）、高慎思（Joseph d'Espinha，1722—1788）、安国宁（André Rodrigues，1729—1796）等传教士相继接任清钦天监监正的职务。其中戴进贤与中国同行编纂有《历象考成后编》。《四库全书总目提要》在介绍《历象考成后编》一书时提到："自康熙中，西洋噶西尼、法兰德等出，又新制坠子表以定时，千里镜以测远，以发第谷未

---

① 王锦光：《中国光学史》，湖南教育出版社，1986，第 146 页。
② Nöel Govers, *The Astronomia Europaea of Ferdinand Verbiest*, S. J. （Dillingen，1687），Monumenta Serica，1993，p. 132.
③ 王锦光：《中国光学史》，湖南教育出版社，1986，第 146 页。

尽之义。"① 该书吸收了西方天文学家在改进了望远镜之后取得的天文学方面的新发现。

戴进贤（见图 12 - 13）在《历象考成后编》中多次提到了"刻尔白"和"噶西尼"的天文新发现。"刻尔白"就是现在通常说的开普勒，这在前面已经介绍过了；而噶西尼在现在通行的名字则是卡西尼（见图 12 - 14）。

图 12 - 13　戴进贤像

图 12 - 14　卡西尼像

卡西尼（Jean Dominique Cassini，1625—1712），是一位在意大利出生的法国籍天文学家。1671 年巴黎天文台建立，卡西尼受法国国王路易十四之邀，任巴黎天文台台长直至去世。他用当时第一流的望远镜观测月球、土星等天体，取得了一系列新发现。为了纪念他的贡献，1997 年美国发射的土星探测器就命名为"卡西尼号"。

戴进贤于 1715 年离开欧洲，第二年来到中国。因此对卡西尼的新

---

① 永瑢等：《四库全书总目提要》（卷 106），《御制历象考成后编》提要，中华书局，1965，第 898 页。

发现是有所了解的。因此他在《历象考成后编》中大量地引用了开普勒和卡西尼的成果，也直接引用了欧洲科学家制定的新的星表数据，但是没有他使用望远镜取得重大发现的记载，更谈不上他对望远镜有什么改进。

戴进贤的助手，时任钦天监监副的葡萄牙耶稣会士徐懋德（P. André Pereira）在给他的一位葡萄牙神父的信中，曾谈到一次使用望远镜观测日食的事件。信中写道：1730 年（雍正八年）7 月的日食来临了，"我们在皇家观象台上预备了一台仪器。一台六尺（中国尺）的望远镜可将太阳之形投射在以直角放置的小桌上。从桌子中间，我们按照清楚的太阳形状大小画上一个圆圈，并把它按中国的方式分成六份""日食观察就这样进行。"① 可见，在徐光启初次利用望远镜观测日食、月食以来，一个世纪过去了，望远镜的使用在中国还在原地踏步，停滞不前。

张柏春先生评价说："到了 18 世纪中叶，欧洲观测仪器已经普遍装了望远镜，传教士还把这种装置带入了中国皇宫。在此情况下，纪理安、戴进贤的仪器在本质上仍不比南怀仁的先进。戴进贤、刘松龄及其中国合作者没有瞄准欧洲仪器的近代化，只是沿用中国浑仪的旧制，借鉴南怀仁的思路和刻度，设计了玑衡抚辰仪。这样的复古设计要比同时期的欧洲仪器落后得多。"② 尽管如此，张先生也肯定了戴进贤等在中国科学发展史中所起到的进步意义。

总之，与望远镜刚刚在欧洲被发明后不久就引入中国，而且及时地用于天文观测时的情况不同，到了清代中期以后，中国与欧洲科学发展水平之间的差距就渐渐地越拉越大了。

① 〔葡〕Francisco Rodrigues：《葡萄牙耶稣会天文学家在中国（1583～1805）》，澳门文化司署，1990，第 108 页。
② 张柏春：《明清测天仪器之欧化》，辽宁教育出版社，2000，第 333 页。

第十三章　清代宫廷里的望远镜

由于大清朝的顺治、康熙两位皇帝，尤其是康熙皇帝，对西方科学的浓厚兴趣，以及他们与汤若望、南怀仁等西洋传教士的密切关系，也由于传教士们希望以西洋科学而博得中国最高统治者的欢心，从而换取在华传教的更多的自由，望远镜这种简单直观的望远工具与眼镜、自鸣钟一样大量地进入了清朝的宫廷，成为最为普及的科学仪器。

现任职于北京故宫博物院的毛宪民先生，以他能够亲身接触宫廷文物和就近查阅宫廷档案的独特有利条件，对明清宫廷的望远镜、眼镜以及手杖、地毯、算盘、如意等文物进行了长期的研究，撰有《故宫片羽：故宫宫廷文物研究与鉴赏》一书及多篇论文。他对其中的望远镜更是研究有素，并将故宫博物院现存的望远镜的详细资料整理公布。当笔者慕名专门拜访时，毛先生慷慨赠书。本章所述文字很多就是来自毛先生的著述，在此深表感谢。

在清代宫廷中，望远镜的用处有三。

第一，皇家特别是皇帝本人使用。

康熙皇帝曾借助望远镜做一些天象和地理的观测。

1677 年（康熙十六年），南怀仁曾进献套日、月食千里眼的有孔夹纸一块，供皇帝观测日食、月食时使用。对此，后来雍正皇帝曾回忆说："皇考亲率朕同诸兄弟在乾清宫。用千里镜、四周用夹纸遮蔽日光。然后看出考验所亏分数。"① 又有 1719 年 2 月 19 日（康熙五十八年正月初一）发生日食。康熙皇帝在紫禁城中观测，同时命皇四子胤禛同其他诸皇子赴礼部衙门，虔诚礼拜。只是那天"日阴云微雪。未曾显见"②。

康熙吟有一首《戏题千里眼》诗：

> 欲穷视远目，旷渺有无中。
>
> 体认全凭准，遐观约略同。
>
> 虽依双镜力，独用一瞳功。
>
> 不重西来巧，清明在本躬③。

诗的意思是说，千里镜固然能够视远，但却不能代替人的眼睛。西学虽巧，不可过分看重，真正做到明察秋毫、政治清明还要靠自己。与古代众多的咏物诗一样，康熙借物咏志，并非就事论事地描写望远镜。

康熙之后的雍正、乾隆二帝，对科学的兴趣显然不如他们的父、祖。对他们来说，宫廷中望远镜就是供观景之用的工具，甚至就是一种摆设。

据内务府造办处档案记载："雍正五年七月初十日，据圆明园来帖内称：清茶房总管太监李英传旨：'将造办处收贮好些的千里眼送些来，陈设在万字房对瀑布处，莲花馆对西瀑布处，一号房抱厦处，蓬莱流杯亭等处，其流杯亭处将千里眼挂在柱子上。钦此。'于初十日，据圆明园来帖内称：畅春园首领太监张四娃交来千里眼八件，说总管太监陈福、苏培盛传着，'将千里眼擦磨，认看步数，写黄签拴在上边，记此。'于十二日，据圆明园来帖内称：首领太监周士福交来宁寿殿千里

---

① 《清世宗实录》（卷九十五），雍正八年六月戊戌日。

② 《清世宗实录》（卷九十五），雍正八年六月戊戌日。

③ 《圣祖仁皇帝御制文集》（第四集），卷三十五，载《景印文渊阁四库全书》（第 1299 册），上海古籍出版社，1987，第 629 页。

眼三件，内一件少玻璃一块。毓庆宫千里眼四件，内二件少玻璃二块。翊坤宫千里眼十一件，内一件两头少盖，一件少玻璃一块。说总管太监苏培盛传着，擦磨、认看、收拾，记此。"①

又有记载："雍正七年正月初八日，太监张玉柱、王长贵交来鞔绿皮大千里眼二件，系孔毓珣进，传旨：'试看若好，圆明园应陈设处陈设。钦此。'三月七日，总管太监李英传，竹子楼上着安千里眼一件，记此。""雍正八年六月初八日，据，圆明园来帖内称：本月初六日，柴玉来说：'总管太监陈九乡传，竹子院楼上安千里眼一件。钦此。'于本日，将千里眼一件交太监柴玉持去讫。"②

"圆明园应陈设处陈设"，即在每一处重要景观的对面都要预备望远镜，可见雍正皇帝持望远镜多是用来观景。

乾隆皇帝不仅很喜欢望远镜，而且还曾经与法国传教士蒋友仁一起探讨了反射望远镜的构造与功能。蒋友仁在一封写给欧洲的信中这样写道："皇帝就观察天体的方法问了我许多问题，还谈起了我们两位新来的传教士送给他的新望远镜。他对底镜上的孔提出了异议，认为它会减少底镜反射光线的量，而这个孔对面的另一面小镜子可能会遮住一部分物体。皇帝道：'不能把这两面镜子的位置稍作改动，使之消除这两处弊病吗？'"③ 显然，这里指的是第十二章介绍过的牛顿式反射望远镜。

蒋友仁继续写道："我答道，欧洲最能干的数学家之一牛顿的确制造过陛下所提议的那种望远镜，在里面安装了几块反光镜，然而这种望远镜除了难以对准（所要观察的）物体外，还有我列举的其他缺陷。皇帝轻而易举就明白了这样一个道理：只要在底镜周围稍稍添加一点东西，便可绰绰有余地弥补镜子中央的孔穴可能少反射的光线量。我还解

---

① 故宫博物院图书馆存清宫档案。转引自毛宪民《故宫片羽：故宫宫廷文物的研究与鉴赏》，文物出版社，2003，第57页。

② 故宫博物院图书馆存清宫档案。转引自毛宪民《故宫片羽：故宫宫廷文物的研究与鉴赏》，文物出版社，2003，第57页。

③ 〔法〕杜赫德：《耶稣会士中国书简集》（第Ⅵ册），郑德弟等译，大象出版社，2005，第49页。

释了为什么另一面小镜子尽管背对着物体，却绝不会明显地遮住物体，甚至比人们远望一座山时、离肉眼一段距离的一个针头所能遮住的还要少的原因。从物体上发出的光线被底镜反射到小物镜上，再由小物镜反射到眼睛里（不过必须先穿过消除色差的目镜才能到达眼睛里），这为我提供了解释这一新发明的理由。陛下十分赞赏欧洲人的创造才能，尤其赞赏发明了这种新望远镜并发明了这样一种装置，这种装置能使望远镜方便快捷地移动以便对准种种物体，而且能对选定的物体作不限时的端详。陛下问这种望远镜是否已经有过一些，是否已经带到过中国。我答道，我国有一位大臣［指亨利·贝尔坦（Henri Bertin），1720—1792，法国国务大臣，对在华的法国传教士比较关注并持支持态度——中译者注］对我们十分关照，他想帮助我们感谢陛下给予我们的种种恩典；去年，他把这一新发明通知了我们，同时补充道，他当时尚未得到这种望远镜，因此无法寄给我们；不过他已下达命令，所以这种望远镜肯定会相当及时地制造出来以便我们于来年能够收到。由此可知，一个大臣都尚未得到的东西，普通人是不大可能得到并带到这里的。"①

乾隆皇帝还写下了以《千里镜》为题的三首御制诗：

其一：

巧制传西海（是物传至西洋，国初始名之为千里镜云），佳名赐上京。

欲穷千里胜，先办寸心平（视此镜者手或欹斜则不能见远矣）。

能以遥为近，曾无浊混清。一空初不照，万象自然呈。

云际分山皱，天边数鸟征。商书精论政，日视远惟明②。

---

① 〔法〕杜赫德：《耶稣会士中国书简集》（第Ⅵ册），郑德弟等译，大象出版社，2005，第49页。

② 《清高宗御制诗初集》（卷三十一），载《景印文渊阁四库全书》（第1302册），上海古籍出版社，1987，第486页。

诗的大意为：这一巧妙的仪器来自海外西方，进贡到我国的京城后享有极好的声誉。要用它观测千里之外的事物，首先必须心气平和，持镜端正。它能将远处的物体拉近，能将不清晰的影像变得清晰，将天地万象呈现于眼前。遥远的山脉也能分清层次，天边的征鸟也能数得清楚。古书中曾说，必须要能看得远，看得清，政事才能办得精明。

其二：

> 何来千里镜，奇制藉颇黎。适用宜山半，成模自海西。
>
> 顿教清浊判，忽幻近遥齐。察察吾方戒，箴规触目题①。

"颇黎"即是玻璃，宋代温庭筠有词《菩萨蛮》曰："水晶帘里颇黎枕，暖香惹梦鸳鸯锦。"

诗的大意为：千里镜是如何制成的？它的奇效是借助了玻璃的功能。它是来自西方海外国家。用它观测立时能分辨清浊，还能奇迹般地将远处的物体拉近。万事只有明察秋毫，人们才能有所警戒；问题看清楚了，人们才能够对症下药。

其三：

> 谁欤巧制过工倕，玩景何须出绮帷。
>
> 视远惟明元在我，鉴空无碍却凭伊。
>
> 光如水月初圆际，了若湖山尽历时。
>
> 闻道离朱能烛眇，还疑千里未曾窥②。

倕，相传是上古尧时代的巧工。离朱即是离娄，即本书第一章中提

---

① 《清高宗御制诗初集》（卷三十八），载《景印文渊阁四库全书》（第1302册），上海古籍出版社，1987，第572页。

② 《清高宗乐善堂全集》（卷三十四），载《景印文渊阁四库全书》（第1300册），上海古籍出版社，1987，第514页。

及的上古时代目力超常之人。眇，指独目，又指极微小。

诗的大意为：是谁竟有超过倕的精巧技能，使得人们不出房间就能观赏到远处的景色？登高望远、洞察秋毫当然要靠自己，但是凭借这望远镜却可以很容易地观察天空。用望远镜来观察事物，就像在水面看到满月的倒影，看到亲自游历过的湖山，那样的清晰、真切。曾经听说过古人离娄能够看清极为细小的东西，但我怀疑他是否洞察千里之外。

乾隆皇帝的咏望远镜诗，和他祖父康熙皇帝一样，并不是着眼于用望远镜来探索科学的奥秘。他在赞叹望远镜的神奇功效之后，每每引申到统治者必须善于观察，必须高瞻远瞩、明察秋毫，才能审时度势，作出正确的决策。

对皇帝来说，望远镜也是他们狩猎巡幸时必带的工具。

第二，宫廷中的望远镜常常借予带兵出征的将领，用于军事目的。

毛宪民先生查阅了故宫博物院图书馆所藏的康熙朝中后期陈设账档案。其中记有："'（康熙）五十四年（1715 年）六月二十七日，王以诚取去出兵用'的望远镜有四架；'五十六年二月二十五日王以诚取去出兵用'的望远镜有五架。"①

康熙五十四年正值朝廷派遣吏部尚书富宁安等出兵征讨厄鲁特策妄阿喇布坦之际，因此毛先生估计，"很可能是康熙皇帝旨意将望远镜从宫中取出，赐予吏部尚书富宁安"② 等，作为军事之用。康熙五十六年，富宁安再次受命出征吐鲁番、哈密等地，毛先生又推测："很有可能是康熙皇帝将望远镜赐予他们'出兵用'。"③

在雍正朝，类似的情况也多有发生。毛先生在书中引述道："雍正四年十二月初八日，兵部笔帖式明德送来千里眼五件，说此千里眼系出

---

① 故宫博物院图书馆存清宫档案。转引自毛宪民《故宫片羽：故宫宫廷文物的研究与鉴赏》，文物出版社，2003，第 53 页。
② 故宫博物院图书馆存清宫档案。转引自毛宪民《故宫片羽：故宫宫廷文物的研究与鉴赏》，文物出版社，2003，第 53 页。
③ 故宫博物院图书馆存清宫档案。转引自毛宪民《故宫片羽：故宫宫廷文物的研究与鉴赏》，文物出版社，2003，第 54 页。

兵官员等领取的，今应不用，故此交回等语。""雍正七年五月初五日，据圆明园来帖内称：四月三十日，怡亲王带领郎中海望，持出驼骨筒千里眼二件（各有多目镜、显微镜）、黑子兜筒千里眼一件、影子木筒千里眼二件、竹筒千里眼二件、乌木筒千里眼一件（象牙盒盛）、象牙箍影子木筒千里眼一件、黄杨木筒千里眼一件（随黄杨木塔式套盒一件）、白头角套圈千里眼三件（红羊皮盛随藤子外套）、黑羊角套圈千里眼三件（红羊皮盛随马尾外套）、西洋纸筒千里眼一件（红羊皮罩盒盛外随黄绢囊）、红羊皮鼻烟壶千里眼火镰包一件、核桃鼻烟壶内盛千里眼一件、象牙镶铜口千里眼一件（随乌木套）、花梨木筒千里眼一件、银管千里眼一件（随白玉罩筒珊瑚盖珠）、花梨木筒千里眼一件……奉旨：'将千里眼等件持出去，再将类如此样对象做些，赏出兵官员用……'"①

另有"雍正九年十一月十八日，将库内收贮千里眼四十一件，交首领李久明持进交宫殿监督领侍陈福、副侍刘玉等，选得千里眼十七件呈览。奉旨：'将朕选出千里眼四件，着交尚书特古忒带出兵处用。钦此。'于本日，宫殿监督领侍陈福、副侍刘玉将千里眼四件交理藩院尚书特古忒领取讫"。"雍正十年五月二十日，据圆明园来帖内称：本月二十日，内大臣海望奉旨：千里眼于军营甚属有益，尔挑选数件，顺便发给西路军营。钦此。"②毛先生指出："从清雍正朝的几条档案看，当时宫中库贮千里眼数量较多，仅出兵用即达至三十余件。望远镜是由雍正皇帝亲自挑选批准，送与带兵的官员用；使用完后，交还清宫内务府造办处库房贮存。"③

第三，望远镜这一"远西奇器"也是皇帝常常用来赏赐皇子和臣下的赐品。

清宫档案记载，"康熙皇帝将'大'、'半大'、'小'望远镜计二十八

---

① 故宫博物院图书馆存清宫档案。转引自毛宪民《故宫片羽：故宫宫廷文物的研究与鉴赏》，文物出版社，2003，第54~55页。

② 故宫博物院图书馆存清宫档案。转引自毛宪民《故宫片羽：故宫宫廷文物的研究与鉴赏》，文物出版社，2003，第55~56页。

③ 毛宪民：《故宫片羽：故宫宫廷文物的研究与鉴赏》，文物出版社，2003，第56页。

架，赏赐给皇亲宠臣计十三人"。其中他赏"阿哥十三架、皇太子二架、十三阿哥二架、四贝勒二架"①，另有获得赏赐一架的皇子和大臣多人。

关于雍正皇帝将望远镜赐予臣子的记载也很多："雍正二年十月二十八日，笔帖式宝善持来赏署将军常德千里眼二件、提督哈元生千里眼二件，说奏事太监高玉、王长贵传旨：'着配软套，钦此。'""雍正七年七月十二日，太监张玉柱、王长贵交来赏大将军岳钟琪，其中有红羊皮千里眼一件、桦木千里眼一件、鞑子兜皮千里眼一件，藤子镶象牙底千里眼一件，西洋木千里眼一件。""雍正九年九月初二日，司库常保来说，内务府总管海望传着将大凹面腰刀一把、小千里眼一件、日晷一件，赏汉侍卫丁云龙，记此。"②

乾隆皇帝（见图13－1）的爱妃香妃的画像上，香妃就手执一架望远镜（见图13－2）。

图13－1 乾隆皇帝戎装像

图13－2 手持望远镜的香妃

---

① 毛宪民：《故宫片羽：故宫宫廷文物的研究与鉴赏》，文物出版社，2003，第58页。
② 毛宪民：《故宫片羽：故宫宫廷文物的研究与鉴赏》，文物出版社，2003，第60页。

说到这里，读者不禁要问，活跃在清代宫廷中的这么多的望远镜，是从哪里来的呢？

第一个来源是外国使者和外国传教士的直接进贡。

上述第十一章中，笔者提及，汤若望向摄政王进献了包括望远镜在内的西洋仪器多件。

欧洲国家使团献给中国皇帝的外交礼品中，也经常有来自西洋的望远镜。1656 年（顺治十三年），"荷兰国王恭进御前方物"，其中包括"镶银千里镜、玻璃镜"[①]。

比利时学者高华士在《南怀仁的欧洲天文学》中曾指出：据南怀仁书信中披露"1671 年，闵明我神父和恩理格神父将一架配有四片镜片的望远镜进献给了皇帝"，当时的望远镜"通常只有很少的镜片，由四片镜片组成的望远镜是很例外的"。他还说，传教士用于送礼的望远镜多数都是在中国组装的，由于运输的艰难，"当时仅仅镜片是通过澳门从欧洲进口的"[②]。

1686 年（康熙二十五年），荷兰国使者宾先巴芝、同事林奇逢等经粤道入贡方物 40 种，其中"照星月水镜"应是观天文远镜的一种，"照江河水镜"则可能是航海望远镜[③]。

1687 年（康熙二十六年）法国耶稣会士洪若翰、白晋、张诚等来华，献上了新式仪器多达 30 箱，其中就有"看星千里镜两个"[④]。

1689 年（康熙二十八年）康熙皇帝南巡，到达杭州时，当地的耶稣会士殷铎泽（Prospero Intorcetta，1625—1696）前来迎驾，献上"小千里镜、照面镜、玻璃瓶"[⑤] 等西洋礼品。

---

① 《钦定大清会典事例》（卷 503），《礼部朝贡贡物》（光绪重修版）。
② Nöel Govers, *The Astronomia Europaea of Ferdinand Verbiest*, S. J. （Dillingen，1687），Monumenta Serica，1993，p. 296.
③ 转引自王川《西洋望远镜与阮元望月歌》，《学术研究》2000 年第 4 期，第 84 页。
④ 《熙朝定案》，见韩琦、吴旻校注《熙朝崇正集、熙朝定案》，中华书局，2006，第 169 页。
⑤ 《熙朝定案》，见韩琦、吴旻校注《熙朝崇正集、熙朝定案》，中华书局，2006，第 174 页。

1691年（康熙三十年）洪若翰出使欧洲返回，除了带回8名新的传教士之外，还带回了大量的仪器和礼品，在运往京师的水路上，装满了9条船只，其中就有望远镜、显微镜等①。

1720年（康熙五十九年）荷兰国又进贡贡物多种，其中"有千里镜二枝"②。

1733年（雍正十一年）以德国耶稣会士戴进贤领衔，包括巴多明、徐懋德、德理格几位在京传教士，向雍正皇帝进献礼品。礼品目录中有"比例尺""取方向仪""半圆仪""垂线平仪""罗经""日晷"等科学仪器各一件，还有大小望远镜四副，以及眼镜六副、容镜一面等日用品共63件和西洋景物图画十幅。这是一份证明戴进贤等传教士向宫廷进呈望远镜等科学仪器的珍贵的历史文献。可惜雍正皇帝对数学及其他科学远没有像他父亲那样地感兴趣，他批答道："千里眼大小四个、眼镜六副、珐琅片一个、容镜一个、避风巴尔撒木香六盒、西香二匣，收此六样，其余按单给去。"③即其余退回（见图13-3）。

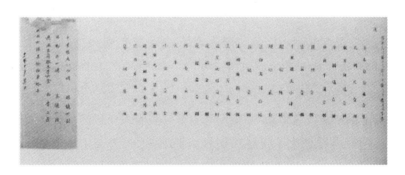

图13-3　现藏于国家第一档案馆的戴进贤等进呈雍正皇帝望远镜及其他西洋仪器的礼单及皇帝御批

---

① 〔加〕蒂尔贡、李晟文：《明末清初来华法国耶稣会士与西洋奇器》，《中国史研究》1999年第2期，第114页。

② 王川：《西洋望远镜与阮元望月歌》，《学术研究》2000年第4期，第84页。

③ 中国第一历史档案馆：《清中前期西洋天主教在华活动档案》（第一册），中华书局，2003，第73页。

又有记载，1773 年（乾隆三十八年），"以钟表匠身份出现的李俊贤（Méricourt）神父和作为画师的潘廷璋修士抵京""新来者们进呈的各种礼品中有一架新发明的漂亮望远镜"。法国传教士蒋友仁向乾隆皇帝演示了这架望远镜："我把望远镜对准了所能见到的最远一座宫殿的屋脊。由于天气晴朗，又无明显雾气，太监（从望远镜里）看到屋脊显得那么清楚那么近。"这名太监深感诧异，马上去告诉了正在用餐的皇帝。当皇帝用罢晚餐后便亲自试看望远镜，他"马上感到这架望远镜比他见过的都要好。他派两名太监带着它随时跟在后面，并吩咐我教他们使用和操作之法。为了进一步表示他的满意，除了已经赏给两名新传教士的丝绸外，他吩咐再给他们和我三大匹丝绸"①。

1785 年（乾隆五十年），英国"赠给清朝一架小象限仪，它带有望远镜式照准仪"②。

1793 年（乾隆五十八年），"英吉利国王遣使臣马戛尔尼等进贡方物"，其中包括大量的西洋科学仪器，如"天文地理音乐大表、地理运转全架、天球、地球"，等等，其中包括"千里眼"③。

英使团副使斯当东在其《英使谒见乾隆纪实》一书中对此种望远镜作了比较详细的描述：这是一架"比过去设计出来的看得更远更清楚的望远镜"。"它不同于一般普通的望远镜。普通的望远镜通过镜头直接透视观测目标，这样望远程度是有限的。它是从旁边透视观测目标在镜头上的反射。这是我国大科学家牛顿所发明，其后又为我国天文学家赫斯色尔所改进。"④

"许多种仪器的功用马上当着他的面试验。用望远镜望远。把一块金属放在帕克氏透光镜的焦点，很快这块东西就被熔化。他对事物的观

---

① 〔法〕杜赫德：《耶稣会士中国书简集》（第 VI 册），郑德弟等译，大象出版社，2005，第 17 页。
② 转引自张柏春《明清测天仪器之欧化》，辽宁教育出版社，2000，第 182 页。
③ 《钦定大清会典事例》（卷 503），《礼部朝贡贡物》（光绪重修版）。
④ 〔英〕斯当东：《英使谒见乾隆纪实》，叶笃义译，商务印书馆，1965，第 249 页。此处提到的"赫斯色尔"即是本书第十六章所述的"赫歇尔"。

察和理解是非常尖锐深刻的，他看过之后立刻作出结论说，无论透光镜或望远镜的原料都是玻璃，同一种东西通过欧洲人的技巧而作出不同功能的仪器来。"①

1794 年（乾隆五十九年），"荷兰国王遣使入贡，恭进万年如意八，音乐钟、各式金表、金盒、带版珊瑚、琥珀珠、千里镜、风枪等二十六种"②。

清代宫廷中望远镜的第二个来源，是地方总督、巡抚、粤海关官员、王公贵族和皇亲国戚们的进献。

毛宪民先生凭借自己在故宫博物院工作的独特优势，查阅了藏于中国第一历史档案馆和故宫博物院图书馆的清宫档案，其中包括《康熙朝（十六年至六十年）陈设档案》、雍正朝的《宫中进单》和《贡单》，并据此编制了一个表格（见表 13 - 1）。

表 13 - 1　故宫博物院藏清代康熙朝（十六年至六十年）陈设账档册

名称规格	年月日(康熙朝)	皇帝赏赐	进贡	用途	备注
千里眼一筒	三十三年正月二日			奉旨：着自鸣钟随侍。钦此	安渊鉴斋东架
千里眼一筒	三十四年三月十三日		金易生进。安渊鉴斋		安放日精门南一楼上（下同）
千里眼一筒	三十五年六月二十日		石文贵进	出兵用	王以诚取去
千里眼一筒	三十五年九月十五日			出兵用	李玉交来，系苏海做的，王以诚取去
大千里眼一筒	三十八年九月十五日	御前交下赐者布尊丹巴胡图图		随侍	

① 〔英〕斯当东：《英使谒见乾隆纪实》，叶笃义译，商务印书馆，1965，第 406 页。
② 刘锦藻：《皇朝续文献通考》（第 335 卷），《四裔考五荷兰》，商务印书馆，1937，第 10755 页。

续表

名称规格	年月日(康熙朝)	皇帝赏赐	进贡	用途	备注
大、小千里眼五筒	三十八年十月九日；三十九年三月二十八日；五十四年四月四日	御前交下赐翊坤宫；赏拉藏罕		出大外,随侍 出小外,随侍 出兵用	头号的一筒,二号的一筒,二号的一筒,头号的一筒,三号的一筒,王以诚取去一筒
大千里眼一筒	三十八年十月十八日	上赐诚直王			
半大千里眼一筒	三十八年十月十八日	上赐四贝勒			
半大千里眼一筒	三十八年十月十八日	上赐贝勒			
小千里眼一筒	三十八年十月十八日	上赐十三阿哥			
二号千里眼二筒	三十九年六月四日；五十六年六月二十七日			出兵用	魏珠交来,王以诚取去
小千里眼二筒	三十九年七月二十日；四十五年五月七日	上赐直郡王		奉旨:有套的小千里眼出外者魏珠带着	魏珠交来,有套一筒,无套的一筒；王以诚取去无套千里眼一筒
千里眼二筒	四十五年五月七日	上赐十三阿哥一筒、保泰阿哥一筒			王道化交来,系苏林做的,王以诚取去
千里眼三筒	三十九年七月二十三日；四十年五月七日	御前交下；上赐四贝勒一筒（无套）、十四阿哥一筒（无套）、十五阿哥(有套)			无套二,有套一,王以诚取去

151

续表

名称规格	年月日(康熙朝)	皇帝赏赐	进贡	用途	备注
千里眼一筒	三十九年十月四日;四十年五月七日	上赐皇太子	广东将军卢冲瑶进		魏珠交来,王以诚取去
千里眼一筒	四十年十月一日;五十六年二月二十五日	赐阿哥用	皇太子进		
小千里眼一筒	四十二年一月二十六日;五十六年二月二十五日	赐阿哥用	系太安州天主教堂西洋人进		无套,纪印交下
小千里眼一筒	四十二年二月九日;五十六年二月二十五日	赐阿哥用	系镇江府天主教堂西洋人进		无套,李玉交下
小千里眼一筒	四十二年二月十二日;五十六年二月二十五日	御前交下;赐阿哥用			无套
千里眼一筒	四十三年三月二十五日	赐阿哥用			赵昌交来
千里眼一筒	四十三年三月三十一日;五十六年二月二十五日	赐阿哥用	系西洋人苏林进		无套,刘亮交来
千里眼一筒	四十四年十一月十七日;四十七年三月二十七日	上交与皇太子	皇太子进		
千里眼一筒	四十四年十二月二十八日;四十七年十一月		皇太子进		上交与懋勤殿首领郭廷玫,收去

续表

名称规格	年月日（康熙朝）	皇帝赏赐	进贡	用途	备注
千里眼二筒	四十七年三月二十二日；五十六年二月二十五日		敖尔素进	出兵用	马五交来，王以诚取去
千里眼二筒	四十九年一月十八日；五十六年二月二十五日		原任大学士马齐进	出兵用	王以诚取去一筒
千里眼一筒	四十九年五月十二日；五十六年二月二十五日	赐阿哥用		喀拉和屯揆叙安的	魏珠交来
千里眼一筒	五十六年十一月十五日；五十六年二月二十五日	赐阿哥用	陈诜进		无套
小千里眼一筒	五十二年三月八日；五十六年二月二十五日	赐阿哥用	原任大学士马齐进	随侍	魏珠交来
小千里眼一筒	五十二年六月二十四日；五十六年二月二十五日	赐阿哥用	系热河关帝庙的		无套，王以诚交来
千里眼一筒	五十二年十一月十二日；五十六年二月二十五日	赐阿哥用	系苏林进		陈福交来
千里眼一筒	五十四年三月二十一日；五十六年二月二十五日	赐阿哥用	系揆叙进	随侍	
千里眼一筒	五十四年七月二十三日		马齐进		好的，无套，谢成交来

续表

名称规格	年月日（康熙朝）	皇帝赏赐	进贡	用途	备注
千里眼一筒	五十四年七月二十九日		马齐进		无套，陈福交来
小千里眼一筒	五十五年一月十日		包衣昂帮马齐进		

注：表中所提到的"西洋人苏林"，即是下文将要提及的葡萄牙传教士苏霖。

资料来源：毛宪民：《故宫片羽：故宫宫廷文物的研究与鉴赏》，文物出版社，2003，第65~68页。原书中编排错误，经毛先生同意做了一些纠正。

关于在雍正朝和乾隆朝的此类进献，毛先生也从清宫档案中抄得一些数据：

"雍正九年（1731年）八月二十九日，广东巡抚鄂尔达进千里镜五架。

雍正十一年（1733年）二月二十六日，广州左翼副都统兼海关税务加一级毛克明、广东海关副监督户部额外郎郑伍赛进千里镜九架。同年八月二十六日，广东海关监督毛克明、副总督郑伍赛进千里镜五架。

雍正十一年（1733年）八月二十九日，广东总督鄂尔达进千里镜九架。

雍正十一年（1733年）八月二十九日，广东巡抚杨永斌进千里镜五枝。

乾隆五十九年（1794年）三月二十五日，粤海关监督苏楞额进洋千里镜一对。"①

当然，上述数据肯定是不完全的，实际的数字要大大多于此。这些进献者用于进献的望远镜，有的是海关向外商购买或索要的，有的是传教士们为了传教，疏通官场而赠送的，如史记：奥地利耶稣会士恩理格"1676年自山西赴开封。以奥地利皇帝利奥波德所赠望远镜转赠河南长官，

---

① 毛宪民：《故宫片羽：故宫宫廷文物的研究与鉴赏》，文物出版社，2003，第12页。

因得将开封教堂修复。又得长官助，将费乐德神父祠宇修复"[1]。恩理格曾因此致信欧洲，称"各种各样的眼镜和望远镜的需求量很大"[2]。

可见作为西洋礼品的望远镜对传教士们有多么大的帮助。耶稣会传教士卜文气神父致其兄弟的信也谈道："因此，我们通常只给官员们送几件欧洲珍奇物品。下面是他们喜欢的一些东西：表、望远镜、显微镜、眼镜、各类镜子（平面镜、凸面镜、凹面镜、凹镜……）、着色的或雕刻的远景画、小巧精致的艺术品、华丽的时装、制图仪器盒、日晷仪、圆规、铅笔、上等织物、涂珐琅的装饰品等等。"[3]

清代宫廷中望远镜的第三个来源，是宫廷造办处制造的。

南怀仁在其《欧洲天文学》一书中谈到：当时中国人已经学会仿制包括望远镜、眼镜、自鸣钟、沙漏等来自欧洲的商品了，虽然质量赶不上欧洲的原装货。而且中国的商人为了卖上好价钱，还将他们的仿制品"贴上虚假的欧洲商标"，就好像这些商品"真的是来自欧洲，或者是从欧洲人手里得来的"[4]。

清宫中隶属于内务府的宫廷造办处的工匠们，也在西洋技师的指导下，试制望远镜。葡萄牙耶稣会士苏霖就是一名制造望远镜的技师。

苏霖，字沛苍，原名 Joseph Suarez，1656 年出生于葡萄牙的科因布拉，17 岁入修院就学，还没毕业，就于 1680 年远赴中国，经历 4 年的艰苦航程，于 1684 年到达中国，在广东、江南一带传教 4 年。1688 年苏霖被圣旨召入京师[5]。

---

① 〔法〕费赖之：《在华耶稣会士列传及书目》，冯承钧译，中华书局，1995，第 362 页。

② Nöel Govers, *The Astronomia Europaea of Ferdinand Verbiest*, S. J.（Dillingen, 1687），Monumenta Serica, 1993, p.296.

③ 〔法〕杜赫德编《耶稣会士中国书简集》（第Ⅱ册），郑德弟等译，大象出版社，2005，第 214 页。

④ Nöel Govers, *The Astronomia Europaea of Ferdinand Verbiest*, S. J.（Dillingen, 1687），Monumenta Serica, 1993, p.130.

⑤ 《政教奉褒》，见韩琦、吴旻校注《熙朝崇正集·熙朝定案》，中华书局，2006，第 345 页。

文献记载，苏霖"传教热心，上自朝廷显贵，下至街市弃儿，鲜不受其感化""1704 年山东水灾后继以饥馑灾民多逃京师，帝出内帑二千两，命霖与巴多明神父设厂施粥。二人自捐五百两，施放时布置有序，来领者鱼贯而入，食毕各退。施粥凡四月，每日领粥者千余人，秩序井然，碗箸清洁，朝官内监观者莫不惊叹"①。

苏霖之所以被召至京师，是因为他精通制造望远镜。捷克耶稣会士严嘉乐曾明确提道："葡萄牙人苏霖，他是望远镜专家。"② 上引"故宫博物院藏清代康熙朝（十六年至六十年）陈设帐档册"中就载有苏霖多次向宫廷进献望远镜的记录。他也善于修理望远镜，为此他得到了康熙皇帝的垂青。一次神父们为了宗教方面的事务要求前往圆明园觐见皇帝，但是没有得到允许。于是，苏霖将皇帝交给他检修的几架望远镜，托巴多明神父呈交给皇上，通过这一办法，巴多明等多位神父"被允许晋见皇帝"③。

1736 年 9 月 28 日（乾隆元年八月二十四），苏霖于北京去世，享年 80 岁整。戴进贤等上奏曰："钦惟我国家德隆恩溥，薄海同仁。前有西洋人修士苏霖泛海东来，寄居江南江宁府。康熙二十七年三月十三日，治理历法臣徐日升传旨：礼部速差员往江宁府天主堂取西洋人苏霖赴京。钦此。派员前往。苏霖遵照即赴京，居住宣武门堂内。因精于视学，专管远视、近视、存目、老等各玻璃镜，小心供奉四十九年。今于乾隆元年八月初十日病故。臣等查，从前西洋人安文思、利类思等病故，原有具折奏闻之例，今将苏霖病故情由遵例等因，转交奏事太监王常贵等奏闻。"乾隆皇帝闻奏降旨："着赏银二百两。钦此。"④ （见图13 - 4）苏霖安葬在滕公栅栏墓地，至今墓碑犹存（见图 13 - 5）。

---

① 〔法〕费赖之：《在华耶稣会士列传及书目》，冯承钧译，中华书局，1995，第 400 页。
② 〔捷〕严嘉乐：《中国来信》，丛林等译，大象出版社，2002，第 45 页。
③ 〔法〕杜赫德：《耶稣会士中国书简集》（第Ⅱ册），大象出版社，2005，第 192 页。
④ 中国第一历史档案馆：《清中前期西洋天主教在华活动档案史料》（第四册），中华书局，2003，第 55 页。

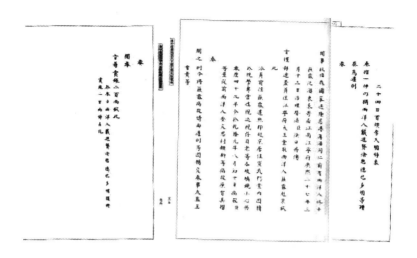

图 13-4　戴进贤等为苏霖病逝向朝廷写的奏折和乾隆皇帝的批答

图 13-5　苏霖墓碑及其拓片

　　毛宪民先生从故宫博物院图书馆藏清宫档案中查到，雍正九年正月内务府总管命将小千里眼"做十五件备用"①。可见在雍正朝，宫廷造办处已经能够批量地制造小型望远镜，供皇帝赏赐功臣之用了。但是他细细研究了故宫现存的150架清代望远镜后，认为："清康熙雍正乾隆朝时期，望远镜的仿制、进贡盛行一时。其仿制望远镜的材料简单，以木、竹、纸筒制作，更没有制作者的标记。目前北京故宫博物院珍藏的望远镜中，仅有一架铜质反射望远镜，在其三角形支架处，錾刻有二夔龙云纹饰。"②虽然现存的造办处产品只有一架，但是显而易见，当时制造的绝不仅仅是一架。而且这一架是制造难度较高的反射式望远镜，可以推测造办处肯定也制造了相当多的折射式望远镜，清档中提到的"小千里眼"更是难不倒心灵手巧的宫廷匠人。《四库全书》中的《皇朝礼器图式》登载了"四游千里镜半圆仪""双千里镜象限仪"和"摄光千里镜"几种望远镜和安装瞭望远镜的仪器的图（见图13－6）与文字说明。

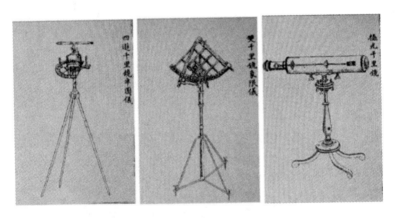

图13－6　《皇朝礼器图式》中登载的"四游千里镜半圆仪"
"双千里镜象限仪"和"摄光千里镜"

---

① 毛宪民：《故宫片羽：故宫宫廷文物的研究与鉴赏》，文物出版社，2003，第60页。
② 毛宪民：《故宫片羽：故宫宫廷文物的研究与鉴赏》，文物出版社，2003，第44页。

"四游千里镜半圆仪"的说明写道："本朝制四游千里镜半圆仪，铸铜为之，通径一尺三寸五分，半周一百八十度，外圆线三重，内层十二重，每度末斜线与圆线相交，成十二格，通径线两端立耳为定表，其半圆心施游表，表两端有立耳，表端中线以指外重度分立耳，方孔中线以指内重度分立耳，内施坠线，表心施指南针，圆盘外两柱承千里镜，以两轴左右上下之，以游表、定表相距度为所测之角。座三足，能升降，平测立测惟所宜。"①

"双千里镜象限仪"的说明写道："本朝制双千里镜象限仪，铸铜为之，半径一尺四寸五分，象限之周九十度，圆线十重，以斜线相交成十格，平半径千里镜为定表，平中心千里镜为游表，下为半圆，纵横设两轮低昂之，测量法以两表相距度分为所测之角，承以直柱三足，平测立测惟所宜。"②

"摄光千里眼"的说明写道："本朝制摄光千里镜，筒长一尺三分，接铜管二寸六分。镜凡四重，管端小孔内施显微镜，相接处施玻璃镜，皆凸向外。筒中施大铜镜，凹向外以摄影。镜心有小圆孔，近筒端施小铜镜，凹向内。周隙通光，注之大镜而纳其影。筒外为钢铤螺旋贯入，进退之，以为视远之用。承以直柱三足，高一尺一寸五分。"③

书中的说明强调，这三种望远镜和设有望远镜的仪器都是"本朝制"的。但从故宫博物院现存实物的英文铭文上看并不尽然。详见本章附录中的第(22)～(24)项的说明。

众所周知，制造望远镜的关键是要有高质量的光学玻璃，才能研磨出好的玻璃透镜。在这方面中国的工匠没有经验，而身为传教士的欧洲

---

① 《皇朝礼器图式》(卷三)，载《景印文渊阁四库全书》(第656册)，上海古籍出版社，1987，第181页。

② 《皇朝礼器图式》(卷三)，载《景印文渊阁四库全书》(第656册)，上海古籍出版社，1987，第184页。

③ 《皇朝礼器图式》(卷三)，载《景印文渊阁四库全书》(第656册)，上海古籍出版社，1987，第191页。

玻璃技师则起到了开创性的作用。

这就是第十四章我们要探讨的问题了。

本章附录

北京故宫博物院现珍藏的清宫望远镜有 150 多架。毛宪民先生在其《故宫片羽：故宫宫廷文物研究与鉴赏》一书中，详细记载了其中的 22 架各式望远镜和 4 架安装了望远镜的测量仪器，今摘录于下：

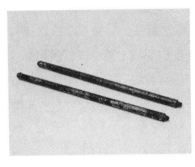

图 13 - 7　绿漆木制描金花望远镜

（1）绿漆木制描金花望远镜（见图 13 - 7）：清初期制品，折射式望远镜，镜筒长 99 厘米，口径 4 厘米，物镜直径 2.6 厘米，目镜直径 1 厘米。镜筒为木质，外罩绿漆，绘描金红花绿叶。

（2）棕漆木质描金花望远镜：单圆筒折射式望远镜，长 99 厘米，物镜直径 2.6 厘米，目镜直径 1 厘米。镜筒身为木质，外罩棕色漆，绘金花。

（3）红木二节望远镜：清中期制品，为单圆筒折射式望远镜，可抽拉二节筒，抽长 57 厘米，单长 34.5 厘米，筒口径 4 厘米，物镜直径 1.5 厘米，目镜直径 0.5 厘米。

图 13 - 8　橙漆皮铜镀金望远镜

（4）橙漆皮铜镀金望远镜（见图 13 - 8）：英国伦敦制造，单圆筒折射式望远镜，可抽拉四节，筒抽长 75 厘米，单长 22 厘米，镜筒口径 4.6 厘米，物镜直径 4.2 厘米，目镜直径 0.9 厘米。镜筒身为铜镀金质，外装饰橙色漆。在镜身上镌有英文，标注制作者姓名、产地和性能："Gilbert & Wright London Best Improved"。该镜专配一红木盒，盒长 26 厘米，宽 12 厘米，高 6 厘米，盒内配有一目镜和一铜镀金三角支架，为皇帝御用之物。

（5）铜镀金嵌珐琅望远镜（见图13－9）：清宫内府造办处与西洋工匠合作而成，单圆筒，可抽拉四节，全筒长76.5厘米，镜筒口径5厘米，物镜直径5厘米，目镜直径0.4厘米。镜筒装饰富丽豪华，精工细镌花卉纹和鸟羽纹，筒身嵌椭圆形珐琅，为皇帝御用之物。

图13－9　铜镀金嵌珐琅望远镜

（6）银质三节望远镜（见图13－10）：单圆筒折射式望远镜，可抽拉三节，筒抽长51厘米，单长23厘米，镜筒口径5厘米，物镜直径4.2厘米，目镜直径1厘米。附有银质三脚支架，高48厘米。

（7）紫漆镀铬望远镜：单圆筒折射式望远镜，筒长112厘米，镜筒身为铜胎镀铬，前半部外饰紫色漆。镜筒口径6.5厘米，物镜直径5.5厘米，目镜直径1.3厘米。此镜附有三脚支架，高50厘米。配原装红木匣，匣长76厘米、宽19厘米、高10.3厘米。目镜管上镌有英文："KING

图13－10　银质三节望远镜

PATENT"（国王专用），"GILBERT"（制作人吉尔伯特），"LONDON"（产地伦敦）。

（8）铜镀金錾玻璃珠望远镜：单圆筒折射式望远镜，可抽拉二节，筒抽长28.5厘米，单长17厘米，镜筒口径2.5厘米，物镜直径2厘米，目镜直径1厘米。镜筒为铜镀金质，筒身嵌卷草花纹，在物镜和目镜边缘处嵌有紫红色或红绿色相间的小玻璃圈，物镜和目镜处附铜片罩住以防尘。

（9）银质条纹望远镜：单筒折射式望远镜，可抽拉四节，筒抽长44.5厘米，单长16厘米，镜筒为银质，口径3.5厘米，物镜直径3厘米，目镜直径0.6厘米。目镜管上镌有英文："GILBERT"（制作人吉尔伯特），"LONDON"（产地伦敦）。

（10）铜镀金条纹望远镜：单圆筒折射式望远镜，可抽拉四节，镜筒身为铜镀金质，镜筒口径4厘米，物镜直径4厘米，目镜直径0.4厘米。目镜管上镌有英文："GILBERT"（制作人吉尔伯特），"LONDON"（产地伦敦）。

图13-11 银嵌珐琅二节望远镜

（11）银嵌珐琅二节望远镜（见图13-11）：镜单筒，可抽拉二节，筒抽长20厘米，单节长13厘米，镜筒口径3.5厘米，物镜直径2.5厘米，目镜直径1.2厘米。镜身为银质，面烧蓝珐琅錾孔雀尾羽纹，上镌椭圆形花草纹饰。为携带、观测的便利，物镜上罩一指南针（罗盘仪）镜盖，游标针完好，可随方向转动。指南针罩内白底黑字、黑线，圆盘直径3.5厘米，标英文字母E，W，S，N，NE，NW，SE，SW（即东、西、南、北、东北、西北、东南、西南）8个方向。此类望远镜为折射式望远镜，英国制造。

（12）纸质象牙口望远镜：单圆筒折射式望远镜，镜身为纸质，外饰欧式描金花纹，目镜孔口为象牙制作，由清宫造办处与来华西方工匠合制。镜筒抽长162厘米，单长50.5厘米，镜筒口径6.5厘米，物镜直径4.2厘米，目镜直径1.1厘米。镜筒附有清宫廷为保管方便而书写的黄签："西洋花皮千里眼四年十二月九日"。

（13）黑漆描金花七节望远镜：单圆筒折射式望远镜，可抽拉七节，镜筒身为木质，外饰黑漆描金花，其抽长250厘米，单长68厘米，镜筒口径7.5厘米，物镜直径2.7厘米，目镜直径1.7厘米。

（14）棕漆描金花五节望远镜（见图13－12）：单圆筒折射式望远镜，可抽拉五节，镜筒为木质，外饰棕漆描金花，其抽长207厘米，单长63厘米，镜筒口径7.5厘米，目镜直径1.7厘米。

图13－12　棕漆描金花五节望远镜

（15）红棕漆铜镀金六节望远镜（见图13－13）：为单圆筒折射式望远镜，镜筒身为铜镀金质，外饰红棕漆描金花色，其抽长103厘米，单长23厘米，筒镜筒口径5厘米，可抽拉六节，物镜直径5厘米，目镜直径1.2厘米。目镜管处镌英文"LONDON"，即英国伦敦制造。这架望远镜配有牛皮套，上附清宫当年所贴黄条，墨书："大千里眼壹个"。

图13－13　红棕漆铜镀金
六节望远镜

（16）绿漆皮四节望远镜：为单圆筒折射式望远镜，其抽长94.5厘米，单长36.5厘米，筒镜筒口径6厘米，物镜直径6厘米，目镜直径1.1厘米。望远镜可抽拉四节，其内节筒、物镜圈为银制。在镜筒目镜管处镌英文："KING　PATENT"（国王专用），"GILBERT WRIGHT & HOOKE"（制作人姓名），"LONDON"（产地伦敦）。

（17）铜镀金天文望远镜（见图13－14）：单圆筒消色差折射式望远镜，长160厘米，镜筒口径12厘米，物镜直径9.5厘米。不使用时物镜有

图13－14　铜镀金天文望远镜

盖罩护之。物镜由两块玻璃透镜组合而成，一块为凸透镜，中厚边薄，磨制考究，边缘厚 0.4 厘米，镜身透亮，为普通玻璃；另一块为凹透镜，一面平一面凹，边缘厚 1 厘米，镜色微黄，为"火石玻璃"。安装物镜时凸透镜在前，凹透镜在后，当两块玻璃凸凹组合在一起时，缝隙十分紧密，足见制作工艺精湛。（关于消色差望远镜见本书第十六章。）

此望远镜尾端伸出一段长 37 厘米的目镜铜管，通过镜筒右侧调节螺栓，目镜管可来回伸缩 8 厘米，主要用于观测目标时调节焦距。目镜铜管直径 4 厘米，镜孔仅 1 厘米。目镜管上镌有英文："NEGRETTL & ZAMBRA LONDON"。此外，在镜筒靠近目镜的左上方，还附有一架小型铜镀金望远镜，长仅 25 厘米，镜头内附有十字丝，观测目标呈倒像，用之于天文观测，称为"寻星镜"或"导星镜"。

这架天文望远镜，安装在三脚红木支架上，架高 190 厘米，架中有铁轴承依托，内悬一铁质长棍，调节螺栓旋钮，镜筒可上下左右升降转动。铁质轴承左侧镌有"永昌上海 HLRSBRUNNER & COSHANCHAI"，右侧镌有"NEGREITL & ZAMBRA LONDON"。

图 13 – 15　铜镀金香港款天文望远镜

（18）铜镀金香港款天文望远镜（见图 13 – 15）：此镜为单圆筒折射式望远镜，长 128 厘米，镜筒口径 11 厘米，物镜直径 8.5 厘米，由两块凸凹透镜组成，目镜孔口 0.7 厘米，安装在 26 厘米长铜镀金管筒上，管筒可随镜筒右侧调节焦距钮伸缩。在镜筒左侧上方装有长 26 厘米、筒径 4 厘米的寻星镜。此镜附有三角铜镀金支架，高 66 厘米。目镜管上镌有英文："C. J. GAUPP HONG KONG"。

（19）木质六面棱角形天文望远镜（见图 13 – 16）：单圆筒折射式

望远镜，镜筒为红木质，全长 200
厘米（为故宫博物院藏最长的一架
望远镜），镜筒口径 8.5 厘米，物
镜孔口周围圈黑色硬纸壳，壳内物
镜直径 2.5 厘米，目镜处周围圈有
四层筒状黑色硬纸壳，目镜直径
2.5 厘米①。筒身为六面棱角形状，
每面髹棕红色漆，棱角面上镌有黑

**图 13 - 16　木质六面棱角形
天文望远镜**

色西蕃草叶花纹。观测景物成倒像，依据望远镜光学原理分析应属德国
天文学家开普勒研制的折射式望远镜。此望远镜筒下附置红木架，长
77 厘米、宽 34 厘米、高 147.5 厘米，架下设有 4 个滑轮和 4 个手摇木
柄，可调节镜筒的最佳角度。

毛宪民先生认为，此红木架系欧洲著名天文学家威廉·赫歇尔
（Herschel Frederrick William，1738—1822）制作的。毛先生曾在大英博物馆
见到过赫歇尔制造的反射望远镜及红
木架，认为该红木架与故宫的这件藏
品"别无二致"。（关于赫歇尔和他
的望远镜，见本书第十六章。）

（20）紫漆描金花反射望远镜
（见图 13 - 17）：此件为单圆格里高
利式反射式望远镜，清宫造办处制
作，长 81 厘米，筒径 11.5 厘米，物
镜直径 10.2 厘米，目镜直径 3 厘米，
附三脚支架高 51 厘米，在镜筒与支
架轴承处铜镀金板上錾有二夔龙纹
饰。夔龙是古代传说中的一种奇异的

图 13 - 17　紫漆描金花反射望远镜

---

①　目镜直径应小于物镜直径，原文在此可能有误。——著者注

动物,似龙,一足。在故宫所珍藏的望远镜中具有龙形纹饰的仅此一件。

(21)棕漆铜镀金反射望远镜:此件为单圆筒格里高利式反射望远镜,长48厘米,筒镜筒口径6.5厘米,物镜直径6厘米,目镜直径0.2厘米。镜筒右侧装有调节目镜焦距纽,附有铜镀金三脚支架,高41.5厘米。

(22)铜镀金反射望远镜(见图13-18):清乾隆《皇朝礼器图式》称之为"摄光千里镜",即反射式望远镜,单圆筒,长74厘米,筒径11厘米,物镜直径10厘米,目镜直径2厘米,目镜孔0.3厘米。物镜面镀铝,没有色差,但视场较小。镜筒下附置一铜镀金三角形支架,高45厘米,可旋转180度。镜筒左侧附有一长31.5厘米、筒径2厘米的导星镜。它是一种附在望远镜上的较小的目视望远镜。其光轴与主望远镜光轴平行。目镜放大倍数较高、视场较大,易寻找目标。特别是其焦面处

图13-18 铜镀金反射望远镜

有十字丝,可用来对准恒星,以监视望远镜是否精确地观测天体。此镜的目镜管上镌有英文:"DYEFINCH COMHILL LONDON"。

(23)四游千里镜半圆仪:仪器盘面为铜镀金,通高30厘米,盘半径32厘米,盘围有刻度、刻线,从160度到360度。因此严格意义上说,这应是件"多半圆仪"而非"半圆仪"。在仪盘面直径两端对称处各设一个立耳(即瞄准器),直径为16厘米的罗盘(指南针),置于半圆仪盘圆心,内刻1度到360度,并分别标明八个方向。通过罗盘圆心(亦即多半圆仪圆心),横跨罗盘仪上方的游标,实际上是一架长42厘米的油漆红色竹筒制作的望远镜。物镜、目镜处帽罩均以象牙制作,

为折射式望远镜，观测者通过望远镜寻找目标，而望远镜的支架同时也起游标上立耳瞄准器的作用。这件测量仪器既可测水平面内角度，也可将其倾斜 90 度测垂直面里的角度。仪盘面镌有："CALESTES PANDITE POATA"。据推测，此仪器虽为外国工匠制作，但望远镜的材料是在中国配制的，无疑是外国工匠在中国制造，即是在清宫内务府造办处制作的。

（24）铜镀金双千里镜象限仪（见图 13 – 19）：此仪器为英国制造，铜镀金质，附铁三脚形支架，高 146 厘米。在刻度弧盘交界处，有横竖各一齿轮盘，即操纵螺栓时，弧盘可垂直或成水平状，半圆弧上刻有 0 度到 500 度和 0 度到 99 度；在弧盘的直角处各装置两架镀金铜质望远镜，各长 55 厘米，筒径 2.5 厘米，分别指向两个方向，上下各随弧盘旋转 360 度。当观测天文星象时，物镜内呈十字丝，景物成倒像，目标十分清晰。

图 13 – 19　铜镀金双千里镜象限仪

此仪器弧盘上镌刻英文："made by the wright Instrument maker to His Royal Highne GEORGR PRINCE of WALES The WRIGHT In Fieet Barbot London。"① 可见这一仪器是制造商专门为英国皇室的威尔士亲王乔治殿下制作的，是清代乾隆时期英使马噶尔尼谒见乾隆皇帝特意进献的。这件代表着欧洲先进技术的仪器，主要用于测量天体角度或测量某物距地平面的高度。

（25）铜千里镜象限仪：清宫造办处制作。此件象限仪弧盘上刻 0 度到 90 度，其弧盘直边固定一望远镜，作为定表；另在弧盘象限中心

---

①　意为：伦敦，佛里特大街仪器制造商为威尔士亲王乔治殿下制造。

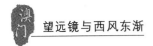

安有一可移动的望远镜，作为游标。两架望远镜均长 70 厘米，筒径 2.5 厘米，物镜、目镜已失。

（26）铜镀金双千里镜全圆仪：法国巴黎制造。此仪器通高 33 厘米，盘直径 22.5 厘米，盘面刻 360 度，在盘上下方各有一小千里镜，小千里镜侧并附一直径仅 4 厘米的罗盘仪。当测量时，以盘下千里镜作定表，到定点目标，以盘上千里镜作游标，它可指出盘面刻度，算出测量的角度。仪器盘面刻有 "Chapotot pauis"①。

---

① 本章的附录资料引自毛宪民《故宫片羽：故宫宫廷文物的研究与鉴赏》，文物出版社，2003，第 19~38 页。著者在文字上做了少许加工。图片来自故宫博物院网站。——著者注

第十四章　紫禁城畔的皇家玻璃作坊

　　第十三章谈到，宫廷造办处制造望远镜的关键是玻璃透镜。而玻璃制造恰恰一直是古代中国的弱项。正如《中国光学史》所指出的："我国古代的玻璃虽是独立发明的、而且时间很早，但质量不佳，轻脆易碎，比起陶瓷、青铜、玉石来，玻璃用途也很狭小，发展不充分。至公元五世纪中叶，由于外国技术的传入，情况可能有变化。""但此后的发展仍落后于西方，长期以来还是以进口为主，数量少，价格昂，无法普遍使用。"[①]

　　由于我国青铜冶炼技术成熟得较早，早在4000多年前就造出用于反射的铜镜，因而促使反射光学得以发展，出现了像墨翟（公元前460—公元前360）的《墨经》、沈括（1031—1095）的《梦溪笔谈》等对反射光学所进行的相当程度研究的著作。与此同理，几千年来中国玻璃制造工艺的落后，玻璃制品质量较差，就直接影响了我们祖先对于光的折射的研究，以及折射类光学仪器的制作。

　　《玻璃的世界》一书对中国的玻璃制造史做了概括性的回顾："大约公元前6世纪，中国似乎广泛生产玻璃。汉代（公元前206～公元220年）掌握了玻璃铸造术，能制造祭祀器具和首饰。中东发明玻璃吹

----

①　王锦光：《中国光学史》，湖南教育出版社，1986，第44页。

制术之后大约五百年，中国引进这一技术，是为第二个重大转折点。"
"此后一千年，是一定数量的国内生产和大量进口相结合，进口的管道
首先为罗马，嗣后有伊斯兰国家和欧洲。国内制造和进口的玻璃器物多
为小型祭祀器具，后来还有玩具和其他用具，包括拉洋片和走马灯的玻
璃屏幕。""总体而论，在玻璃吹制术引进后的一千年，玻璃工业似乎
谈不上真正的发展。"①

关于中国玻璃制造业长期滞后的原因，《中华帝国全志》的著者、
法国耶稣会士杜赫德（Du Halde，1674—1743）曾有如是的分析："中
国人对欧洲进口玻璃器物与水晶器物之好奇，不啻欧人对中国瓷器之好
奇。虽然如此，中国人亦未肯飘洋过海谋求之，盖因以为本国瓷器更有
妙用故：它可盛装滚烫液体，以中国之道，手持一碟沸沸然茶水，亦不
会烫煞人""况中国瓷器光泽熠然，不让玻璃。倘论其透明度有逊，其
易碎性亦逊矣""盛装热饮料只要有了瓷器，恐怕就不需要玻璃了。"
陶瓷有种种优点，"它比玻璃便宜得多，非常适合盛装热的液体。一个
饮茶的国度，不可能开发滥觞于罗马的那等精美玻璃酒具""至于窗
户，既然有很不错的油纸再加上温和的气候——当然指南方，中国大部
分地区不存在制造玻璃窗的压力。"②

的确，正是由于与陶瓷相比较，玻璃制品在易碎、受热易炸、残后
伤人、保温性能差和价格较高等方面都输给了陶瓷制品，因而在我国历
史上陶瓷产业得到了充分的发展，而玻璃产业却受到了打压和抑制。

至于中国古代建筑没有采用玻璃窗的原因，《玻璃的世界》所给出的答
案并不令人信服。笔者认为，很可能在 16～17 世纪欧洲传教士来华之前，
中国根本就不知道能够代替高丽纸做窗户的透明、纤薄的平板玻璃这一回
事。在这之前，无论是进口的还是自制的玻璃器物，多是很小的、不透明
的作为珠宝代用品的。商人们沿古代丝绸之路千里迢迢贩入中国的，只能

① 〔英〕麦克法兰、马丁：《玻璃的世界》，管可秾译，商务印书馆，2003，第 122 页。
② 〔英〕麦克法兰、马丁：《玻璃的世界》，管可秾译，商务印书馆，2003，第 123 页。

是此类便于运输又有超高利润的玻璃产品。极易破碎、不便长途运输的作窗户之用的平板玻璃，不可能列入追求效益的商家的货单。事实上，一旦后来靠着传教士带来的技术制造出窗用玻璃后，玻璃就立刻得到了皇家的青睐。本章稍后引用的乾隆皇帝赞美玻璃窗的诗词就是明证。

作为日常生活之用的玻璃制品不发达，其连带产生的后果，却是离制器行业似乎相距甚远的，即折射光学的滞后和折射光学仪器的缺失，甚至是试验化学的落后。

有研究者认为，这种陶瓷业和玻璃业的此消彼长，还直接制约了我国的古代化学的进步。西安交通大学博士研究生蔡东伟先生论道："中国是陶瓷、冶金大国，所以古代丹家主要使用陶瓷和金属器具。中国古代丹家不研究气体及对液体反应研究不多，无疑都和使用器具的不透明性有很大关系。这使我们不能像西方人一样利用玻璃的透明性直接用眼睛观看物质反应、变化的现象，进而错过了许多发现的机会。""因此可以认为，玻璃技术的落后使中国化学的发展受到了严重的制约，而这在一定程度上又阻碍了中国古代化学向近代的演进。"[1] 他也提到了西方玻璃业孕育了显微镜和望远镜的发明，对近代科学的发展起到了不可替代的作用。

蔡先生进一步以陶瓷和玻璃的区别，分析中西文化的深层次差异。他说："不透明的陶瓷，一定程度上'封闭'了中国人的视野，而把中国人神秘的想象力发挥到极致，形成了一个封闭的、内向的世界意识；而西方人借着玻璃的敞亮把其世界向外穿越，形成了一个开放、扩张的世界意识。""不透明的陶瓷及其相生的信息、文化传统使中国人困顿于对自然的神秘想象，而西方人却借着玻璃的敞亮开创出近代科学技术的辉煌，实现了近代科学技术的革命。"[2]

比较中国和欧洲的近代科学史，特别是光学史和化学史，从一定意

---

[1]　蔡东伟：《玻璃 VS 陶瓷：两类信息与文化——兼题"李约瑟难题"的一个求解假说》，《经济与社会发展》2009 年第 1 期，第 2 页。

[2]　蔡东伟：《玻璃 VS 陶瓷：两类信息与文化——兼题"李约瑟难题"的一个求解假说》，《经济与社会发展》2009 年第 1 期，第 3 页。

义上可以说，就是玻璃打败陶瓷的历史。

如果将眼光再放开一点，我们不得不承认，因为陶瓷而放弃了玻璃，中国人付出了沉重的代价。因为，"视觉是人类最强大的知觉，玻璃提供了新型工具后，人类藉以看见了不可见的微生物世界，或藉以凝视肉眼看不见的遥远星体，因此玻璃不仅使人类得以完成具体的科学发现，而且使人类增强了信心，认定一个更加深广的真理之天地必将被发现。人们明白了，有了这把钥匙就可以打开事物表象之下或之上的知识秘藏，并撼动一些传统思想观念"①。在欧洲，"玻璃，这折光的、透明的奇特物质，带来了并非有意为之的结果，赋予人们新的眼光去观看，而人们看到的东西彻底改变了世界"②。显然，发生在欧洲的这一切，都没有在近代之前的中国——瓷器的祖国发生。

返回本题，宫廷造办处要想制造出望远镜，还得先从制造光学玻璃做起。

也是在第十三章中谈及，1689 年（康熙二十八年）2 月，康熙皇帝南巡到达杭州时，他收到了耶稣会传教士殷铎泽所献的礼物——一只彩绘玻璃球。另一位住在苏州的意大利传教士潘国良，献给皇帝一架"小千里镜，照面镜、玻璃瓶二枚"③。据说这些作为礼物的欧洲玻璃制品被认为是当时最高贵的贡品之一。康熙皇帝对其大为赞赏，并萌发了借助传教士的帮助建立皇家玻璃作坊的念头。不过他首先想到的并不是光学玻璃，而是像欧洲出产的那样精美的、可以作为礼品的玻璃器皿。

史记："三十五年（1696 年）奉旨设立玻璃厂，隶属于养心殿造办处，设兼管司一人。"④ 可见，这一皇家玻璃作坊是于 1696 年（康熙三十五年）开始筹建的。它是隶属于位于养心殿西侧的宫廷造办处的一个下

---

① 〔英〕麦克法兰、马丁：《玻璃的世界》，管可秾译，商务印书馆，2003，第 92 页。
② 〔英〕麦克法兰、马丁：《玻璃的世界》，管可秾译，商务印书馆，2003，第 87 页。
③ 《正教奉褒》，载韩琦、吴旻校注《熙朝崇正集、熙朝定案》，中华书局，2006，第 347 页。
④ 《钦定大清会典事例》（光绪重修版），第 1172 页。

属机构，专门制作御用玻璃，以满足皇家对玻璃器皿的大量需求。它的位置处于离紫禁城不远的一个叫做"蚕池口"的地方。"蚕池口"原为明代宫人织锦的地方①，清初则废弃了。一部专门记载北京地名掌故的著作《日下旧闻考》中写道："蚕池口内西为天主堂，又西为琉璃作。"②

这里所说的天主堂，是指康熙皇帝特许法国耶稣会士们建造的北京天主教北堂。1693 年，康熙皇帝不幸患上了恶性疟疾，皇宫里的太医们都束手无策，这时刚到中国不久的法国耶稣会士献上了他们特有的、被称做"耶稣会树皮"的特效药——奎宁，医治好了皇帝的病。为了回馈他们的救命之恩，康熙皇帝赐地赐银，让法国传教士们盖一座属于他们自己的教堂。今天，天主教北堂经历了 300 多年风雨犹存，但已经不在原来的位置了。1887 年以来慈禧太后当政时期，为扩大皇家园林"三海"，她派李鸿章与教会协商，将北堂迁址重建到西安门外的西什库。这就是今天北堂的位置。而早年的北堂是建在"蚕池口"的。就在北堂正建未成之际，在其西侧又建起了宫廷玻璃车间——"玻璃作"。

"蚕池口"这一古老的地名，如今已经不存在了。往日"三海"自20 世纪 50 年代以来，被金鳌玉蝀桥划分为两部分，北部为向公众开放的北海公园，南部则成为中国高级领导居住和办公的"中南海"。据考，旧日的蚕池口属于今日的中南海的范围之内。

现存有关玻璃作的中文史料十分匮乏。故宫博物院资深研究专家杨伯达在其《清代玻璃配方化学成分的研究》一文中引用了外国学者披露的史料。其中有从罗马档案中发现的法国耶稣会士洪若翰（Jean de Fontaney，1643—1710）的信函。信中称：1697 年春季，纪理安还在为皇帝建玻璃窑。另有一封发自纪理安的信函，称：1700 年他已经为皇帝建好了皇家玻璃厂③。可见，宫廷玻璃作是在 1696 年（康熙三十五

① 于敏中等：《日下旧闻考》（第三册），卷 42，北京古籍出版社，1990，第 661 页。
② 于敏中等：《日下旧闻考》（第三册），卷 42，北京古籍出版社，1990，第 661 页。
③ 杨伯达：《清代玻璃配方化学成分的研究》，《故宫博物院院刊》1990 年第 2 期，第 20 页。

年）动工修建，1697 年（康熙三十六年）仍在建设中，1700 年（康熙三十九年）已经建成。杨先生推测："一座玻璃窑的修建应用不了四年时间，如无特殊原因，很可能在康熙三十六年夏冬之间竣工。"[1]

关于玻璃作的位置与设置，故宫博物院研究人员王和平披露了一些来自国外学者的珍贵史料。她在文中写道："玻璃厂就建在皇宫附近的蚕池口法国传教士住所旁，共有东、西厢房各 3 间，窑房 3 间（进深 2 丈 5 尺，宽 4 丈 2 尺 5 寸），前抱厦 2 间（深 1 丈零 5 寸，宽 3 丈），后抱厦 3 间（深 9 尺 5 寸，宽 3 丈），西面抱厦 1 间（深 1 丈 3 寸，宽 1 丈 5 寸），熔炉按照欧洲的习惯多建于敞轩比如抱厦之内以便于烧造玻璃时通风。库房 3 间，庭院宽敞。"[2] 文后还附有 3 幅图（见图 14 - 1 ~ 图 14 - 3）。

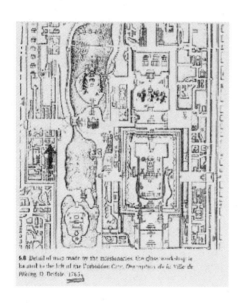

图 14 - 1　玻璃作的位置地图（箭头指处）

图 14 - 2　玻璃作坊的图片

①　杨伯达：《清代玻璃配方化学成分的研究》，《故宫博物院院刊》1990 年第 2 期，第 20 页。

②　王和平：《康熙朝御用玻璃厂考述》，《西南民族大学学报》（人文社会科学版）2008 年第 10 期，第 233 ~ 234 页。

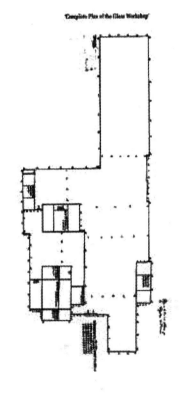

美国研究者 E. B. 库尔提斯也从罗马耶稣会档案馆找到法国传教士洪若翰有关这方面的书信。其中一封写自 1696 年 10 月 31 日的信中说道："在我们住所旁边的一块大的空地上，康熙皇帝正在建设一个漂亮的玻璃工厂。""遵照皇帝的旨意，纪理安神父承揽了此事。"他还向法国当局提出，"我请求你们立刻从我们优秀的玻璃工厂里选派一至两名优秀工匠给我们，这些工匠要具有帮助我们制造和欧洲制造的一样的玻璃和水晶玻璃的能力，也能制造玻璃镜面；同时选派一位精良的画珐琅工匠来"①。

各种史料都证明，宫廷玻璃作的设计者与施工监督者，都确定无疑的是德国耶稣会士纪理安。

纪理安，字风云，原名 "Bernard Kilian Stumpf"，于 1655 年 9 月 14 日出生在德国巴伐利亚的维尔茨堡

图 14 – 3　玻璃作平面图*

＊转引自王和平《康熙朝御用玻璃厂考述》，《西南民族大学学报》（人文社会科学版）2008 年第 10 期，第 234 页。平面图上还有小字："玻璃厂图样共计房十二间抱厦三间"。

（维尔茨堡的教堂见图 14 – 4）。他自幼年进入耶稣会开办的学校，1670 年进入维尔茨堡大学，在哲学院学习了 3 年。在那时，哲学包括了科学和数学。维尔茨堡大学的课程，包括科学、数学、物理学、天文学及专业技术，在当时都有很高的水平。1673 年毕业后的纪理安成为该校的教师，同时也成为了一名耶稣会士。"在做了一些年的神父和教师之

---

① 〔美〕E. B. 库尔提斯：《清朝的玻璃制造与耶稣会士：在蚕池口的作坊》，米辰峰译，《故宫博物院刊》2003 年第 1 期，第 63 页。

后，纪理安产生了到中国去做一名传教士的强烈愿望。在 1681 年之后的几年间，他写了好几封申请信给耶稣会总会长，毛遂自荐去做一名候选的传教士。作为到中国去的传教士，仅仅是一名神父是不够的，他必须有一些特别的本领，举例说，必须是一个杰出的数学家，或是天文学家、制图学家，或者是美术家。1688 年，纪理安抓住一个机会，使他去远东传教的愿望最终得到了批准。"①

1694 年纪理安到达澳门，然后进入广州。然而"他不得不在广州滞留了一段时间，因为葡萄牙人不愿意让很多的非葡萄牙籍的耶稣会士进入北京。在广州，纪理安在修理锈蚀失效的天文和数学仪器方面表现出了卓越的才能""广州的官员注意到了他的才能，将这位新来的传教士的情况报告了皇帝。"② 于是康熙皇帝命他进京。

纪理安于 1695 年 7 月来到北京。他的有关物理学、数学、天文学和机械学方面的渊博知识立即引起了皇帝的注意。因此，他被派往钦天监工作，居住在法国传教士刚刚建起来的新教堂——北堂，在北京度过了 25 年的生涯。

从 1711 年至 1720 年，纪理安担任钦天监的监正一职达 10 年之久。现在陈列在北京古观象台上的 8 件大型青铜天文仪器中，有一件就是他制造的，即地平经纬仪（见图 14－5）。有资料说，他总共制作了 600 多件仪器和机械，他负责观察星象，也做过地理勘测（包括军用和非军用目的）的工作。但是他最为独特的贡献还是他创办的"玻璃作"。

制造水晶玻璃和玻璃透镜的技术是由意大利传入德国的。而纪理安在德国时曾经在一个叫做斯潘萨特（Spessart）的地区工作过一段时间，当时的斯潘萨特地区是重要的玻璃制造中心。那里的玻璃作坊自从几个世纪之前就已经相当闻名了。

---

① 〔德〕柯兰妮：《纪理安：维尔茨堡与中国的使者》，余三乐译，载《国际汉学》（第十一辑），大象出版社，2004，第 153～154 页。
② 〔德〕柯兰妮：《纪理安：维尔茨堡与中国的使者》，余三乐译，载《国际汉学》（第十一辑），大象出版社，2004，第 156 页。

图 14 - 4　纪理安家乡维尔
茨堡的教堂

图 14 - 5　现存在北京古观象台上的纪理安
制作的地平经纬仪

受命筹建玻璃车间的纪理安，首先建造了熔制玻璃原料的多个熔炉，以及各种各样的模具，还有对玻璃器皿进行抛光和雕刻等精加工的多座车床。纪理安手下有几名汉、满族的中国学徒，他精心地手把手教他们"如何着色，如何雕刻，如何抛光，还学如何操作熔炉"①。

当然，康熙皇帝筹建玻璃作的主要目的是制造各色各样的玻璃装饰品和礼品，其中包括技术难度很高的画珐琅器皿和金星玻璃制品。康熙皇帝对这种"中国玻璃"制品大为满意，曾多次作为高贵的礼品赠与教皇使节和自己的爱臣。但正如上引洪若翰的信中所提到的那样，制造"玻璃镜面"也是该作坊的任务之一。"在这里，纪理安用他制造的玻璃做望远镜镜头获得成功。"② E. B. 库尔提斯在其论文中也指出："应当指出，这个玻璃作坊的另一功能是制造应用于数学和天文仪器的光学玻璃仪器。耶稣会士们曾经被皇帝委任到钦天监任职，还参与测量帝国的工作。关于耶稣会士苏霖，据说，'他当时侍奉皇帝的工作就是为各

① 〔德〕柯兰妮：《纪理安：维尔茨堡与中国的使者》，余三乐译，载《国际汉学》（第十一辑），大象出版社，2004，第158页。
② 〔德〕柯兰妮：《纪理安：维尔茨堡与中国的使者》，余三乐译，载《国际汉学》（第十一辑），大象出版社，2004，第158页。

种透镜制造玻璃'。"①

1720 年，纪理安逝世，他在钦天监的继承人、来自德国兰茨贝格的耶稣会士戴进贤在给他的悼词中写道："有特别重大意义的是他（纪理安）制造玻璃的高超技能。他制造玻璃的技巧不仅是从师傅那里简单学来的，而且包括他在实践中摸索得来的，他还制造了各种形状、各种颜色的灯罩的模具，能够对玻璃器皿进行抛光和雕刻出各种不同花纹的车床，除此之外，人们还可以看到具备了所必需的多个熔炉的一个完整的车间。这个车间是基于他的辛勤工作和正确指导下建设起来的。为此，人们惊叹不已。"②

纪理安去世后，他的同乡——德国传教士戴进贤不仅接任了他的钦天监监正一职，也接手了他在玻璃作的工作。"戴进贤在雍正四年（1726 年）曾在发往欧洲的信中请求'派一些精于制作玻璃以及具有制作珐琅技术的人来华'。"③ 这说明戴进贤在负责和关注当时宫廷的玻璃制造事宜。为了在建的圆明园的需要，1728 年（雍正六年）皇家玻璃作在圆明园里建立了分厂，烧制各种玻璃制品④。

戴进贤之后，相继有来自法国和其他国家的耶稣会士倪天爵（Jean Baptiste Gravereau，1690—1762）、汤执中（Pierre d'Incarville，1706—1758）、纪文（Gabriel Leonard de Brossard，1703—1758）等在宫廷玻璃作中效力，他们指导工匠们制作出多品种精美的玻璃工艺品。但是对用于制作望远镜的光学玻璃似乎并没有任何新的进展。居京的法国耶稣会士雅嘉禄（Jean Baptiste Jacques S. J.，1688—1728）于 1723 年（雍正元年）10 月 24 日写道，"有人告诉他，人们不能再从中国人负责的玻

---

① 〔美〕E. B. 库尔提斯：《清朝的玻璃制造与耶稣会士：在蚕池口的作坊》，米辰峰译，《故宫博物院院刊》2003 年第 1 期，第 63 页。

② 〔德〕柯兰妮：《纪理安：维尔茨堡与中国的使者》，余三乐译，载《国际汉学》（第十一辑），大象出版社，2004，第 157 页。

③ 王和平：《康熙朝御用玻璃厂考述》，《西南民族大学学报》（人文社会科学版）2008 年第 10 期，第 236 页。

④ 朱家溍：《养心殿史料辑览》，紫禁城出版社，2003，第 124 页。

璃厂获得一块光学玻璃"①。

这句话说得可能有点过分，第十三章曾提到 1731 年（雍正九年），皇帝曾一次就给造办处下达了制造"千里眼十五件"的任务②。另外，雍正皇帝还曾一而再地给造办处下达制造眼镜的命令，动辄上百副。

雍正皇帝重视制造眼镜，显然与他视力近视有关。他下令在紫禁城各个大殿及圆明园主要景点，都备上眼镜，又常用眼镜赏赐臣下，甚至下旨给宫中劳动的"泼灰人"赏赐眼镜，以保护眼睛不被石灰灼伤。故宫博物院研究者毛宪民先生在他的《宫廷眼镜研究与鉴赏》一文中对此做了详细的考证和说明。他称，雍正时代"眼镜无论在皇宫内廷，还是在圆明园等地均无处不在"③。虽然没有明确的史料记载，我们可以推测，这样大批量地生产眼镜，不可能是依靠进口玻璃镜片。最大的可能性，就是取自皇家御用玻璃厂所生产的光学玻璃。实际情况是，如王和平所考证，1732 年（雍正十年），雍正皇帝下令在原玻璃作之外，成立"眼镜作"，"并在当年承做了数十件各类质地的千里眼（望远镜）""显然，在雍正时期，光学玻璃的制作已从玻璃厂分离出来转由眼镜作承担，而玻璃厂则主要承担承做宫内所需的玻璃器了。"④ 王和平还注意到，"在雍正朝《造办处各作承做活计清档》中戴进贤的名字被记载在眼镜作而非玻璃作中，亦知戴氏对玻璃或光学玻璃的制作依然有关"⑤。

---

① 转引自〔美〕E. B. 库尔提斯《清朝的玻璃制造与耶稣会士：在蚕池口的作坊》，米辰峰译，《故宫博物院院刊》2003 年第 1 期，第 65 页。
② 毛宪民：《故宫片羽：故宫宫廷文物的研究与鉴赏》，文物出版社，2003，第 60 页。
③ 毛宪民：《故宫片羽：故宫宫廷文物的研究与鉴赏》，文物出版社，2003，第 87 页。
④ 王和平：《康熙朝御用玻璃厂考述》，《西南民族大学学报》（人文社会科学版）2008 年第 10 期，第 235 页。
⑤ 王和平：《康熙朝御用玻璃厂考述》，《西南民族大学学报》（人文社会科学版）2008 年第 10 期，第 236 页。

到了乾隆朝，情况又有所不同。1742 年，"汤执中和纪文在陪伴皇帝视察时，曾经提出改善玻璃制造的建议。当原来的熔窑不能适应熔化大量玻璃原料的时候，乾隆下令另建一个大熔窑"①。玻璃作的发展在这时达到了最高峰。但是皇帝的兴趣主要是在制造雕花玻璃和画珐琅玻璃等工艺礼品上，"其优雅和精美的程度足以与从法国和英国寄来的洋货相媲美"②，而对改进光学玻璃的制作似乎并无兴趣。和他的父亲不同，乾隆皇帝从不戴眼镜，他认为玻璃眼镜对人体有害。

在他写的好几首以眼镜为题的诗词中，反复强调了这个道理。如：

眼镜不见古，来自洋船径。

胜国一二见，今则其风盛。

玻璃者过燥，水晶温其性。

目或昏花者，戴之藉明映。

长年人实资，翻书辈几凭。

今四五十人，何亦用斯竞？

一用不可舍，舍则如瞽定。

我兹逮古稀，从弗此物凭。

虽艰悉蝇头，原可读《论》《孟》。

观袖珍逊昔，然斯亦何病？

絜矩悟明四，勿倒太阿柄③。（言一用眼镜，则不可舍，将被彼操其权也。）

---

① 〔美〕E.B. 库尔提斯：《清朝的玻璃制造与耶稣会士：在蚕池口的作坊》，米辰峰译，《故宫博物院院刊》2003 年第 1 期，第 66 页。

② 〔美〕E.B. 库尔提斯：《清朝的玻璃制造与耶稣会士：在蚕池口的作坊》，米辰峰译，《故宫博物院院刊》2003 年第 1 期，第 67 页。

③ 《清高宗（乾隆）御制诗四集》（卷七、八），载《景印文渊阁四库全书》（第 1308 册），上海古籍出版社，1987，第 560 页。

又有：

> 器有眼镜者，用助目昏备。
>
> 或以水晶成，或以玻璃制。
>
> 玻璃云害眼，水晶则无弊。
>
> 水晶贵难得，玻璃贱易致。
>
> 老年所必须，佩察秋毫细。
>
> 然我厌其为，至今未一试。
>
> 挥毫抚笺际，原可蝇头字。
>
> 抑更有进焉，絜矩具精义。
>
> 赖彼作斯明，斯明已有蔽。
>
> 敬告后来人，吾言宜深思①。

他在 88 岁高龄时还写了一首《戏题眼镜》的诗并短文。诗曰：

> 古稀过十还增八，眼镜人人献百方。
>
> 借物为明非善策，蝇头弗见究何妨？

诗后的短文写道："眼镜古无此物。自元明始来自西洋，今则其用浸广。有玻璃水晶二种。玻璃出于冶炼，不若水晶无火气为良。余向以其资人巧而失天真，从不用之。详见辛丑、辛亥旧作②。计辛丑做诗时，予年逾古稀。辛亥则已过八旬。今且将望九矣。虽目力较逊于前，然披阅章奏及一切文字，未尝稍懈。有以眼镜献者，究嫌其借物为明，仍屏而弗用。因戏成此诗示意，并以示岁月。"③

然而这位不但自己不用眼镜，也反复规劝其他人别用眼镜的乾隆

---

① 《清高宗（乾隆）御制诗四集》（卷二七），载《景印文渊阁四库全书》（第 1307 册），上海古籍出版社，1987，第 724 页。

② 辛丑，即 1781 年，乾隆四十六年，辛亥，即 1791 年，乾隆五十六年。——著者注

③ 《清高宗（乾隆）御制诗四集》（卷十八），载《景印文渊阁四库全书》（第 1311 册），上海古籍出版社，1987，第 777 页。

帝，他的儿孙——嘉庆、道光二帝，则是喜用眼镜的，并都有咏眼镜的诗词传世[①]。

虽然乾隆皇帝不用眼镜，但对其他玻璃制品如玻璃镜、玻璃盘等，都十分赞赏，就连最为普通的玻璃窗，也屡屡赞不绝口。有诗为证：

其一，《镜中灯》：

> 数尺玻璃镜，中含烛影横。
> 光凝千树焰，彩散一灯明。
> 圆相分来满，空花对处生。
> 扑蛾浑不用，剪烬笑难成。
> 乍似冰壶漾，还如水月盈。
> 若今长照物，莫彻玉堂檠[②]。

这里描写的似乎是个配有玻璃镜灯罩的照明设备，内燃蜡烛，由于玻璃镜的作用，造成了好像有众多蜡烛照明的效果。有玻璃灯罩的保护，灯蛾自然不能扑火；人们也不能像通常那样修剪灯花了。诗人将此器比做玲珑剔透的冰壶，河水中倒映的一轮满月。如果宫中使用了这种灯具，原来的照明灯就只有相形见绌了。

其二，《玻璃盘》：

> 棐几无尘屭揽平，玻璃盘子伴高清。
> 一般皎洁羞云母，四射光芒突水精。
> 巧质非缘周玉府（《周礼天官》：玉府合诸侯，则共珠盘
> 玉敦），嘉名讵数汉金茎。

---

① 毛宪民：《故宫片羽：故宫宫廷文物的研究与鉴赏》，文物出版社，2003，第95页。
② 《清高宗（乾隆）御制乐善堂诗集》（卷二十四），载《景印文渊阁四库全书》（第1300册），上海古籍出版社，1987，第483页。

几回拂拭澄如镜，静对冰心一片明①。

其三，《玻璃镜》：

斲檀紫翠蟠龙蛇，锦帘半揭文绣斜。

中含冰月无点瑕，水精云母羞精华。

西洋景风吹海舶，海门晓日摇波赤。

梯陵度索万里遥，价重京华等球璧。

虚明应物中何有，妍者自妍丑自丑。

匡床坐对寂万缘，我方与我周旋久②。

其四，《玻璃窗》：

西洋奇货无不有，玻璃皎洁修且厚。

小院轩窗面面开，细细风棂突纱牖。

内外洞达称我心，虚明映物随所受。

风霾日射浑不觉，几筵朗彻无尘垢。

溪畔高枝宿鸟飞，门前小径行人走。

秋添潇洒看阶菊，春回消息凭庭柳。

一径入望尽分明，万象为呈妍与丑。

依稀对镜延清赏，裁诗可似铭座右③。

此诗表达了对玻璃窗既透明又能阻挡灰尘等优越之处极尽赞赏的态度。但他在另一首题为《格物》的诗中对玻璃窗则取有褒有贬之意：

---

① 《清高宗（乾隆）御制乐善堂诗集》（卷二四），载《景印文渊阁四库全书》（第1300册），上海古籍出版社，1987，第483页。

② 《清高宗（乾隆）御制乐善堂诗集》（卷十五），载《景印文渊阁四库全书》（第1300册），上海古籍出版社，1987，第485页。

③ 《清高宗（乾隆）御制乐善堂诗集》（卷十五），载《景印文渊阁四库全书》（第1300册），上海古籍出版社，1987，第413页。

窗纸糊玻璃，内外胥相见。

及至呼而语，难闻如壁间。

移就隔纸言，详悉听弗乱。

乃悟玻璃厚，虽明障声唤。

纸纵糊以暗，质薄音传惯。

得视碍乎听，便听视艰遍。

取一兼欲二，人情似无厌。

与齿去其角，传翼凉足判。

理固宜若斯，陇得蜀莫羡①。

他认为玻璃窗虽有透明的优点，但其隔音，则是不好的；纸窗虽然光线较暗，但具有不隔音的好处。于是诗人引申出视听不能两得，取一不能得二，得陇不能望蜀的哲理。

乾隆一朝曾是宫廷御用玻璃厂的鼎盛时期，但是到了乾隆晚年，由于禁教而导致西洋工匠稀缺，宫廷玻璃作风光不再，日益走下坡路。1793 年（乾隆五十八年）随英使马嘎尔尼到访北京的一名英国医生在他的考察报告中写道："在传教士的指导下，从前北京建立过一个玻璃制造厂，现在被当局忽略了。"② 1829 年，在俄罗斯传教士海亚琴什的《北京概述》里提到，"曾经位于他们教堂附近的法国传教士兴办的玻璃厂已经不存在了"③。

宫廷玻璃作虽然渐渐被废弃了，但中国的玻璃制造业并没有就此止步，而是逐步形成了几个中心：北部的山东博山和南部的广州成为玻璃工艺品的制造中心；中部的苏州成为眼镜制造中心。

---

① 《清高宗（乾隆）御制诗四集》（卷四十六），载《景印文渊阁四库全书》（第 1305 册），上海古籍出版社，1987，第 56 页。

② 转引自〔美〕E. B. 库尔提斯《清朝的玻璃制造与耶稣会士：在蚕池口的作坊》，米辰峰译，《故宫博物院院刊》2003 年第 1 期，第 68 页。

③ 转引自〔美〕E. B. 库尔提斯《清朝的玻璃制造与耶稣会士：在蚕池口的作坊》，米辰峰译，《故宫博物院院刊》2003 年第 1 期，第 68 页。

　　有数据称，作为明清之际民间望远镜制造者孙云球的故乡的苏州，"到清代中后期，市郊的新郭发展为光学之乡""孙云球住过的虎丘堪称光学之镇"①，逐渐形成了发达的镜片磨制业和眼镜制造业。除了大众需求的眼镜之外，苏州的工匠还能制造如万花筒、六角西洋镜、"灯影洋画"等仿自西洋的几何光学用具，可惜没有找到关于制作望远镜的记载。

---

① 张橙华：《苏州光学史初探》，《物理》1986 年第 6 期，第 382 页。

第十五章 阮元和清代文人诗词中的望远镜

　　清代中期，除了宫廷热衷于望远镜之外，民间对此也很热衷。望远镜成了从西洋进口的热门商品之一。《厦门志》记载，乾隆年间，设于厦门的海关规定进口望远镜的关税为："千里镜每个例五钱（中二钱五、小五分）"，而"西洋眼镜百个例五钱"①。一架望远镜的关税为一副眼镜的十倍。

　　广州海关的税则规定："千里镜大者每一个、小者每四个"纳"税四钱""木小千里镜：每二十个比千里镜一个，每个四钱"② "小牛角千里镜：每十个比千里镜一个，每个四分"③ "洋珐琅带表小千里镜：每枝比千里镜三枝，每枝一两二钱"④。而且还规定，其他很多种进口货物的关税都比照千里镜的税率计算，如："风琴：每架大者比千里镜一个，小者二架比千里镜一个，每个四钱。"⑤ "铜日规：每二个比千里镜一个，每个四钱，""时辰标：比千里镜，每个四钱。"⑥ "玻璃球：大者比千里镜一个，小者二个比千里镜一个，每个四钱。银标钟：每个

---

① 周凯撰《厦门志》（道光十九年）（卷七），第24页。
② 梁廷枏撰《粤海关志》（卷九），广东人民出版社，2002，第176页。
③ 梁廷枏撰《粤海关志》（卷九），广东人民出版社，2002，第187页。
④ 梁廷枏撰《粤海关志》（卷九），广东人民出版社，2002，第191页。
⑤ 梁廷枏撰《粤海关志》（卷九），广东人民出版社，2002，第182页。
⑥ 梁廷枏撰《粤海关志》（卷九），广东人民出版社，2002，第183页。

比千里镜二个，每个四钱。大铜标：每个比千里镜一个，每个四钱。"①
"镶花石金标：每个比千里镜二个，每个四钱。""铜规矩：每四个比千
里镜一个，每个四钱。"②"镀金镶标玻璃圆手镜：每面比千里镜二枝，
每枝四钱。""小金亭镶标：每个比千里镜四枝，每枝四钱。""玻璃日
规：每个比千里镜一个，每个四钱。""镶水晶石架标：每个比千里镜
二个，每个四钱。""针金铜柱桌表：每个比千里镜二枝，每枝四钱。"
"挂金标金亭座：每个比千里镜四枝，每枝四钱。"③"洋瓷器酒杯嵌时
辰标：每个比千里镜二枝，每枝四钱。""嵌表镶料石牙扇：每把比千
里镜二枝，每枝四钱。""镶标珐琅洋小刀：每把比千里镜二枝，每枝
四钱。""镶料石嵌标洋刀：每个比千里镜二枝，每枝四钱。""金镶桃
式嵌表双开鼻烟壶：每个比千里镜二枝，每枝四钱。""粘金带表纱扇：
每把比千里镜二枝，每把八钱。"④ 等等。用普通千里镜作为其他进口
货物纳税的比照对象，这说明在当时望远镜已经成为进口数量比较多的
大宗商品了。

望远镜可以说是最容易被中国人接受和认知的西方科学仪器。当时
的很多官员、文人见到了望远镜后，都对它神奇的功效惊叹不已。很多
人在自己的笔记文章中记录了它，很多人以诗词来吟诵它，也有些人像
前面提及的李渔那样，把它写进了自己的文学作品。这些文字、诗词和
小说，又反过来进一步宣传了这一西洋"奇器"。

《清诗纪事》中收有一首丁耀亢写到望远镜的诗。丁耀亢（1599—
1669），生于明末万历年间，死于清初康熙八年，是一个屡屡落第的失
意文人，后以小说《续金瓶梅》而成名，《四库全书存目》中收有他的
诗集《丁野鹤诗抄》十卷。入清以后，他曾到位于宣武门的天主教堂
拜访过汤若望，参观了教堂中陈列的种种西洋奇器，归来吟诵了长诗

---

① 梁廷枏撰《粤海关志》（卷九），广东人民出版社，2002，第184页。
② 梁廷枏撰《粤海关志》（卷九），广东人民出版社，2002，第188页。
③ 梁廷枏撰《粤海关志》（卷九），广东人民出版社，2002，第189页。
④ 梁廷枏撰《粤海关志》（卷九），广东人民出版社，2002，第191页。

《同张尚书过天主堂访西儒汤道未太常》一首。诗中吟道：

鬈髭窈停①垂双耳，渡海东来八万里。

相传印度浮屠②外，别有宗门号天氏。

天氏称天人主教，自谓星辰手所造。

因缘亦与儒释通，不识天人原一道。

璇玑法历转铜轮③，西洋之镜移我神。

十里照见宫中树，毫发远近归瞳人。

亦有井中暗溜④巧，激而上注及东邻。

手握寸石能五色，照人炫惑皆失真。

钟依漏而自击，琴繁弦而自操。

造化虽小称绝巧，童年不识阴阳窍。

老人九十颜如丹，驼腰高鼻古衣冠。

汉书鸟译皆不识，此亦大道非波澜。

安得聃尼言化理，无用小技凿肺肝⑤。

其中"西洋之镜移我神。十里照见宫中树，毫发远近归瞳人"三句显然是形容望远镜的；"亦有井中暗溜巧，激而上注及东邻"说的是能够自动从井中提水的机械；"手握寸石能五色，照人眩惑皆失真"写的是能将白光折射成七色光的三棱镜；"钟依漏而自击，琴繁弦而自操"无疑是描写自鸣钟和铁弦琴。但是诗人认为西洋奇器虽然神奇，但毕竟是雕虫小技，比不上中国的儒、道学说。

徐乾学（1631—1694），于 1670 年（康熙九年）中探花，授编修，

---

① 窈停：深目高鼻貌。——著者注
② 印度浮屠：印度佛塔，指佛教。——著者注
③ 璇玑法历转铜轮：指西洋的天文仪器和历书。——著者注
④ 溜：流水的管道。——著者注
⑤ 钱仲联：《清诗纪事》，江苏古籍出版社，1987，第 2265 页。

曾任《明史》总裁官、《清会典》和《大清一统志》的副总裁。他的《西洋镜箱》二首，写的是使用望远镜观景的感受：

> 移将仙境入玻璃，万迭云山一笥携。
> 若说灵踪探未得，武陵烟霭正迷离。
>
> 乾坤万古一冰壶，水影天光总画图。
> 今夜休疑双镜里，从来春色正虚无①。

蕴端，康熙朝旗人，1684 年（康熙二十三年）曾封多罗勤郡王，后坐事夺爵，号红兰主人，擅长画山水、墨兰，著有《玉池诗稿》。他写了《西洋四镜诗》，分别吟诵了"千里镜"以及同样是应用了玻璃折射光线的原理而制成的"显微镜""火镜"和"多宝镜"。其中"千里镜"曰：

> 数片玻璃珍重裁，携来放眼云烟开。
> 远山逼近近山来，近山远山何嵬嵬！
> 州言九点亦不止，海岂一泓而已哉？
> 君不见，昔日壶公与市吏，壶中邂逅相嬉戏。
> 自从神术一相传，而后市吏能缩地。
> 斯言是真非是伪，今设此镜盖此意。君若不信从中视②。

所谓"壶公"，北魏郦道元《水经注·汝水》有曰："昔费长房为市吏，见王壶公悬壶于市，长房从之，因而自远，同入此壶，隐沦仙路。"相传"壶公"悬壶卖药于市，"不二价，治病皆愈"。他的壶"五升器大，变化为天地，中有日月，如世间，夜宿其内，自号'壶

---

①　钱仲联：《清诗纪事》，江苏古籍出版社，1987，第 2581 页。
②　钱仲联：《清诗纪事》，江苏古籍出版社，1987，第 3660 页。

天'"。蕴端诗中借用了此则典故，用中国古代传说形象地描写了用望远镜观物，所产生的"远山逼近近山来，近山远山何嵬嵬"的奇异效果。

又有"显微镜"诗曰：

> 一拳即是山，一勺即是水。
>
> 大鹏鹪鹩同羽翰，二禽各具生生理，小至鹪鹩亦不止。
>
> 更有蠛蠓来巢蚊莫知，人虽有目何能视。
>
> 何况目力不同科，离娄师旷二子是。
>
> 安得空青千万斛，均分世人令医其目来观此。
>
> 呜呼！圣人之言曰：莫显乎微，岂徒然而已！

蕴端描写显微镜，也是赞叹它的放大功能。称它能将鹪鹩小鸟看得与鲲鹏一样大，还有在蚊子身上作巢、蚊子居然都感觉不到的更小的虫子——蠛蠓。人们有目又如何能够看到！人的眼力各有不同，就像目力超群的离娄和听力极好的盲人师旷那样。"空青"是一味能医治眼目昏暗的中药。诗人感叹说，就像得到大量的"空青"这味药材一样，分给世人治好了眼睛，可以来观看这一微小的事物。圣人说过，"莫显乎微"，就是以小见大，有了这种显微镜，就有办法了！

蕴端的"火镜"诗，其实写的就是第九章中孙云球《镜史》中所提到的"焚香镜"。诗曰：

> 鸡声绝，明星灭，火轮飞上海犹热。
>
> 羲和①射光穿玻璃，
>
> 不学燧人钻木穴，一团龙脑炉中爇。

---

① 羲和：中国古代神话故事中的太阳神，后来尧时代的主管天文的官员羲氏、和氏也并称为羲和。——著者注

意思是说，天亮了，太阳升起来了，阳光穿过玻璃透镜，不用古人钻木取火，就能将香炉中的龙脑香点燃。

"多宝镜"诗，不仅描写了作者用"多宝镜"观人观物的感受，还因此悟出了一点人生哲理。诗曰：

> 有客携镜来，命我持镜视。一人当我前，便见二三四。
> 十人当我前，其数不胜记。济济皆衣冠，竟无丝毫异。
> 如蚁复如蜂，扬眉而吐气。去镜更一窥，余不知所逝。
> 眸子蔽一层，即莫辨真伪。今始觉其诈，此镜从此弃。
> 将此弃镜心，可以推而及万事①。

意思是说，有客人携一多宝镜来让我试看，面前一个人，就看成了好几个人，如有十人的话，就变成多得数不清了。而且都穿的是一样的服装。除去多宝镜再看，那些人就都没有了。诗人因此引申道，如果眼睛被什么东西遮挡了，就难辨真伪，为了不被欺诈，就应该除去一切类似多宝镜的东西。这个道理可以推而广之，适用于一切场合。

赵翼（1727—1814），1761 年（乾隆二十六年）中进士，授翰林院编修，是以撰写《二十二史札记》成名的史学家。他头脑比较开明，喜好西学。一日，赵翼下朝后到南堂参观，耶稣会士刘松龄、高慎思热情地接待了他。他欣赏了教堂的壁画、雕塑、管风琴，也领略到望远镜的神奇功效。随后他写了一文一诗，其中都提到了望远镜。

在《西洋千里镜及乐器》一文中，赵翼写道："天主堂在宣武门内，钦天监正西洋人刘松龄、高慎思等所居也。"他首先谈到天主堂的建筑结构与绘画，"堂之为屋圆而穹，如城门洞，而明爽异常。所供天主如美少年，名邪稣②，彼坌中人也。像绘于壁而突出，似离立不着壁

---

① 钱仲联：《清诗纪事》，江苏古籍出版社，1987，第 3660 页。
② 即耶稣。——著者注

者"，以中国人的眼光感受到西洋画法的立体感效果。接着他描写了位于教堂旁的观象台和望远镜等仪器，"堂之旁有观星台，列架以贮千里镜。镜以木为筒，长七、八尺，中空而嵌以玻璃，有一层者、两层者、三层者。余尝登其台，以镜视天，赤日中亦见星斗；视城外，则玉泉山宝塔近在咫尺间，砖缝亦历历可数。而玻璃之单层者，所照山河人物皆正；两层者悉倒，三层者则又正矣"①，对望远镜之奇妙表示赞叹。

他写的题为《同北墅漱田观西洋乐器》的长诗，虽然大部分篇幅描述的是管风琴，但也写到望远镜：

> 郊园散直②归，访奇番人宅。
>
> 中有虬须叟③，出门敬迓客。
>
> 来从大西洋，官授羲和④职。
>
> 年深习汉语，无烦舌人⑤译。
>
> 引登天主堂，有像绘素壁。
>
> 靓若姑射仙，科头⑥不冠帻。
>
> 云是彼周孔，崇奉自古昔。
>
> 再游观星台，爽垲上勿幂⑦。
>
> 玻璃千里镜，高指遥天碧。
>
> 日中可见斗⑧，象纬测晨夕⑨。

他在这首诗中还写道：

---

① 赵翼：《檐曝杂记》（卷二），上海古籍出版社，1982，第36页。

② 散直：下朝。——著者注

③ 虬须叟：指大胡子的老年人。——著者注

④ 羲和：古代传说中掌管天文的官吏羲氏、和氏。——著者注

⑤ 舌人：指翻译。——著者注

⑥ 科头：不戴巾帻。——著者注

⑦ 爽垲：地势高，且明亮。勿幂：没有顶盖，露天。——著者注

⑧ 斗：中国古代天文学命名的星宿之一。——著者注

⑨ 赵翼：《瓯北集》（卷七），上海古籍出版社，1997，第127页。

> 奇哉创物智，乃出自蛮貊。
>
> 始知天地大，到处有开辟。
>
> 人巧诚太纷，世眼休自窄。
>
> 域中多墟拘，儒外有物格①。

就是说，这么奇妙的西洋仪器（包括乐器），竟然出自中国以外的地方！这时我才知道天地是如此之大，到处都有新的发明创造。灵巧智慧的人实在是非常多的，不要把自己的眼光限制得过于狭窄。但是，中国的士人的眼界总是很拘谨，要知道除了儒学之外还有很多其他学问啊！

乾嘉诗人赵怀玉（1747—1823）也曾造访南堂，撰写了题为《游天主堂即事》的长诗。他在诗的开头写道：

> 峨峨番人居，车过常远眺。
>
> 今来城西隅，得径甫深造。
>
> 其徒肃将迎，先路为指导。
>
> 少憩揖而升，居然焕寝庙②
>
> ……
>
> 右筑观象台，仪器匠心造。
>
> 横镜曰千里，使人齐七曜③。
>
> 乃于窥天微，兼得缩地妙。
>
> 所惜昧禨祥④，但解推蚀眺。
>
> 或云利玛窦，始由胜国⑤到。

---

① 赵翼：《瓯北集》（卷七），上海古籍出版社，1997，第126~128页。
② 寝庙：住宅和庙宇。——著者注
③ 七曜：日、月及金、木、水、火、土五大行星。——著者注
④ 禨祥：指凶吉之兆。——著者注
⑤ 胜国：指前朝。——著者注

岂知贞观间，早有大秦号。

胎源出祆神，不外六科要①。

徒争象数末，讵析理义奥。

诗的意思是：洋人的住所高高耸立，我曾常常路过远眺。今天来到京城的西南角，对其作一深入的拜访。教堂里的教徒礼貌地迎接我，为我带路。稍事休息后，就起身参观他们的住所和教堂……。教堂的右边建造了观象台，陈列着精心制造的天文仪器。其中有千里镜，能够使人清楚地观察到日月星辰。不仅能看到天空微小的天体，还能使地上的物体由远变近。可惜的是他们不懂得预言凶吉的道理，只是能够推算日食、月食。有人说利玛窦在明朝时来华，其实早在贞观年间，就有大秦景教的称号了。天主教源自古代的祆教，再加上各种天文、历数等学问。他们致力于次要的学问，哪里懂得儒家学说的奥妙！

最后，他说，"吾儒通三才，本异索隐消。因疏专门业，致被遐方笑"②，也承认中国学者在一些专业知识方面的不足，以致遭到远来之人讥笑。

潘有度（1755—1820），其父潘启开创广东十三行中的头号商行——同文行，成为巨贾。1787 年（乾隆五十二年），潘有度继承父业担任同文行总商。潘有度学习西方的科学知识，喜欢和外国人讨论航海的问题，好收集当时"最佳的世界地图和海图"③。他喜欢读史吟诗，有儒商风度。他写下二十首《西洋杂咏》，以七言四句的"竹枝词"形式，加大量的自注文字反映了欧洲商人的风俗习惯、宗教信仰和科学技术的方方面面。其中谈到望远镜的有两首：

①　祆，是古代波斯地区信奉的一种拜火教。六科：指传教士们精通的数学、天文、历法等科学和音乐美术等知识。——著者注

②　钱仲联：《清诗纪事》，江苏古籍出版社，1987，第 6465 页。

③　蔡鸿生：《清代广州行商的西洋观：潘有度〈西洋杂咏〉评说》，《广东社会科学》2003 年第 1 期，第 71 页。

其一为第十二首：

> 万顷琉璃玉宇宽，镜澄千里幻中看，
> 朦胧夜半炊烟起，可是人家住广寒。

诗中所附自注曰："千里镜，最大者阔一尺长一丈，傍有小镜看月，照见月光约大数丈，形如圆球，周身明彻，有鱼鳞光，内有黑影。夜静，有人用大千里镜照见月中烟起，如炊烟。"

其二为第十九首：

> 术传星学管中窥，风定银河月满地。
> 忽吐光芒生两乳，圭形三尺最称奇。

诗中所附自注曰："夜用外洋观星镜，照见一星圭形，长三尺，头尾各穿一孔。"[1]

诗中描述了他用望远镜观测月球和银河的感受。但所谓的"阔一尺长一丈"的大型望远镜，肯定有夸张的成分；其所谓"一星圭形，长三尺"云云，与真正的天文科学相距甚远。

清代文人咏望远镜的诗词中，水平最高的要数阮元（见图15－1和图15－2）的《望远镜中望月歌》。

阮元（1764—1849），字伯元，江苏仪征人，乾隆年间的进士，先后在京师和地方任职，官至兵部、礼部、工部的侍郎，浙江、江西、河南的巡抚，湖广、两广及云贵的总督，晚年时拜体仁殿大学士，加太傅。他不仅精研经、史、诗文，也对天算、舆地等自然科学抱有浓厚的兴趣。他在任职封疆大吏期间，在地方提倡实学，尤其对孤独、清贫的

---

① 蔡鸿生：《清代广州行商的西洋观：潘有度〈西洋杂咏〉评说》，《广东社会科学》2003 年第 1 期，第 76 页。

图 15 – 1　阮元画像

图 15 – 2　位于杭州邗江区槐泗镇
永胜村的阮元墓

民间自然科学研究者们给予特殊的关照。他将这些民间学者招募进他的
幕府，使他们衣食无忧，从而可以专注科学研究。据考，先后在他幕府
游学的学人竟多达 120 余人。他还筹款为这些"草根学者"出版学术
著作，同时也组织他们编辑、翻刻了不少古代的科学专著。阮元通过交
友、办学、编书、聘幕，团结了一批民间科学家。在他的周围"形成
了一个具有以钻研自然科学、追求新知为重要特色的学术流派"。这一
群体"是中国历史上第一个具有近代意识的自然科学家群体"①。其中
包括数学家李锐、汪莱、焦循、凌廷堪②等，也包括第十七章我们即将
提到的光学家邹伯奇。他还牵头组织写作班子，撰写了中国第一部纪传
体的自然科学通史——《畴人传》，为中国历史上 262 名科学家立传。
该书中也包括 40 名西洋科学家和在传播西方科学方面做出贡献的传教
士③。这些中国科学家在以往的正统史书中往往是名不见经传的。

　　阮元对西学取比较开放的态度，他主张"网罗古今，善善从长；
融会中西，归于一是"。在《畴人传》中，他对徐光启、李之藻、李天

---

①　颜广文：《论阮元在中国近代自然科学史中的地位及作用》，《广东社会科学》2003
　　年第 4 期，第 54 页。
②　凌廷堪（1755—1809），字次仲，安徽歙县人，对历算、古今疆域沿革、音律皆能通
　　达，曾参与编纂《四库全书》。
③　曾学文：《中国古代科技史巨著〈畴人传〉》，《文史知识》2007 年第 12 期。

经、王锡阐、梅文鼎等科学家在吸收西学的成就方面一律给予很高的评价，称他们"择取西说之长而去其短"①"贯通西学""足以见中西之会通，而补古今之缺略者"②，等等。然而阮元又是康熙皇帝所主张的"西学中源"的重要鼓吹者之一，与明末徐光启等比较，应该说是退步了。然而"西学中源"的观点虽然不正确，对中国学者更为积极吸收西方的科学有不利的影响，却也同时有消弱和化解顽固保守派的抗拒情绪的作用。这是康熙、阮元、梅文鼎等"西学中源"倡导者的局限性。

阮元的诗集中有关描写西洋奇器的有多首，如《御试赋得眼镜》《大西洋铜镫》等，但分量最重的要数题为《望远镜中望月歌》的长诗。该诗曰：

> 天球地球同一圆，风刚气劲成盘旋。
> 阴冰阳火割向背，惟仗日轮相近天。
> 别有一球名曰月，影借日光作盈阙。
> 广寒玉兔尽空谈，搔首问天此何物？
> 吾思此亦地球耳，暗者为山明为水。
> 舟楫应行大海中，人民也在千山里。
> 昼夜当分十五日，我见月食彼日食。
> 若从月里望地球，也成明月金波色。
> 邹衍善谈且勿空，吾有五尺窥天筒。
> 能见月光深浅白，能见日光不射红。
> 见月不似寻常小，平处如波高处岛。
> 许多泡影生魄边，大珠小珠光皎皎。
> 月中人性当清灵，也看恒星同五星。
> 也有畴人好子弟，抽镜窥吾明月形。

---

① 阮元：《畴人传》（卷三十四），上册，商务印书馆，1935，第446页。
② 阮元：《畴人传》（卷三十八），下册，商务印书馆，1935，第483页。

相窥彼此不相见，同是团圞光一片。

彼此镜子若更精，吴刚竟可窥吾面。

吾与吴刚隔两州，海波尽处谁能舟？

羲和敲日照双月，分出大小玻璃球。

吾从四十万里外，多加明月三分秋。

诗后附小注曰："地球大于月球四倍，地月相距四十八万余里。"①

诗人称"吾有五尺窥天筒"。他说，望远镜有很好的放大功能，使月亮看起来比肉眼看时大了很多倍，还能看到"许多泡影生魄边"，即看到月球上的环形山。同时望远镜也能够遮挡太阳过于耀眼的光芒。他明确地说，"广寒玉兔尽空谈"，而将月球看做是另一个地球，也有高山、大海、舟楫和人民，月球上的天文学家，也在用望远镜在观测地球。甚至说，如果望远镜功能更高的话，月球上的吴刚就能看清楚我的面容了。他的小注说，地球大月球四倍，如果是指直径的话基本上是正确的（现代数据：地球直径为 12700 公里，月球直径为 3476 公里）。但说地月相距 48 万公里则相差较大（现代资料为 384400 公里）。当然，这些数据都不可能是他自己计算的，应该是来自来华传教士的介绍。

除了诗歌之外，清中后期的小说《老残游记》《泣血亭》《官场现形记》和《红楼梦》中都提到了望远镜。更可笑的是，出自说书人口头创作的反映明朝甚至宋朝故事的，如《七剑十三侠》《三侠五义》《小五义》《荡寇志》等章回小说中，都有望远镜出场。可见望远镜这种西洋奇器，不仅在当时的文人间，而且在书馆茶楼中都已经有了广泛的认知度。

清代中后期文人官员在其文集、笔记中谈到望远镜的更为普遍。如：

陈其元《庸闲斋笔记》中列有《泰西测量法》一节，记道："泰西

---

① 钱仲联：《清诗纪事》，江苏古籍出版社，1987，第 6702 页。

各国最喜测量之法，专门名家父死子继，不精其技不已，其用志极为专一。每以极好千里镜测月，谓月中有山，有川，有海，兼有火山三座，独不能见人物。盖彼以月亦为地球也。其说以我所处之地球，亦是天内一星，凡天内之百千万亿星，皆地球也；金、木五星，亦一地球，人强名之金、木、水、火、土耳，彼地球中人不知此名也。月之地球与我处之地球最为近，故可以镜测之。"①

---

①　陈其元：《庸闲斋笔记》（卷六），中华书局，1989，第71页。

第十六章 18～19世纪望远镜在欧洲的发展

在本书的第十二章，我们讨论过由于玻璃透镜存在着"球面像差"和"色差"的致命缺陷，在17世纪，无论是折射望远镜还是反射望远镜，在提高放大倍数，以便观测到更加遥远的星空时，都遇到了难以克服的发展瓶颈，以致在一场观天擂台赛中望远镜居然输给了肉眼。

然而尽管如此，欧洲望远镜的研究者和发明家并没有止步不前，他们以不同的方式和途径孜孜不倦、百折不回地试验和改进，以求造出具有更强大功能的望远镜，探索宇宙更深层次的奥秘。

一 制造大型反射式望远镜

也是在第十二章中，笔者介绍过牛顿等发明的三种类型的反射式望远镜，提到以用光洁金属制作的凹透镜为主制造的反射式望远镜，可以避免玻璃透镜的致命缺陷——"球面像差"和"色差"。但当时的反射式望远镜还太小，在观测遥远星空时显现不出明显的优越性。于是，科学家把目标转向制造大型的反射式望远镜。其中成就最为显赫的是英国天文学家威廉·赫歇尔（见图16-1）。

赫歇尔出生于德国的一个乐师家庭，20多岁时来到英国。当时他白天的工作是音乐，天文学只是他的业余爱好。但是渐渐地，他迷上了制造望远镜和使用望远镜观测星空。1744年他在妹妹卡罗琳·赫歇尔的协助下，制造出了自己的第一架望远镜，随后就一发不可收拾，连续造了三架望远镜，口径和放大倍数也一个比一个大。1781年，他用自己制造的望远镜发现了太阳系的一个新行星——天王星，一举名利双收，成为英国皇家学会会员，还受到英王的褒奖。于是他决心制造物镜口径达91厘米的大型望远镜。在克服了重重困难取得成功之后，他又更上一层楼，于1789年制造出了一架口径达122厘米的超大型望远镜（见图16-2）。这个超大的家伙被倾斜地安放在高达15米的木架上，"远远看上去它就像一尊指向天空的巨型大炮，人们干脆戏称它为'赫歇尔大炮'。这架'大炮'是赫歇尔一生制造的最大的望远镜，也是当时世界上最大的望远镜"[1]。

图 16-1 赫歇尔

图 16-2 被称为"赫歇尔大炮"的
超大望远镜

---

① 温学诗、吴心基：《观天巨眼：天文望远镜的400年》，商务印书馆，2008，第49页。

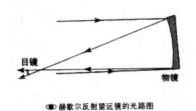

●赫歇尔反射望远镜的光路图

**图 16 - 3　赫歇尔反射望远镜的
光路图**

赫歇尔制造的反射式望远镜和以往任何一种反射式望远镜都不同，"他使主镜倾斜，这样不需要副镜的反射，主镜直接把汇聚的光束送到靠近前方镜筒口的焦点处。这样一来，省去了牛顿式的平面副镜，提高了聚光效率"①（见图16-3）。这种独特的望远镜被称做"赫歇尔式望远镜"。但它也有不方便之处，即必须爬到高高的物镜口边上，才能俯视到物象，观测者不仅要忍受冬寒夏暑之苦，一不小心还会摔下来。赫歇尔和他的儿子约翰·赫歇尔两代天文学家，就是借助这种具有空前放大能力的超大型望远镜，将被以往科学家称作"星云"和"星团"的天体放大，从而发现了数以千计的原来未被认识的恒星，开创了人类认识银河的伟大成就。

自从赫歇尔靠着超大望远镜取得令人羡慕的发现之后，这种"巨无霸"就受到了很多科学家的青睐，因此也就有更多的"大炮"相继问世。如图16-4和图16-5所示的两幅图片，是《剑桥插图天文学史》中刊载的爱尔兰贵族罗斯分别在1839年和1845年制造的物镜口径为91厘米和184厘米的超大型望远镜②。图16-5所示的这架物镜口径为184厘米的望远镜被称为"巨型海兽"和"罗斯城堡"。

罗斯对赫歇尔的望远镜进行了改革，他认为"赫歇尔倾斜式安置反射镜，观测者在镜筒口处观测时会使星象的明晰度受到影响，并且人体的体温会在周围的冷空气中形成暖空气流，从而影响大气的宁静度，造成了光线的不稳定。因此，罗斯的望远镜采用的是牛顿式"③。

---

① 温学诗、吴心基：《观天巨眼：天文望远镜的400年》，商务印书馆，2008，第50页。
② 〔英〕米歇尔·霍斯金：《剑桥插图天文学史》，江晓原等译，山东画报出版社，2003，第240~241页。
③ 温学诗、吴心基：《观天巨眼：天文望远镜的400年》，商务印书馆，2008，第58页。

图 16－4　物镜口径为 91 厘米　　　图 16－5　物镜口径为 184 厘米
　　　　的超大型望远镜　　　　　　　　　　的超大型望远镜

不久，这种超大型望远镜便接二连三地出现在美国大地上。

超大型的金属镜面的反射式望远镜在显示出巨大优越性的同时，也不可避免地存在一些严重的缺陷。凹面的金属镜很重，价格昂贵，容易腐蚀，而且随环境温度的变化还会发生变形。于是人们又想到了玻璃。玻璃的重量相对轻一些，价格相对便宜，耐腐蚀，比金属更容易磨制成型，经抛光后可以变得非常光洁。能不能用透明的玻璃制成反射镜呢？科学家们经过不懈的探索，"发明了在玻璃上镀银的方法。沉积在玻璃上的银膜很牢固，可以轻轻地抛光，从而可以高效地反射光线"①。当时的很多科学家因此预见到了反射式望远镜更加广阔的发展前景。后来，镀铝的技术又取代了镀银，进一步增强了光线反射的能力。

二　将多面不同成分的玻璃透镜组合使用，以克服"球面像差"和"色差"

与牛顿所认为的"用玻璃透镜所制造的折射式望远镜不可能克服

①　卞毓麟：《追星：关于天文、历史、艺术与宗教的传奇》，上海文化出版社，2007，第 135 页。

色差"的观点不同，一名叫做霍尔（Chester Moor Hall，1703—1771）的英国人发现，通过把两种具有不同折射性质的玻璃镜片组合起来，可以制造出消色差的玻璃透镜。

行文至此，需要简单地回顾一下英国玻璃制造业的发展。据《玻璃的世界》的作者所言，"16世纪后，玻璃的历史是一部逐渐北移的历史，到了17世纪末英国已经成为世界上最先进的玻璃产地。英国曾经是一个相对落后的地区，但是欧洲大陆天主教反宗教改革运动中身怀玻璃技术的难民荟萃英国，使之大受裨益。于是，改良的技术和知识馈入了英国的玻璃工厂"；另一方面，始于17世纪初叶的木材短缺和英国采煤工业的发展，导致了又一个变革，即"英国的玻璃熔炉开始使用煤"①。烧煤既提高了熔炉的温度，又降低了成本，进而促使英国人开发出了一种被称为"英国对玻璃生产工艺做出了一项最大贡献"②的铅玻璃——"火石玻璃"。"它具有不同于威尼斯玻璃的折旋光性能，人们利用它做部件，导致了18世纪高倍望远镜的产生。"③

霍尔就是独具慧眼，认识到火石玻璃特殊作用的第一人。他发现"火石玻璃的色散本领显著地超过冕牌玻璃，便用冕牌玻璃做凸透镜，用火石玻璃做凹透镜，并且将两块透镜设计得正好能够拼在一起（见图16-6）。这种复合透镜就像一个凸透镜那样，能够使光线聚焦，同时它又能在很大程度上消除色差"④。所谓"火石玻璃"是一种因含氧化铅成分比较高而折射率较大的玻璃；所谓"冕牌玻璃"，是一种因含10%的氧化钾而折射率较小的玻璃。

---

① 〔英〕麦克法兰、马丁：《玻璃的世界》，管可秾译，商务印书馆，2003，第26页。
② 〔英〕麦克法兰、马丁：《玻璃的世界》，管可秾译，商务印书馆，2003，第27页。
③ 〔英〕麦克法兰、马丁：《玻璃的世界》，管可秾译，商务印书馆，2003，第28页。
④ 卞毓麟：《追星：关于天文、历史、艺术与宗教的传奇》，上海文化出版社，2007，第109页。

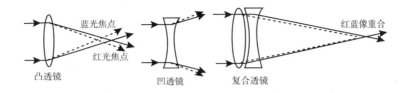

图 16 - 6 不同成分的两种玻璃所组合的消色差透镜原理示意图

资料来源：卞毓麟：《追星：关于天文、历史、艺术与宗教的传奇》，上海文化出版社，2007，第109页。

霍尔虽然有了好的创意和设计，然而作为一名职业律师的他，却不精于磨制玻璃镜片。1733年，他不得不将磨制玻璃透镜的订单交给专业的制镜厂商。为了保守秘密起见，他将磨制他的火石玻璃透镜和冕牌玻璃透镜的工作分别交给两家不同的厂商。可是无巧不成书，碰巧这两家厂商都因业务太忙，而将霍尔的生意再次转包，又碰巧都转包给了同一个厂家。这家厂商细心的老板乔治·巴斯（George Bass）发现了霍尔的秘密。伦敦光学仪器

图 16 - 7 多朗德像

商的领袖——约翰·多朗德（John Dollond，1706—1761，见图16 - 7）得到这一消息后，"对此作了透彻的研究，并且奠定了消色差透镜的理论基础。1757年，他用冕牌玻璃和火石玻璃造出了自己的消色差透镜""并且获得了制造消色差透镜的专利"[①]。但是他在专利申请时，只字未提最初提出这个超凡创意的霍尔。

---

① 卞毓麟：《追星：关于天文、历史、艺术与宗教的传奇》，上海文化出版社，2007，第110页。

多朗德因此名利双收，成为英国皇家学会的会员，还被任命为英王乔治三世的眼镜制造师。1761年老多朗德去世后，他的儿子彼得·多朗德（Peter Dollond）继承了该项事业，"又发明了一种性能更好的消色差透镜。它由3块透镜组合而成：一块凹透镜夹在两块凸透镜之间"①。另外首先使用消色差透镜制造折射式望远镜的也是他们父子俩，以及家族的另一位成员——老多朗德的女婿。"从那以后，多朗德的'消色差望远镜'就成了天文观测者和业余天文爱好者热购的物件了。"②

图16-8 多朗德消色差
望远镜

图16-8即是刊载在《剑桥插图天文学史》中的多朗德消色差望远镜。该书中介绍说，其"焦距长3又1/2英尺，口径为3又3/4英寸。镜筒和支架都是桃花心木制成的，'寻星镜'（安装在镜筒旁的一个低倍数望远镜，通过它使主望远镜指向所需要指的方向）是黄铜做的。'缓动'螺杆使得观测者能够使望远镜随着天球的旋转而追踪其所观测的天体"③。无疑这是一架精品望远镜。

这种通过不同折射率和不同色散的玻璃透镜组合成消色差玻璃透镜的

① 卞毓麟：《追星：关于天文、历史、艺术与宗教的传奇》，上海文化出版社，2007，第110页。

② 〔英〕米歇尔·霍斯金：《剑桥插图天文学史》，江晓原等译，山东画报出版社，2003，第143页。

③ 〔英〕米歇尔·霍斯金：《剑桥插图天文学史》，江晓原等译，山东画报出版社，2003，第191页。

方法，直至今日还在使用。现代的照相机、小型望远镜都在使用这种技术。

实际上在霍尔的发现之前，荷兰著名的科学家惠更斯也做过多透镜组合的尝试。他的名字，在本书第十二章中已经提到，他当时制造了一架长达123英尺的超长的折射式望远镜。显然这种超长的望远镜极其难以操作。为了使不太长的望远镜也能提高观测效果，他对目镜进行了改进。1703年，他设计出一种由两片同样成分的玻璃透镜组成的组合目镜。这种被称为"惠更斯目镜"的组合目镜由两片平凸透镜组成，靠近眼睛的镜片称"接目镜"，位于接目镜和物镜之间的镜片称"场镜"。"场镜"的焦距是"接目镜"焦距的2～3倍，两镜片的凸面都朝向物镜一方，之间的距离为两片镜片焦距之和的一半。根据专家研究，惠更斯目镜"能消除放大率色差，而不能消除纵向色差"①，也就是说，它在消除色差方面取得的进步是有限的。它只是在小型折射式望远镜和显微镜中得到应用②，并且现在也已经过时了。

但是，惠更斯提出的组合式目镜的独特创意启发了很多科学家，再加上霍尔、多朗德用不同成分的玻璃透镜组合使用可以改善望远镜性能的发明取得的成功，更推动了科学家们在这方面进行多方探索。于是，一系列由不同成分的玻璃透镜、以不同的方式和结构组合的目镜，相继涌现出来了。

冉斯登目镜发明于1783年；凯尔纳目镜发明于1849年；不久美国人对凯尔纳目镜进行了改进，就有了RKE目镜；普罗素目镜是1860年发明的；阿贝无畸变目镜由德国蔡斯公司的创始人之一阿贝于1880年发明，至今还在使用；爱勒弗广角目镜于1917年研制成功，是广角镜的鼻祖（见图16－9）③。本书无须详细介绍这每一种目镜的优缺点和结构原理。列举它们是为了说明，在发生了科技革命和产业革命之后的

---

① 卢美枝：《惠更斯目镜与色差之我见》，《科教文汇》2009年第6期，第269页。
② 引自"牧夫天文网"，《天文望远镜的目镜种类与结构》。
③ 引自"牧夫天文网"，《天文望远镜的目镜种类与结构》。

欧洲各国，仅仅在望远镜目镜这一小小的领域就爆发出怎样蓬勃的创造力。

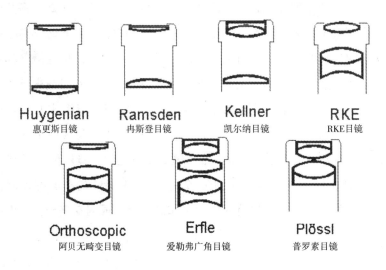

图 16 - 9　不同类型的望远镜目镜

三　望远镜自动跟踪系统

在赫歇尔和罗斯等热衷于制造超大型望远镜的同时，一名德国科学家夫琅和费（Joseph von Fraunhofer，1787—1826）另辟蹊径，在改进中型望远镜的操作系统上取得重大发明。1817 年他磨制了一块24 厘米直径的优质玻璃透镜，制作了一架性能良好的折射式望远镜。望远镜"装在一根可以上下移动的轴上，这根轴又装在一个可以在水平方向任意转动的轮子上，因此它使用起来非常方便灵活，不需要像赫歇尔的'大炮'那样要几名壮汉通过滑轮帮助运作，而只需用手轻轻一推便可以调节到任何需要的位置"[①]。最为与众不同的是，

---

① 温学诗、吴心基：《观天巨眼：天文望远镜的 400 年》，商务印书馆，2008，第55 页。

夫琅和费为望远镜安装了一套自动跟踪系统。他"将望远镜上下调节到一定的赤纬以后固定住，然后利用钟表的机械装置带动望远镜非常缓慢地移动，移动的速度恰好与地球的自转速度相同、方向相反，这样就可以长时间保持望远镜始终对准同一个目标了"。这种自动跟踪系统无疑为观测者带来极大的方便。他的发明成为"现代望远镜上用来跟踪天体周日运动的机械装置转仪钟的雏形"①。夫琅和费最重要的贡献还不是此项发明，他发明了观测天体光谱的"分光镜"，为人类探知天体物质的奥秘提供了最为有利的武器。当然这不在本书谈论的范围之内。

综上所述，欧洲各国的发明家在望远镜制造和改进上"八仙过海，各显其能"，相继取得骄人成绩。这从一个窗口，反映出17～18世纪欧洲所经历的引领现代科学突飞猛进发展的"科学革命"时代。

这一在欧洲历史上书写了浓重笔墨的"科学革命"并不是偶然发生的。古代希腊的传统为它播下了理性与科学的种子。经过了漫长的中世纪寒冬之后，受到"文艺复兴运动"春天般的阳光和雨露的滋润，这些种子又焕发了新的生命，其萌芽成长了起来。到了18世纪，一方面以英国为领头羊的"产业革命"如火如荼地发展起来，极大地促进了科学的进步。从上述欧洲望远镜改进的粗略介绍中，我们不难感受到英国的发明家（包括职业科学家、工匠和商人）所起到的首屈一指的作用。另一方面，随着产业的发展，欧洲进入了一个民族国家形成和兴起的历史时期。与其相适应的，是各个民族国家之间竞争的日趋激烈。国家实力的竞争，取决于科学技术的竞争。因此除了英国之外，法国、俄国、德国等国的统治者也无不大力倡导科学和教育事业。

早在17世纪中后期，欧洲各国就纷纷建立起皇家科学院和国家

---

① 温学诗、吴心基：《观天巨眼：天文望远镜的400年》，商务印书馆，2008，第55页。

天文台，1660 年英国成立"伦敦皇家自然知识促进学会"，简称"皇家学会"（见图16-10），并得到英王查理二世颁发的许可证。它实际上就是英国的国家科学院。其会员一开始就有 100 多人，17 世纪 70 年代更发展到 200 多人。从 1666 年年底开始，以柯尔贝尔为首的一批法国学者定期举行学术会议，1699 年法王路易十四正式确定其为法国皇家科学院。1724 年，俄国彼得大帝下令成立彼得堡科学院，他还延揽了不少外国科学家加入。当时尚未建立统一民族国家的德国，在德国哲学家、数学家莱布尼茨的推动下，也于 1700 年创建了普鲁士科学院。

差不多与此同时，各国还相继建立起国家天文台（见图 16-11~图16-13）。1667 年始建的法国巴黎天文台于 1671 年竣工，意大利天文学教授卡西尼被任命为第一任总监。前面谈到，他也是路易十四时代向中国派遣耶稣会传教士的首倡者之一。1673 年为了满足当时英国商船航海确定经度的需要，查理二世下令创建格林威治天文台。1711 年，德国国家天文台的雏形出现在柏林，1825 年，国王威廉三世正式任命了国家天文台台长，并建造了新的台址。到了 18 世纪，这些国家级的科学院和天文台都成为聚集民族科学精英的渊薮，不仅孕育出一批又一批科学发明与创造的累累硕果，而且营造出全社会崇尚科学的氛围，激励年轻人在"名利双收"的强烈诱导下，投身于科学事业。

图 16-10　创建于 1660 年的伦敦
英国皇家学会

图 16-11　建于 1673 年的格林
威治天文台

图 16 - 12 1838 年的柏林天文台   图 16 - 13 1848 年西班牙马德里天文台

此外，教育、特别是在科学研究和技术发明方面独领风骚的大学教育得到了长足的发展。早在 1150 年第一所大学——波伦亚大学在意大利创建之后，欧洲各国就相继创建了一批最早的大学。开始时，大学课程中神学、拉丁文文法占了很大的比重，自然科学的比重很小，但后来就发生了变化，数学、天文学等自然科学越来越得到重视，"无疑，大学中产生了一些极有造诣的天文学家"①。后来发生的"文艺复兴运动"，促进大学实现了脱胎换骨的改造，使之逐渐冲破了宗教神学的桎梏，传播人文主义思想，特别是数目可观的科学家在大学中从事研究和教学，极大地推动了自然科学的发展（尤其是在天文学领域，很多大学都建立了自己的天文台）。大学的兴起和日渐普及，不仅仅培养了一批优秀的职业科学家，也提高了全民的科学素质，特别是培养出一批与以往不同的优秀的工匠。从上述望远镜简史中，我们也看到，很多建立了卓越功勋者，开始时并非职业科学家。

总之，这一切促使欧洲各国的科学研究、技术革新的氛围空前浓厚，从事天文学、光学乃至望远镜研究的专业和非专业人士的数量大大增加。正是由于群体的不懈探索，才使望远镜取得了令人可喜的改进。

---

① 〔美〕戴维·林德伯格：《西方科学的起源：公元前六百年至公元一千四百五十年宗教、哲学和社会建制大背景下的欧洲科学传统》，王珺等译，中国对外翻译出版公司，2001，第 219 页。

20 世纪之后,随着射电技术的发展,欧洲的望远镜技术又发生了质的飞跃,人类探索世界的本领又有了长足的进步。但那也不是本书需要涉及的内容了。

本书进一步要关注的问题是,在 18 世纪前后,当欧洲的望远镜取得突飞猛进的发展的时候,中国的情况是怎样的。

第十七章 清代中晚期的光学研究者
——郑复光和邹伯奇

当光学理论的创新和望远镜的改进工作，经欧洲各国及美国的科学家不懈的努力而取得突飞猛进的发展的同时，它们在中国则是脚步艰难地踯躅前行着。

1713 年（康熙五十二年）在法国传教士白晋和张诚的建议下，康熙皇帝在畅春园建立了首个学术机构"蒙养斋"，由三皇子胤祉等几位皇子负责。它没有成为白晋所设想的国家科学院，而仅仅成为一所教授数学等科学知识的学校和编纂《数理精蕴》的书局。然而在蒙养斋里，由来华传教士授课，也确实培养了一批具有科学专长的人才，如梅毂成、何国宗、明安图等，他们也确实在科学上做出过令人瞩目的贡献。当康熙皇帝谢世后，雍正皇帝登基。本来并不热衷皇位争夺、一心专于学术的胤祉，还是被政治斗争所牵连，被发配去为父皇守灵。于是曾经兴旺一时的蒙养斋也就销声匿迹了（见图 17 – 1）。

由于自康熙晚期罗马教宗推行歧视中国礼仪的政策，也由于中国统治者逐渐认识到天主教与中国政治制度和传统观念的深刻矛盾，预感到其对中国的威胁，因此从雍正朝开始，经乾隆、嘉庆、道光各朝，中国朝廷实行了越来越严厉的禁教政策。1773 年（乾隆三十八年），罗马教宗宣布，将曾经成功地在中国开教，从而同时也卓有成效地传播了东西方文化的天主教耶稣会解散。由于这多方面的因素，自明末利玛窦以来

图 17-1　昔日蒙养斋的旧址如今成了北京香山公园中的蒙养园宾馆

充当知识传播者的来华传教士就越来越少，以致基本禁绝了。其结果是：欧洲科学的新进展、新成就再也无从进入中国了。

虽然中国各地并不乏从事高等教育的书院，但"格物致知"一类的自然科学却始终不能登上大雅之堂。中国的第一所类似欧洲大学的那种综合性大学，是直到 1898 年才成立的"京师大学堂"。1607 年由利玛窦和徐光启共同翻译出版了《几何原本》的前六卷。当时徐光启曾提出一鼓作气将全书十五卷译出。利玛窦则说，先将前六卷刻印出版，看看反应，假如人们普遍认为有用，再继续翻译不迟。不幸果然被利公言中，《几何原本》虽然在中国的学术界产生了不凡的反响，但一直没有促使人们将全书译完。包括十五卷的《几何原本》全译本一直延迟到 260 年之后，才于 1866 年由李善兰和英国传教士伟烈亚力翻译出版。

于是，因明末清初欧洲传教士来华而掀起的"西学东渐"之风，渐渐地趋于平息。中国与世界、与欧洲如火如荼的"科技革命"，最终失之交臂。

尽管如此，在 19 世纪初至鸦片战争前，在光学领域，中国也涌现出了两位很了不起的民间学者。他们仅仅借助汤若望、南怀仁、戴进贤等来华传教士一二百年前带来的并不系统充分的且早已过时的光学知识，经过自身所做的试验，当然也不排除对外国进口的望远镜等光学仪器样品的研究，撰写了中国人自己的光学著作，探索着制造望远镜等光学仪器的方法。他们是郑复光和邹伯奇。中国光学史和望远镜发展史应该记住他们的名字。

郑复光（1780—1853），字符甫、浣香，安徽歙县人。

前文中曾经提到，明清以降，在长江中下游特别是苏杭一带，长期活跃着一个熟悉西学的知识分子群体。郑复光所生活的时代亦是如此。当时的安徽不仅是富敌海内的徽商的老家，也有深厚的文化渊源。明末有"桐城派"文人异军崛起，后有接受西学著有《物理小识》的方以智（1611—1671）和精研数学天文的梅文鼎（1633—1721）。郑复光的好友——当时以研究农学著称的包世臣在为郑复光的《费隐与知录》所撰写的序言中写道："近世盛行西法，自乾隆之季迄今，以算学知名者十数。"他提到了他与郑复光共同的好友歙县人汪莱和吴县人李锐二人，称"尝招集于秦淮水榭，二君各言中西得失之故"①，且经常辩论得不可开交。汪莱著有数学专著《衡斋算学》；李锐则不仅工于数学，还是阮元《畴人传》的主要撰稿人。当时这一群体中还有张敦仁（1755—1833，数学家）、焦循（1765—1814，天文学家和数学家）、程恩泽（1785—1837，精于天文、地理）、张穆（1808—1849，地理学家）、丁守存②（1812—1886，近代科技专家）等。

---

① 包世臣：《费隐与知录·序》，载戴念祖主编《中国科学技术典籍通汇物理卷》（第一册），河南教育出版社，第 819 页。

② 丁守存（1812—1886），洋务派代表，军事科学家，著有《西洋自来火铳制法》《计覆用地雷法》等书。——著者注

郑复光就是在这样的文化土壤上成长起来的。他早年师从著名学者吴熔，受到徽州一代盛行的钱嘉学派戴震①"皖派"后学的影响。他崇尚经世致用，淡于功名利禄，"独好几何，治之甚精""推究物理，崇尚实学"②，终身以做家庭教师和幕僚维持生计，同时潜心研究科学，博览群书，兼收西学，尤其在数学和光学领域，业有专攻。他"性沉默，不欲多上人"，且"能通西法""与汪君同里，李君亦所朝夕，而名则远逊"③。郑复光不满足于纸上论道，经常亲自动手制作有利民生的器具。张穆在为《镜镜詅痴》所写的序中，说他"善制器，而测天之仪、脉水之车，尤切民用"④，称他为"天下奇才"。郑复光一生游历了广东、湖州、扬州、苏州、江西、云南、山西、陕西、甘肃等地。其中的扬州，是安徽盐商大贾聚居之地，也是当时全国重要的文化中心之一。在那里他与上述爱好"历算格致"的名流学士交往甚笃，常常一起切磋学问。郑复光也多次进入都城北京，"先后与天算名家罗士琳、冯桂芬等一同上观象台实地考察和了解窥筒远镜等一些天文仪器的装置与使用情况"⑤。

"位卑不敢忘忧国"，郑复光虽然未入官场，但报国之心拳拳，很想将自己的发明创造用于保家卫国的大业。1840年，第一次鸦片战争

---

① 戴震（1724—1777），安徽休宁人，清代考据学家、思想家，对经学、天文、地理、历史、数学都有研究。——著者注
② 汪昭义：《郑复光：清代首撰光学专著的实验物理学家》，《黄山高等专科学校学报》2001年第3卷第3期，第40页。
③ 包世臣：《费隐与知录·序》，载戴念祖主编《中国科学技术典籍通汇物理卷》（第一册），河南教育出版社，第819页。
④ 张穆：《镜镜詅痴·序》，载戴念祖主编《中国科学技术典籍通汇物理卷》（第一册），河南教育出版社，第881页。
⑤ 汪昭义：《郑复光：清代首撰光学专著的实验物理学家》，《黄山高等专科学校学报》2001年第3卷第3期，第41页。罗士琳（1784—1853），清甘泉县（今邗江县）人，毕生致力于数学研究，对中国古算和西洋算法能融会贯通。冯桂芬（1809—1874），江苏吴县人，系林则徐的得意门生，所学甚博，经史掌故之外，于天文、舆地、算学、小学、水利、农田，皆有讲求，对当时的河漕、兵刑、盐铁等问题尤有研究，后成为"洋务运动"的倡导者。——著者注

爆发，鉴于痛感英军"善以远镜立船桅上，测内地虚实"，而我方"惜无能出一技与之敌者"①，他的好友张穆将其所著有关望远镜的原理和制造方法的《镜镜詅痴》一书献给有关当局，可惜却没有得到重视和采用。后来朝廷决定议和，就更无人问津他的著作了。郑复光于心不甘，又发奋著《火轮船图说》。他借鉴在京师丁守存处所见的《火轮船简图》和丁星南②的《演炮图说》，综合其长，克服其短，撰写了十一条要领，附于《镜镜詅痴》书后。他的这部《火轮船图说》后被林则徐的好友魏源全文收入《海国图志》书中。

郑复光一生著有多部科学著作，其中数学方面的有《周髀算经浅注》《割圆弧积表》《笔算说略》《正弧六术通法图解》等；有关物理学方面的是《费隐与知录》与《镜镜詅痴》两部。前者《费隐与知录》是一部涉及物理、天文、气象、地理、生物、化学、医药等多方面知识的科普读物，其中有 20 多条关于光学的内容；后者《镜镜詅痴》则是一部专门研究光学原理和介绍多种光学仪器，特别是望远镜制造方法的专著。

郑复光重视从明末清初传入的西学中汲取营养，在《费隐与知录》开宗明义的第一句话就是："客有问于予曰：'《费隐与知录》原本泰西之说欤？'曰：'然。''西说可尽信欤？'曰：'吾信其可信者而已。'"③文中提到了利玛窦的著作《乾坤体义》。郑复光明确表示他的《费隐与知录》一书就是他和弟弟郑北华一起受了熊三拔的《泰西水法》一书的启示而写成的，他说："丙子（1816 年，清嘉庆二十一年）之秋，小住维扬，北华族弟推究物理，颇合西士之旨。予因举《泰西水法》等论，互相证明，随援笔记之，日积月累，编为一帙。"他强调说，他的

---

① 张穆：《镜镜詅痴·序》，载戴念祖主编《中国科学技术典籍通汇物理卷》（第一册），河南教育出版社，第 881 页。
② 丁星南，清道光时期晋江人，曾著《演炮图说辑要》（四卷）、《后编》（二卷）。——著者注
③ 郑复光：《费隐与知录》，载戴念祖主编《中国科学技术典籍通汇物理卷》（第一册），河南教育出版社，第 822 页。

著作"原本西法""乌敢忘其所自耶!"①

在《费隐与知录》和《镜镜詅痴》中,他多次引用了熊三拔的《泰西水法》、汤若望的《远镜说》、邓玉函的《奇器图说》、南怀仁的《灵台仪象志》和《崇祯历书》中的内容,还提及"戴进贤《星图》曾有言:非大远镜不能窥视云云"② 之语。

郑复光对《几何原本》尤其熟悉敬仰。他在《镜镜詅痴·自序》一开头就说:"昔西士作《几何原本》,指画抉发,物无遁形,说远镜者不复能如《几何》,岂故秘哉?良难之也。"③ 他深为以往的光学著作没有写成像《几何原本》那样的体例,达到"指画抉发,物无遁形"的境界,而感到遗憾。当然这并不是因为作者秘而不宣,而是要做到这一点很难很难。于是他决心刻意以《几何原本》的写作结构作为自己《镜镜詅痴》体例的蓝本。

在最大限度地从西学中汲取营养的同时,郑复光又注重继承了中国古代的光学成就,在《镜镜詅痴》和《费隐与知录》中,他引述了张衡的《灵宪》、刘邵的《人物志》、张华的《博物志》、沈括的《梦溪笔谈》、博明的《西斋偶得》④中的内容。因此《中国光学史》称:"《镜镜詅痴》是中西光学知识融合而产生的一个新的光学体系。"⑤

郑复光又十分重视实践经验,他不耻下问,经常向生产一线的工匠请教,并从亲手实验中获得知识。他曾实际操作小孔成像、削冰取火的

---

① 郑复光:《费隐与知录》,载戴念祖主编《中国科学技术典籍通汇物理卷》(第一册),河南教育出版社,第823页。

② 郑复光:《镜镜詅痴》,载戴念祖主编《中国科学技术典籍通汇物理卷》(第一册),河南教育出版社,第922页。

③ 郑复光:《镜镜詅痴》,载戴念祖主编《中国科学技术典籍通汇物理卷》(第一册),河南教育出版社,第881页。

④ 博明,姓博尔济吉特,原名贵明,字希哲,一字晰之,号西斋,又号晢斋,生于18世纪30年代前后,卒于1788年。博明在他的《西斋偶得》著作中,对光学和色觉就有了一定的研究。——著者注

⑤ 王锦光:《中国光学史》,湖南教育出版社,1986,第175页。

试验，以验证前人论述的真伪；还亲手制造了一架望远镜，与众人一道用以观测月球，令亲历者"欢呼叫绝"①。

《镜镜詅痴·自序》言："忆自再游邗上，见取影灯戏，北华弟好深湛之思。归而相与研，寻颇多弋获，遂援笔记之，时愈十稔，然后成稿。"② 邗上和上述维扬，都是指当时的扬州（现扬州市仍有维扬区、邗江区）。据考，郑复光"再游"扬州应在 1816 年。自称其研究光学的冲动是受到一种民间娱乐形式——"取影灯戏"的启发。所谓"取影灯戏"，就是"利用透镜组把画好的花鸟人物映于壁上"③。他与弟弟郑北华从中受到启发和激励，从此便开始钻研光学，费时十载而成《镜镜詅痴》。《镜镜詅痴》与《费隐与知录》几乎是同时撰写的两部书。在《费隐与知录》中有关光学的一些条目（计有 20 条）下屡屡出现"详见《镜镜詅痴》"的注释。《镜镜詅痴·自序》接着说，"萧山广文黄铁年先生见而嗜之，欲为付梓。仆病未能也。重拂其意，复加点窜，又已数年，稍觉条理粗具，而疵类多有，殊不足存。顾念成之之艰，得一知己，覆瓿④无憾已"⑤。意思是说，萧山黄铁年先生看到此书，十分喜爱，愿意刻印出版，但我觉得还不成熟，又花了数年时间进行修改，才觉得"条理粗具"了。然而仍存有很多缺陷，本不值得出版。但考虑到成书的艰难，又得到一位能赏识它的人，刻印出来，我的这本拙作也算没有遗憾了。《镜镜詅痴》的刻印出版时间在 1846 年。

郑复光谦虚地称，《镜镜詅痴》是"本《远镜说》，推广其理，敢

---

① 张穆：《镜镜詅痴·序》，载戴念祖主编《中国科学技术典籍通汇物理卷》（第一册），河南教育出版社，第 881 页。

② 郑复光：《镜镜詅痴·自序》，载戴念祖主编《中国科学技术典籍通汇物理卷》（第一册），河南教育出版社，第 881 页。

③ 汪昭义：《郑复光：清代首撰光学专著的实验物理学家》，《黄山高等专科学校学报》2001 年第 3 卷第 3 期，第 41 页。

④ 覆瓿，喻著作毫无价值或不被人重视，亦用以表示自谦。——著者注

⑤ 郑复光：《镜镜詅痴·自序》，载戴念祖主编《中国科学技术典籍通汇物理卷》（第一册），河南教育出版社，第 881 页。

日犹贤，誃吾痴焉"①。意为：《镜镜詅痴》以《远镜说》为基础，进一步阐发该书中的原理，不敢说优于该书，只不过表达我的愚见而已。"镜镜詅痴"的意思是：关于以镜照物方面的愚见。

《镜镜詅痴》全书洋洋七万余言，共分五卷。

卷一为"明原"和"类镜"。"明原"（原注云：镜以镜物，不明物理，不可以得镜理，物之理，镜之原也，作明原）②，下分"原色""原光""原影""原线""原目""原镜"各条。这部分中，他对光色、光的性质、影与像、眼睛看物等做了说明，也阐述了光的直线传播、反射与折射等现象。"类镜"（原注云：镜之制各有其材，镜之能各呈其用，以类别也，不详厥类，不能究其归，作镜类）③，介绍了铜、汞、玻璃、水晶等不同材质的镜子的光学特性，下分"镜资""镜质""镜色""镜形"各条。

卷二、卷三为"释圆"（原注云：镜多变者惟凹与凸，察其形则凹在圆外，凸在圆内。天之大以圆成化，镜之理以圆而神，姑作释圆）④，介绍了凸透镜和凹透镜的折射成像的原理，内容最详，为全书重点，下分"圆理""圆凸""圆凹""圆迭""圆率"诸条目。

卷四、卷五为"述作"（原注云：知者创物，巧者述之，儒者事也；民可使由，不可使知，匠者事也。匠者之事，有师承焉。姑备所闻儒者之事，有神会焉。特详其义述作）⑤，介绍了十多种光学器具和仪器的制造方法，其中包括造景镜、眼镜、显微镜、取火镜、地镫镜、诸

① 郑复光：《镜镜詅痴·自序》，载戴念祖主编《中国科学技术典籍通汇物理卷》（第一册），河南教育出版社，第881页。
② 郑复光：《镜镜詅痴》，载戴念祖主编《中国科学技术典籍通汇物理卷》（第一册），河南教育出版社，第882页。
③ 郑复光：《镜镜詅痴》，载戴念祖主编《中国科学技术典籍通汇物理卷》（第一册），河南教育出版社，第891页。
④ 郑复光：《镜镜詅痴》，载戴念祖主编《中国科学技术典籍通汇物理卷》（第一册），河南教育出版社，第899页。
⑤ 郑复光：《镜镜詅痴》，载戴念祖主编《中国科学技术典籍通汇物理卷》（第一册），河南教育出版社，第932页。

葛镫镜、取影镜、放字镜、三棱镜、多宝镜、柱镜、万花筒镜、透光镜、视日镜、测量高远仪镜和远镜。远镜中又包含窥筒远镜、观象远镜、游览远镜、镜筒等项。这部分也是该书的重点。

前面章节中，谈到了汤若望的《远镜说》和孙云球的《镜史》两部关于光学的中文书籍。《远镜说》只介绍了最基础的光的折射原理，《镜史》则根本没有涉及理论问题。南怀仁的《灵台仪象志》只比《远镜说》增添了法线（书中称为"顶线"）的概念。他们都没有提到现代光学中的"入射角"与"反射角"的概念，也没有提出"焦点"和"焦距"的概念。显然，没有这些概念，就不能对透镜的折射性能做出精确的、数学的描述。

郑复光在卷一《明原·原线》中提出平面镜反射光线时，"入射角"等于"反射角"的定律。他画图如下（见图17-2），

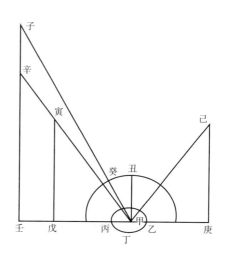

图 17-2　平面镜反射光线示意图

并解释说："乙丁丙为镜平置地上，有高在辛，人目于镜心见之，则目必在己"。"试依庚壬作丑甲垂线，则丑甲辛与丑甲己二角必等。"①

郑复光在卷二《释圆》中对凸透镜的"焦距"的性能进行了物理和数学方面的探索。他独创性地提出了"顺三限"（即"顺收限""顺展限""顺均限"）和"侧三限"（即"侧收限""侧展限""侧均限"）的概念。

为了说明郑复光的理论，需要了解几个现代光学的名词术语。图

① 郑复光：《镜镜詅痴》，载戴念祖主编《中国科学技术典籍通汇物理卷》（第一册），河南教育出版社，第 887 页。

17-3 显示的是左方的物体的光线通过凸透镜的折射，在右方成像的现象。AB 被称为物方主平面，它与主轴的交点 H 点被称为物方主点，F 点被称为物方焦点，线段 FH 的长度被称做是物方焦距；A'B' 被称为像方主平面，H' 被称为像方主点，F' 被称为像方焦点，线段 F'H' 的长度被称做是像方焦距。

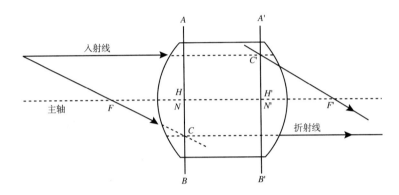

图 17-3　凸透镜折射光线示意图

郑复光理论中的"顺收限"或简称"限"的概念，基本上可以等同于现代光学中的"焦距"。他说，关于凸透镜"凸之浅者亦无过一度，其深者无过三百六十度。然镜之镜物，未有用球者，特截其中一弧而已。欲较其浅深量取则难，唯以'顺收限'为主。凸愈浅，限愈长；凸愈深，限愈短。故又名'凸深限'"①。

他在说明"顺收限"的定义时指出，当远处射来的近乎平行的日光进入凸透镜时，"不得不约行"，即聚光，在一定的距离点"约极成像"，这一点"面距有定度，为第一限"。"第一限因收光成象，名'顺收限'。"② 由此确定，所谓"顺收限"可以理解为是现代光学中的

---

① 郑复光：《镜镜詅痴》，载戴念祖主编《中国科学技术典籍通汇物理卷》（第一册），河南教育出版社，第 903 页。

② 郑复光：《镜镜詅痴》，载戴念祖主编《中国科学技术典籍通汇物理卷》（第一册），河南教育出版社，第 900 页。

"像方焦距"，即图 17 - 3 中的 $H'F'$。郑复光规定的第二限和第三限，分别被称为"顺展限"和"顺均限"，他还提出"侧三限"概念，其文字表述和所绘的光路图都比较令人费解，且包含有错误，本书不是专门的光学著作，不做细致精确的考证，仅借用专业光学史研究者钱长炎先生的研究成果，即"顺展限"可以理解为"物方焦距"，而"顺均限""就与现代光学中薄凸透镜的两倍焦距相对应"[①]。也就是说，"顺展限"就是图 17 - 3 中的 FH，"顺均限"就是图 17 - 3 中的 $FH + H'F'$。

郑复光也给出了"顺三限"之间的数量关系。他说，三者之间"'顺收限'十，'顺展限'九，'顺均限'十九"[②]。根据现代光学理论，郑复光关于"顺均限"应为"顺收限"与"顺展限"之和的观点是正确的。但"顺收限"与"顺展限"为 10：9 的比例关系则有误，二者应该相等，即如图 17 - 3 所示。这可能是他在实验中的误差所至。

郑复光在《释圆·圆迭》中论述了望远镜的光学原理。他说："凸离目视物，出光线交，则景昏；凹切目视物，违目线角，则目昏。若两镜离而迭之，则景清而不昏目。以凸凹相制而相济也。"即是说，单用凸透镜、或单用凹透镜放在离眼睛很近的地方看东西，都不能取得好的观察效果，但将凸、凹两片镜片相隔一定距离来观测，就能取得好的效果。其条件是"相距有定度，视凸凹之深浅、物象之远近为差。过其度则不可用"。他的结论是："此一凹一凸为远镜之所本也""相离而用相得者，即无其弊，成远镜矣"[③]。通过本书第三章我们知道，这一凸一凹两镜片相隔一定距离而组成的望远镜，就是伽利略的折射式望远镜。

接下来，郑复光进一步论述了由两片凸透镜组合成的另一种望远镜："物远在限距外，凸切目视之则昏，外加一凸切之则益昏矣。若离

---

①　钱长炎：《关于"镜镜詅痴"中透镜成像问题的再探讨》，《自然科学史研究》2002年第 21 卷第 2 册，第 139～140 页。

②　郑复光：《镜镜詅痴》，载戴念祖主编《中国科学技术典籍通汇物理卷》（第一册），河南教育出版社，第 906 页。

③　郑复光：《镜镜詅痴》，载戴念祖主编《中国科学技术典籍通汇物理卷》（第一册），河南教育出版社，第 918 页。

之，则外凸以离目视远物，得倒小象，有大光明理；内凸以切目，视近镜得顺大象，有显微理。故外凸之倒者，内凸顺之，内凸之昏者，外凸制之使不昏"①，凸镜相迭，浅凸在外，深凸在内，"亦必成远镜矣"②。也就是说，当物体在焦点之外时，将一凸透镜放在离眼睛很近的地方观测，物象是不清晰的；若再加一凸透镜，就更加看不清了。但是，将两片凸透镜相隔一定的距离，那么物体通过物镜，可以得到倒置的小象，再经过目镜的作用就可以得到放大的物象了。焦距长的凸透镜做物镜，焦距短的凸透镜做目镜，就做成了望远镜。我们也知道，由两片（或两片以上）凸透镜组成的望远镜，是开普勒的折射式望远镜。

郑复光总结说，有以下三种望远镜："远镜三种，应各立名，以资后论。今以一凸一凹者，非大至寻丈者不足用，止可施于观象，名曰观象远镜。两凸者专施于窥筒，名曰窥筒远镜。四凸以上者，大之固妙，小之至尺余，能力亦胜，游览最便，名曰游览远镜。"③ 显然，第一种是伽利略折射式望远镜，第二种是开普勒折射式望远镜，而第三种其实可称为袖珍望远镜。

前两种望远镜孰优孰劣呢？郑复光写道：

> 论曰：远镜创于默爵，止传一凸一凹。厥后汤若望著《远镜说》，南怀仁撰《仪象志》，皆无异词。然所见洋制小品，长五、六寸，止可于三五丈内见人眉宇耳，其大者径不过二寸，长不过五尺，则皆纯用凸镜④。

---

① 郑复光：《镜镜诊痴》，载戴念祖主编《中国科学技术典籍通汇物理卷》（第一册），河南教育出版社，第918页。

② 郑复光：《镜镜诊痴》，载戴念祖主编《中国科学技术典籍通汇物理卷》（第一册），河南教育出版社，第920页。

③ 郑复光：《镜镜诊痴》，载戴念祖主编《中国科学技术典籍通汇物理卷》（第一册），河南教育出版社，第921页。

④ 郑复光：《镜镜诊痴》，载戴念祖主编《中国科学技术典籍通汇物理卷》（第一册），河南教育出版社，第922页。

"默爵"就是伽利略。从郑复光这段话，我们得知，虽然汤若望和南怀仁只介绍了伽利略式望远镜，但当时比较流行的还是开普勒式望远镜。这是因为前者的缺点比较明显，"视一凸一凹工力倍繁，于十数里内窥山岳、楼台，颇复了了。或视月亦大胜于目。至观星象，则胜目无几。后来改作而能力反不及"[①]。他在这里说的"至观星象，则胜目无几。后来改作而能力反不及"，应验了本书第十二章所说的，早期望远镜由于不能克服其致命弱点，在观测星象时效果反而不如肉眼的情况。《远镜说》中有一望远镜图，虽然没有注明尺寸，但可见为七节构成，他推断："至短必寻（一寻为七尺）以外""其径非五六寸不可依"，过于笨重，"可观象，而不便登临"，因此人们发明"纯凸"的望远镜。这种"纯凸"望远镜"怀之可五六寸，展之可三尺者。又见外口盖铜，开孔露镜止二三分者，远寺红墙，径寸能辨其署书，亦游览一快也"，因此用得比较普遍。郑复光设想，如果将这种"纯凸"的望远镜做到7尺或1丈长，"其能力应亦更胜"[②]。

《圆迭》之后是《圆率》，"'圆率'说明凸、凹透镜之间各种量的关系，提出决定单个透镜及透镜组特性的一系列参数"[③]。《镜镜詅痴》一书中，"释圆"部分"是全书的中心，也是郑复光用力最深、成就最大的部分"[④]。

《镜镜詅痴》卷四、卷五为《述作》。郑复光介绍了十多种光学器具的制作方法。本书仅介绍其中关于几种望远镜的做法。

与上文一样，郑复光论述制作望远镜时也分为三种："作远镜，俗名千里镜。其类有三，曰窥筒远镜，曰观象远镜，曰游览远镜""远镜

---

①　郑复光：《镜镜詅痴》，载戴念祖主编《中国科学技术典籍通汇物理卷》（第一册），河南教育出版社，第 922 页。

②　郑复光：《镜镜詅痴》，载戴念祖主编《中国科学技术典籍通汇物理卷》（第一册），河南教育出版社，第 922 页。

③　汪昭义：《郑复光：清代首撰光学专著的实验物理学家》，《黄山高等专科学校学报》2001 年第 3 卷第 3 期，第 44 页。

④　王锦光：《中国光学史》，湖南教育出版社，1986，第 173 页。

之类三，用各异，宜制造亦异。各立名分，疏于后"①。

第一种，即"两凸者，名窥筒远镜"。其要诀是"筒内口安深凸，外口安浅凸"。每一凸透镜片焦距的长短，根据仪器的长度决定，即"其顺收限视仪之大小为则。设仪边足安一尺八寸之筒，则筒长一尺八寸，其外凸顺收限当一尺六寸，其内凸顺收限二寸为宜""筒内安十字铜丝，以窥所测，使恰合十字中心。虽物见倒象，而物小者可大，物远者可近。窥寻既易，且得中景，无嫌倒象也。"②

即是说，这种望远镜应以焦距长的凸透镜作物镜，以焦距短的凸透镜作目镜。至于选用多大焦距的镜片，则根据所要制造的望远镜的总长度决定。如果总长度定为一尺八寸，那么物镜焦距应为一尺六寸，目镜焦距应为二寸。镜筒内设置十字丝，使所观测的物体正好处于镜头的中心。虽然这种望远镜看到的是倒像，但是能使小物变大，远物变近，即使是倒像也没关系。

第二种，观象远镜，即"所谓一凸一凹者也。小者长四五寸，胜于目力无几，殊不足用。《远镜说》所极称妙者，亦是此种，但未言明其尺寸耳。盖用以观象，非大不可观。《远镜说》之图筒用七节，又有架座，以此推之，至小当有八、九尺。又戴进贤《星图》中言，五纬旁细星，非有大远镜不能窥测之语。今常见大镜径不过三寸，长不过五尺，不足以窥星。若倍其镜，径六寸，则长当一丈矣。然则此器非可用于寻常，故专属之观象焉"③。

即是说，这种望远镜是用一凸一凹两片透镜组成的。小型的只有四五寸长，但作用不大，没什么用。《远镜说》中所称赞的就是这种，但是没有详细说明尺寸大小。《远镜说》附图中的望远镜有七节，有架

① 郑复光：《镜镜詅痴》，载戴念祖主编《中国科学技术典籍通汇物理卷》（第一册），河南教育出版社，第953页。
② 郑复光：《镜镜詅痴》，载戴念祖主编《中国科学技术典籍通汇物理卷》（第一册），河南教育出版社，第953~954页。
③ 郑复光：《镜镜詅痴》，载戴念祖主编《中国科学技术典籍通汇物理卷》（第一册），河南教育出版社，第955页。

座，估计最少也有八尺长。而且戴进贤曾在《星图》中说，金、木、水、火、土五大行星旁边的小星，没有大型望远镜是观测不到的。现在常见的观象望远镜，物镜的直径不过三寸，镜筒长不过五尺，不足以观测星辰。如果将物镜直径增加到六寸，镜筒应该是一丈长了。这种望远镜不是平常人们所用的，是专门观测天象用的。

一凸一凹两镜片的规格应如下："先以凸深定其长，如外凸限一丈，径至小必五六寸，径大益妙，然再大则难，小则不适于用。其两镜之距，即一丈如法"，经过计算，内凹镜片的焦距应为"八寸三分有奇。可略浅定为八寸四分可也"。他还规定，"观象远镜，两镜之距设为一丈，则多不过四节，少不过两节"[①]。

第三种，游览远镜。他说，"游览镜不拘大小皆妙。而《远镜说》独取两镜者，疑是初制，否则为其易作耳。今以收之则小，展之亦不必过大，即便携带，于用已足"[②]。

郑复光的游览镜，有两凸透镜的，也有一凸一凹，甚至还有三凸、四凸和六凸的。"外凸深浅与内凸深浅宜相称其定率。约以外凸限八倍内凸限，为足距。"即外凸的焦距为内凸焦距的 8 倍较为适当。如不足，则"见物稍小而光愈明显"，如超过，则"虽物象稍大，而景反暗，不可用矣"[③]。

郑复光在这里还介绍了另一种新型望远镜，即被称做"摄光千里镜"的格里高利反射式望远镜。本书在第十三章中已经提及了它，但《皇朝礼器图》中只介绍了它的规制，并没有说明它的原理。

郑复光在这里详细地介绍了它的构造，揭示了它的原理，并画出了它的光路图（见图 17-4）。他写道：

---

① 郑复光：《镜镜詅痴》，载戴念祖主编《中国科学技术典籍通汇物理卷》（第一册），河南教育出版社，第 955 页。

② 郑复光：《镜镜詅痴》，载戴念祖主编《中国科学技术典籍通汇物理卷》（第一册），河南教育出版社，第 955 页。

③ 郑复光：《镜镜詅痴》，载戴念祖主编《中国科学技术典籍通汇物理卷》（第一册），河南教育出版社，第 955 页。

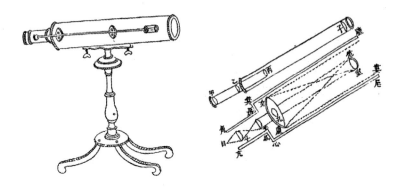

图 17－4　《镜镜詅痴》所载摄光千里镜及原理光路图

"《皇朝礼器图》有摄光千里镜图，《说缘》未见其器，故未明其说。顷见抄本《仪器总说》一函，载有此种，外多一图，乃恍然有悟，兹特增入。其原说曰：筒长一尺三分，接铜管二寸六分。镜凡四层，管端小孔内施显微镜，相接处施玻璃镜，皆凸向外。筒中施大铜镜，凹向外以摄景。镜心有小圆孔，近筒端施小铜镜，凹向内。周隙通光，注之大镜而纳其景。筒外为钢铤螺旋贯入，进退之，以为视远之用。承以直柱三足，高一尺一寸五分。"写到这里，郑复光说："《礼器图》原说止此，《仪器总说》略同，又言：一尺三分其功可抵长一丈千里镜之用。"① 而以下关于其原理的论述则是郑复光独创的。

他写道："其法外筒上下两端有二镜皆铜而凹。上端之镜小，居筒中，而周遭空之，凹面向内。下端之镜大而中穿一孔，凹面向外。内筒上下皆玻璃而凸。人目从下端测视日月诸星，日月星从外筒上口周遭空隙照入外筒。如后图。物景从奎娄周遭通光处摄入大凹镜如虚女之面，反照入小凹镜如危室，人目自下两显微如斗与牛，穿孔注视小凹中所照大凹摄受物景，而得外象也。"②

① 郑复光：《镜镜詅痴》，载戴念祖主编《中国科学技术典籍通汇物理卷》（第一册），河南教育出版社，第957页。
② 郑复光：《镜镜詅痴》，载戴念祖主编《中国科学技术典籍通汇物理卷》（第一册），河南教育出版社，第958页。

即是说，光线从外筒照入，照在较大的凹透镜（女虚所示）上后反射到小凹透镜（危室所示），在经两片小凸透镜（斗牛所示）射入人目。他指出，所谓这种望远镜"一尺三分其功可抵长一丈千里镜之用"之说，"指胜一凹一凸言之耳"。在肯定此种远镜的优点的同时，他也提出疑问："危室小凹居内筒中央，须令周隙通光，何以生根？"①

在论述了上述几种望远镜的制作方法之后，郑复光还介绍了有关镜筒和支架的制作要领。

总之，拥有七万多字容量的《镜镜詅痴》内容十分丰富。对其中的很多论述，当代的研究科技史的专家们还正在解读之中。笔者近日在中国知网的"中国学术文献网络出版总库"中，输入关键词"郑复光"只能搜索到 8 篇论文；输入关键词"《镜镜詅痴》"只能检索到 2 篇论文。可见学术界对此的研究，还远未算得上充分。由于本书题目所限，也由于笔者学术功力所限，只能就其中有关望远镜的内容，作如上部分的涉及。

显然，郑复光在光学方面的成就与明末清初的"西学东渐"有着密不可分的关系。没有西洋望远镜的传入，没有《远镜说》和《灵台仪象志》等西学著作，没有徽州、苏杭一带活跃着的热衷西学的文人群体，就不可能有郑复光的成就。同时由于他和他的弟弟郑北华的独创性的研究，《镜镜詅痴》已经在多方面超过了汤若望、南怀仁等西方传教士。

毋庸讳言，以现代光学理论来评判，《镜镜詅痴》中也包含了不少错误。但这毕竟是郑复光仅凭了一二百年前耶稣会士带进来的有限和不全面的近代光学知识，在他自己进行了大量系统的试验的基础上，又继承了中国古代的传统光学知识，而在长期的实践中独自摸索钻研、总结经验而撰写成的。

---

① 郑复光：《镜镜詅痴》，载戴念祖主编《中国科学技术典籍通汇物理卷》（第一册），河南教育出版社，第 958 页。

有研究者称："《镜镜詅痴》所反映出来的系统性、理论性及实验研究方法，在中国古代科学著作中是相当突出的。郑复光和他的《镜镜詅痴》把中国古代光学推进到接近近代光学的水平。为近代科学在中国的广泛传播作了一定的准备，起到了承上启下的作用。"①

又有研究者称：《镜镜詅痴》"是中国光学史上占有重要地位的一部专著，标志着19世纪上半叶中国光学研究水平发展到了一个前所未有的高峰"。"郑复光是我国历史上较系统地专门完成光学研究著作并公开出版的第一人，也是19世纪上半叶中国科技承前启后的第一位近代物理学家"②，对后来者产生了深刻的影响。

梁启超在其《中国近三百年学术史》中是如此评价《镜镜詅痴》一书的："明末历算学输入，各种器艺亦副之以来，如《火器图说》《奇器图说》《仪象志》《远镜说》等，或著或译之书亦不下10余种。后此之治历算者，率有感于'欲善其事先利其器'，故测候之仪，首所注意，亦因端而时及他器，梅定九所创制则有'勿庵揆日器''勿庵测望仪''勿庵仰观仪''勿庵浑盖新仪''勿庵月道仪'等。戴东原亦因西人龙尾车法作赢族车，因西人引重法作自转车，又亲制璇玑玉衡——观天器，李申耆自制测天绘图之器亦有数种，凡此皆历算学副产品也。而最为杰出者，则莫如歙县郑浣香复光之《镜镜詅痴》一书。"③

关于《镜镜詅痴》，梁启超评价说："浣香之书，盖以所自创之光学智识，而说明制望远、显微诸镜之法也。""时距鸦片战役前且二十年，欧洲学士未有至中国者，译书更无论。浣香所见西籍，仅有明末清初译本之《远镜说》《仪象志》《人身概说》等三数种，然其书所言纯属科学精微之理，其体裁组织亦纯为科学的。""全数体例，每篇皆列

---

①　宋子良：《郑复光和他的〈镜镜詅痴〉》，《中国科技史料》1987年第8卷第3期，第45页。

②　汪昭义：《郑复光：清代首撰光学专著的实验物理学家》，《黄山高等专科学校学报》2001年第3卷第3期，第40页。

③　梁启超：《中国近三百年学术史》，天津古籍出版社，2004，第393页。

举公例若干条，理难明者则为之解，有异说者系以论，表像或布算则演以图（原注：全书为图一百二十八），大抵采用西人旧说旧法者什之二三，自创者什之七八（原注：书中凡采旧说必注明，其原光公例十八条，采旧说者三，原目公例十二条，采旧说者四，余类推）。吾不解科学，不能言其与现代西人之述作比较何如，顾吾所不惮昌明者，百年以前之光学书如此书者，非独中国所仅见，恐在全世界中亦占一位置。"[①]可见该书在中国科学史上的重要地位。

如果再试想一下，与同时代的欧洲相比，当时中国科学家的生态环境是多么的艰难！在千千万万的学子为了功名利禄，拜倒在科举考试的神祇之下时，只有郑复光等几个寥寥可数的精英分子，甘于寂寞、甘于清贫，将毕生的精力贡献给中国的科学事业。每当考虑到这一点，笔者对其之敬意就不禁油然而生。

本章中将介绍的第二人为邹伯奇（见图 17-5）。

图 17-5　邹伯奇像片

邹伯奇是在郑复光之后清代中期另一位成就卓越的光学家和望远镜制造者。梁启超对他也有评述，称："格术之名及其术之概略，仅见于宋沈括《梦溪笔谈》，后人读之亦莫能解。特夫知其即是光学之理，更为布算以明之。以算学释物理自特夫始。"[②]

邹伯奇（1819—1869），字一鄂、特夫，号征君，广东南海人，自幼从其父邹善文读书，最喜算学，善思考，爱刨根问底。他的少年好友

①　梁启超：《中国近三百年学术史》，天津古籍出版社，2004，第 393~394 页。
②　梁启超：《中国近三百年学术史》，天津古籍出版社，2004，第 387 页。

陈璞后来回忆说："余与征君少相善，每见征君读书，遇名物制度必穷昼夜探索，务得其确；或按其度数绘为图，造其器而验之，涣然冰释而后已。故其解释多前人所未发，又能正舛误，别是非，皆以算术权衡之。"① "后受业于同里藏书家梁云门。梁氏珍藏算书特多，很有助于培养他的数学兴趣与才能""嗣后就致力于科学技术的研究活动，淡于仕途进取。"②

他曾就任广州学海堂学长、广雅书院教习，又参与了广东地图的测绘工作。1866 年（同治五年）"北京京师同文馆添设天文算学馆，郭嵩焘曾上书举荐邹伯奇和李善兰任职同文馆。但邹伯奇淡泊自持，两次均以疾谢辞。曾国藩也欲延聘邹伯奇到上海机器制造局附设的书院教授数学，邹亦未就""邹伯奇只在广东家乡专心钻研科学技术，与夏鸾翔、吴嘉善、丁取忠、陈澧等学者往来相契，常共同探讨学术问题。"③

邹伯奇研究的兴趣与成就涉及了数学、天文学、地理学、测绘学、光学等广泛的科学领域，尤精于几何光学、摄影技术和仪器制造。1874年（同治十三年）刻印的他的著作集《邹征君遗书》中包括了有关天文学的《学计一得》二卷、《赤道南北恒星图》二幅，有关数学的《补小尔雅释度量衡》一卷、《对数尺记》一卷、《乘方捷术》三卷，有关地理学的《舆地全图》一册，其中题为《邹征君存稿》的一书，为他去世后由好友陈澧汇集整理的他涉猎多个领域"钩深索引，甚费苦心"④ 而留下的笔记心得，其胞弟邹仲庸为之撰序。而有关光学的就是本书想详细介绍的《格术补》（见图 17 - 6）。

---

① 《邹征君遗书序》，载戴念祖主编《中国科学技术典籍通汇物理卷》（第一册），河南教育出版社，第 973 页。
② 王锦光：《中国光学史》，湖南教育出版社，1986，第 179 页。
③ 王冰：《邹征君遗书提要》，载戴念祖主编《中国科学技术典籍通汇物理卷》（第一册），河南教育出版社，第 971 页。
④ 邹仲庸：《邹征君存稿序》，载戴念祖主编《中国科学技术典籍通汇物理卷》（第一册），河南教育出版社，第 1064 页。

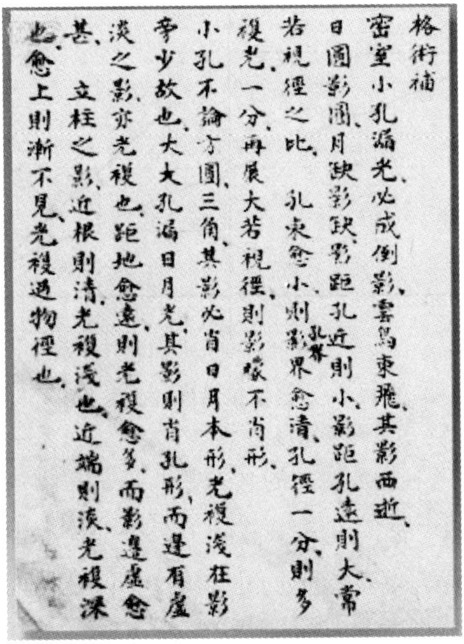
格術補
密室小孔漏光，必成倒影，雲鳥東飛，其影西逝，
日圓影圓，月缺影缺，影距孔近則小，影距孔遠則大，常
若視徑之比。　孔來愈小則影界愈清，孔徑一分則多
複光一分，再展大若視徑，則影曖不肖形。
小孔不論方圓三角，其影必肖日月本形，光複淺在影
旁少故也。大大孔漏日月光，其影則肖孔形，而邊有虛
淡之影，旁光複也。距地愈遠，則光複愈多，而影邊虛愈
甚。　立柱之影，近根則清，光複淺也。近端則淡，光複深
也，愈上則漸不見，光複透物徑也。

图 17－6　《格术补》手稿

宋沈括《梦溪笔谈》有曰：“阳燧照物皆倒，中间有‘碍’故也。算家谓之‘格术’。”① 这里所谓的“碍”，就是指光线受到透镜的阻挡，改变了原来的方向。“格术”就是指现代科学中的几何光学。

邹伯奇是第一位用数学公式来描述光学现象的中国科学家，仅以几例说明。

（1）凸透镜成像公式。图 17－7 是现代光学教科书中用以说明凸透镜成像规律的示意图。图中 AB 为物体，$A'B'$为 AB 通过凸透镜所成的像，于是 OB 或 p 是物距，OB'或 p'是像距。OF 即是前面说过的物方焦距，OF'即是像方焦距，我们已经知道物方焦距与像方焦距相等，即 $OF = OF' = f$。现代光学通过实验和上述几何图形的推导，可以得出物距、像距和凸透镜焦距之间存在的数量关系，即图17－8所表示的凸透镜的成像公式。

① 沈括：《梦溪笔谈》，冯国超编，吉林人民出版社，2005，第 44 页。

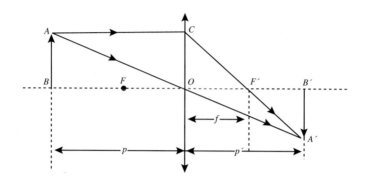

图 17 - 7 凸透镜成像规律示意图

$$\frac{1}{p} + \frac{1}{p'} = \frac{1}{f}$$

**图 17 - 8 凸透镜
成像公式**

现在的高中生很容易在物理课中学到这一公式。但是，在邹伯奇之前，中国人还不知道。来华传教士也没有将这个凸透镜的成像公式传到中国来。邹伯奇是通过他自己的独立研究，发现了这一数量关系。他写道："算法：置日限尺寸，自乘为实，以物距镜减日限，为法除之，得影加远之数。"[①] 当代研究者骆正显先生解释说，"日限"即凸透镜的焦距[②]，"物距镜减日限"即是物距减焦距，如图 17 - 7 中 $OB - OF = BF$；而"影加远之数"，即是像距减焦距，如图 17 - 7 中 $OB' - OF' = B'F'$。根据邹伯奇的文字叙述，我们可以得出的公式为 OF 的平方除以 BF，等于 $B'F'$，即 $f^2 / (p-f) = p' - f$。

这一方程经左右同乘以 $(p-f)$ 和同除以 $pp'f$ 的变形后，得出

$$1/p + 1/p' = 1/f$$

即图 17 - 8 所示的现代光学中凸透镜成像公式。

邹伯奇还将此公式加以变换，得出已知焦距和物距，求影距的公式；和已知物距和像距，求焦距的公式。

① 邹伯奇：《格术补》，载戴念祖主编《中国科学技术典籍通汇物理卷》（第一册），河南教育出版社，第 1028 页。

② 骆正显：《释邹伯奇〈格术补〉》，《中国科技史杂志》1983 年第 1 期，第 35 页。

他说："或置日限为实，以物距镜乘之，物距镜减日限除之，得影加远之数。"[①] 即有公式：

$$p' = f \cdot p / (p - f)$$

以及："若先有影距镜数，与物距镜相乘，与物距镜相并为法除之，得此镜之日限。"[②] 即有公式：

$$f = p \cdot p' / (p + p')$$

他还指出了两种特殊的情况：第一种，"若物距镜足日限，则影距镜为无涯""影距镜远至无涯，则与平行等"[③]。即是说，如果物距等于焦距，那么影距将在无限远处，等于透镜折射出平行光线。根据上述公式 $p' = f \cdot p / (p - f)$，如果 $p - f = 0$，那么无疑 p' 将为无限大。

第二种，"若物距镜不及日限，则光线变为侈行"，即当折射后的光为发散光线，"算侈行线交点法，置物距镜与日限相乘，物不及日限除之，即交点距镜之数"[④]。根据上述公式：$p' = f \cdot p / (p - f)$，其中 $p - f$ 为负值，像距交点应在物距一方。

显然，他揭示的物距、像距和透镜焦距三者之间的数量关系是完全正确的。

（2）透镜组的焦距公式。邹伯奇曰："有两凸相迭，求聚光法。以两凸聚光限相乘，两凸聚光限相并除之，得两凸相迭聚光限。"[⑤] 即由两片凸透镜构成的透镜组，其合成焦距 f 与两凸透镜的焦距 f_1、f_2

① 邹伯奇：《格术补》，载戴念祖主编《中国科学技术典籍通汇物理卷》（第一册），河南教育出版社，第 1028 页。
② 邹伯奇：《格术补》，载戴念祖主编《中国科学技术典籍通汇物理卷》（第一册），河南教育出版社，第 1028 页。
③ 邹伯奇：《格术补》，载戴念祖主编《中国科学技术典籍通汇物理卷》（第一册），河南教育出版社，第 1028 页。
④ 邹伯奇：《格术补》，载戴念祖主编《中国科学技术典籍通汇物理卷》（第一册），河南教育出版社，第 1028 页。
⑤ 邹伯奇：《格术补》，载戴念祖主编《中国科学技术典籍通汇物理卷》（第一册），河南教育出版社，第 1028 页。

之间的数量关系为：$f = f_1 \cdot f_2 / (f_1 + f_2)$。"若先有相迭聚光限，与一凸聚光限相乘，与一凸聚光限相减，为法除之，得余一凸聚光限。"即如果已知总焦距和一分焦距，求另一分焦距的公式为：$f_1 = f \cdot f_2 / (f - f_2)$。

（3）望远镜的放大倍数。邹伯奇说明望远镜的放大原理，曰："远镜之理，物既远不能使之近，隔以浅凸镜，则收光限处聚光而成倒影，目可近矣。"但仅有物镜还不够，须有目镜，"加以深凹，使光线变为平行，则目底成影可见矣"。目镜可以是凹镜（即伽利略式），也可以是凸镜（即开普勒式），"加深凹者见形顺，加深凸者见形倒"。而求望远镜的放大倍数则应"以内镜深凹、深凸之限，归除外镜浅凸之限，而得其比例焉"①。即以物镜之焦距除以目镜之焦距。

就本书所关注的各种望远镜的特点，邹伯奇有着非常精辟的论述。

（1）伽利略式望远镜。邹氏论曰："作远镜外浅凸内深凹者"，即伽利略式，"物形已见顺，故只用两镜而已。目可切镜而视，内深凹可狭，足目瞳而止，广亦无用，外浅凸宜广，广则视物多"②。

关于这段话，研究者骆正显先生是这样解读的："这里可以看出，邹伯奇有着清楚的关于光束限制、视场和出瞳距离的概念。他认为用伽利略望远镜，眼睛可以靠近目镜（切镜），目镜（内深凹）的直径可以小些（狭），但要能保证光束进入瞳孔，太大了也没有用处；物镜（外浅凸）直径要大（广），直径越大则视场也越大（视物多）。这种说法是正确的。"③

（2）开普勒式望远镜。邹氏论曰："作远镜外浅凸内深凸两镜者"，即开普勒式，"目切镜而视则视物少，外浅凸狭限之也，须离内深凸如

---

① 邹伯奇：《格术补》，载戴念祖主编《中国科学技术典籍通汇物理卷》（第一册），河南教育出版社，第1029页。

② 邹伯奇：《格术补》，载戴念祖主编《中国科学技术典籍通汇物理卷》（第一册），河南教育出版社，第1029页。

③ 骆正显：《释〈格术补〉》，《中国科技史杂志》1983年第2册，第32页。

收光限处，作小望眼，亦足目瞳而止，以收外内镜光。其视物之多，因内凸镜之广；其聚光之盛，因外凸之广。故外镜狭，不过光不盛，内镜狭则令见物少"①。

骆先生对此段话作如下解读："开普勒望远镜的视场跟目镜大小有关，目镜越大则视场越大（视物之多，因内凸镜之广）。而像的明亮程度，则跟物镜大小有关，物镜越大，则像越明亮（其聚光之盛，因外凸之广）。"与伽利略望远镜不同的是，此种望远镜"镜目距同样影响视场大小。文中指出，望眼应当在目镜焦点（收光限）处。眼瞳靠得太近，将使视场变小（目切镜而视则视物小）。这种分析也是正确的，在数值上则为近似"②。

对 18 世纪欧洲科学家为克服早期望远镜缺点，而改进的由三片或更多片透镜所构成的新型望远镜，邹伯奇也有论及。

（3）回光铁镜（即反射式望远镜）。邹氏论曰："作回光铁镜之法，为长广铜筒，筒口虚空，中置深凹小铁镜，面向内，背用曲柄持正，外连螺丝柄取进退。筒底内安浅凹大铁镜，面向外，中开空如小凹镜径，以受光线，筒底外安短小筒，径如大铁镜之孔。筒前后各安一深凸玻璃镜，前镜收光，要长于筒；后镜收光要短于筒，筒外再安短筒盖，钻小孔为通光望眼。物光由大筒口内四周空虚射入，浅凹大铁镜面受之，回光成倒影，射上深凹小铁镜，再折而下过大铁镜孔，透深凸玻璃镜而入，复成顺影，又透入后深凸玻璃镜，变平行入目。"③

当代科技史学家李迪先生根据邹伯奇的文字叙述，画出了光路图（见图17－9）④。这种所谓的"回光铁镜"，应该是前面介绍的格里高利反射式望远镜。

①　邹伯奇：《格术补》，载戴念祖主编《中国科学技术典籍通汇物理卷》（第一册），河南教育出版社，第 1029 页。

②　骆正显：《释〈格术补〉》，《中国科技史杂志》1983 年第 2 册，第 33 页。

③　邹伯奇：《格术补》，载戴念祖主编《中国科学技术典籍通汇物理卷》（第一册），河南教育出版社，第 1030 页。

④　李迪：《邹伯奇对光学的研究》，《物理》1977 年第 5 期，第 310 页。

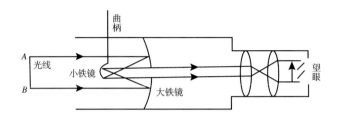

图 17 - 9　邹伯奇第一种反射望远镜

邹伯奇随后介绍了第二种反射式望远镜："物光射入浅凹铁镜回光，及其未成倒影，接以深凸回光小铁镜，则光线折而下，透筒底下深凸玻璃，亦成倒影甚大，再隔深凸视之，见物倒像宜甚大也。"[①] 李迪先生也画出了这种望远镜的光路图（见图 17 - 10）。这就是本书前面介绍过的塞卡格林式反射望远镜。

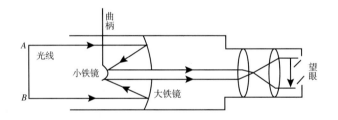

图 17 - 10　邹伯奇第二种反射望远镜

邹伯奇又说："用镜观象必须作架，上下四方，转侧咸宜。然平视则逸，仰视则劳。乃作侧接回光之法。于镜受光之后，侧置平面镜于中，以接光线，使光线折而横射，乃如法作深凸视之，则测地平至天顶，莫不平视矣。"[②] 上述李迪先生的论文中，没有解释这种望远镜，我认为，这就是牛顿式反射望远镜（见图 17 - 11）。

① 邹伯奇：《格术补》，载戴念祖主编《中国科学技术典籍通汇物理卷》（第一册），河南教育出版社，第 1030 页。
② 邹伯奇：《格术补》，载戴念祖主编《中国科学技术典籍通汇物理卷》（第一册），河南教育出版社，第 1030 ~ 1031 页。

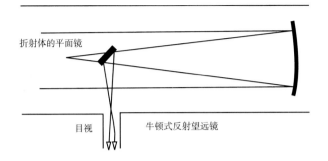

图 17 - 11　牛顿式反射望远镜光路图

对第十六章所提到的"惠更斯目镜"，邹伯奇也有述及，而称之为"三凸倒像镜"。他写道："于外凸收光限之前，加一深凸，令聚光缩短；再于聚光之后，加一更深凸为目镜，令光线平行，则物形亦倒，而视径愈变大。"① 他把位于物镜与目镜之间、新增加的那片"场镜"称为"中镜"。至于物镜、中镜和目镜相互的距离和各自的焦距，他没有能够给出具体的数量关系。

总之，邹伯奇的《格术补》一书虽然篇幅不长，但内容相当丰富。正如《中国光学史》所评论的："邹伯奇的《格术补》一书，篇幅虽然不多，内容却是极其丰富的。它反映出著者已经彻底弄清光学的基本理论以及几个光学部件的性质，得出了规律性的结论，并应用来解决光学仪器的问题。至此，我国学术界才算是彻底明白了望远镜和显微镜的原理。也可以说，只有《格术补》才全面澄清了过去在几何光学上的错误认识，大量地介绍了在此以前传教士们所未能输入的光学知识。"②

特别难能可贵的是，我们都知道，欧洲之所以能实现"科学革命"的一个条件，是将数学与实验引入到旧式以经验为基础的发明方式中，而中国恰恰因为这方面不足而没能实现"科学革命"。但是邹伯奇则在

---

① 邹伯奇：《格术补》，载戴念祖主编《中国科学技术典籍通汇物理卷》（第一册），河南教育出版社，第1029页。

② 王锦光：《中国光学史》，湖南教育出版社，1986，第183页。

将数学引入光学方面做出了有益的和成功的尝试。正如上面引述的梁启超的评语——"以算学释物理自特夫始"。

邹伯奇不满足于仅仅在纸上谈兵，也亲自动手制作望远镜和其他光学仪器，还有演示天体运动的仪器。现在广州文物管理处保存有邹伯奇制作的一架望远镜。上述李迪先生的文章中，刊载了其实物图片和光路示意图①。本书收录李迪先生画的光路图，至于实物图片（包括"七政仪"），则选用"中国文化网"中更为清晰者，如图 17 – 12 和图 17 – 13 所示。

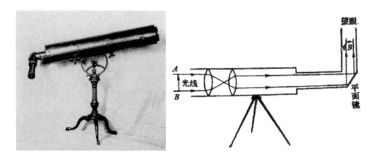

图 17 – 12　邹伯奇制望远镜的实物和光路图

图 17 – 13　邹伯奇制七政仪

---

①　李迪：《邹伯奇对光学的研究》，《物理》1977 年第 5 期，第 311 页。

邹伯奇在光学方面的另一个重大成就，是研制成功我国最早的照相术。本章开头处收录的邹伯奇像，现存广州博物馆，据说就是"邹氏自己用摄影方法所制成，历时百年还清晰没有脱色"①。他留下的"一块自拍像玻璃底版迄今尚珍藏在广州市博物馆。20世纪60~70年代，亦是时隔百余年之后，还用这底版冲印了极为清晰的邹伯奇像片"②。在《邹征君遗书》中存有一篇《摄影之器记》，在他的遗稿中"从照相的原理到照相机的结构，从照相过程到洗相和药疗配方都讲到了"。"据记载，1846年外国人第一次把照相机带到广州替人照相，但这已在邹伯奇1844年作'摄影器'之后两年了。"③ 照相术不在本书研究范围之内，故不详述。

对上述两位令人景仰的中国光学科学家，《中国光学史》做出了如下的评价："郑复光的卓越之处在于：他所处的时期，西洋光学传入的还很少，一本《远镜说》不过几千个字，真正叙述望远镜光学原理的内容少得尤其可怜，而且其中还有许多差错。另外就是《灵台仪象志》一类的天文书本，偶尔涉及光学。郑复光能够取它的精髓，吸取我国古代传统的光学知识，精心研究，融会贯通，独立创立起具有中国特色的光学大厦，实在是难能可贵的。在光学史上应当大书特书。"而"邹伯奇则以对问题研究的深入著称。他解释了一系列理论问题，得到了许多定量关系，而且大多正确无误，把我国的光学知识提高到一个新的水平""他们的成就是永远值得我们纪念的。"④

然而遗憾的是，这两位在中国光学史上做出卓越贡献的科学家，所遭遇的却是与欧洲同行们完全不同的命运。他们的发明既没有成为造福于国计民生的利器，也没有给自己带来显赫的声望和富裕的生活，而是

---

① 李迪：《邹伯奇对光学的研究》，《物理》1977年第5期，第311页。
② 戴念祖：《邹伯奇的摄影地图和玻璃摄影术》，《中国科技史料》2000年第2期，第30页。
③ 李迪：《邹伯奇对光学的研究》，《物理》1977年第5期，第312页。
④ 王锦光：《中国光学史》，湖南教育出版社，1986，第185~186页。

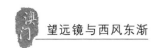
被埋没在历史的尘埃中。只是在后人书写中国光学史的时候，才拂去尘埃，发现其中的闪光思想，并为之发出由衷的赞叹和深深的惋惜。

1853 年，即郑复光《镜镜詅痴》一书出版后的第 6 年，张福僖与传教士艾约瑟共同翻译《光论》一书。他在所撰写的《自叙》中说："西人汤若望《远镜说》，语焉不详。近歙郑浣香先生著《镜镜詅痴》五卷，析理精妙，启发后人。顾亦有未得为尽善者。"① 说明翻译此书的主要目的是要弥补郑复光《镜镜詅痴》一书的不足，较详细而系统地介绍了当时西方的几何光学知识。《光论》一书标志着曾繁荣两个世纪的、后又几乎中断的西方科学（光学）的引进，在鸦片战争后的近代中国的再次兴起。而郑复光的《镜镜詅痴》和邹伯奇的《格术补》可以算是明清之际"西学东渐"在光学领域精彩辉煌的"最后绝唱"②。

---

① 张福僖：《光论》，载王云五主编《丛书集成初编》，上海商务印书馆，1936，第30 页。

② 《格术补》成书年代不详，虽出版时间在 1873 年，即《光论》之后，但没有证据表明他受到该书的影响。——著者注

第十八章 对"望远镜难题"的探索

　　以上文字，大概梳理了瞭望远镜自 1608 年在欧洲被发明以来，以及自 1622 年被西方传教士带入中国以后，所经历的不平凡的历史。我们看到，由于传教士们发挥了沟通东西两大文明、将欧洲科学文化介绍进中国的作用，最初在望远镜这一特定的科学仪器上，中国与欧洲的差距仅仅不到 20 年。但是，在这之后的 200 多年中，在望远镜的研制、改进和使用上，中国与欧洲的差距却是越来越大。与此同步，中国整体的科技创造力和综合国力也与西方强国越差越远，以致在 1840 年的鸦片战争中，古老庞大的中华帝国终于被欧洲强国英国击败，随后又接连被其他西方列强击败，从此陷入万劫不复的深渊，后来竟然几乎被区区倭寇所灭。作为现代科学的一件标志性仪器——望远镜，其在中国和欧洲的不同命运，向我们提出了一个耐人寻味的问题：这是为什么？

一

　　面积几乎等同、一样有着悠久历史和灿烂文明的中国和欧洲，都曾经成就了各自的众多重大发明。每一个中国的小学生都能倒背如流地列举出中国的四大发明——火药、指南针、造纸术、活字印刷术。当然还有更多，如茶叶、丝绸、瓷器等。这些中国的发明后来都被欧洲人拿去了，学会了，改进了，发展了，不仅用以促进了生产和技术，而且推动了社会的变革。正如马克思所说："火药、指南针、活字印刷术——这是预告资产阶级社会到来的三大发明。火药把骑士阶层炸得粉碎，指南针打开了世界市场并建立了殖民地，而活字印刷术则变成新教的工具，总的来说变成科学复兴的手段，变成对精神发展创造必要前提的最强大的杠杆。"① 欧洲不仅后来居上地超过了中国，甚至还反戈一击，打败了中国。

为什么中国人在拿来了望远镜之后，虽然也很惊奇，也很欣赏，也乐于接受，但是在使用和改进上却裹足不前了呢？这个以"望远镜"为切入口的"李约瑟难题"能找到答案吗？它又给我们带来什么启示呢？

为什么现代工业革命没有发生在中国，而是发生在欧洲？为什么曾经走在世界科技前列的中国，没有发生欧洲那样的科技革命？这是以研究中国古代科技史著称的一个叫做李约瑟（Joseph Terence Montgomery Needham，1900—1995）的英国人提出的"世纪难题"（见图18－1和图18－2）。

李约瑟受到这一难题的诱导和激励，完成了题为《中国古代科学技术史》的巨著，也对这一难题做出了自己的回答。他的答案指向了中国自秦统一以后建立并逐渐发展的"封建官僚制度"。所谓"封建"是

图18－1　李约瑟

① 《马克思恩格斯全集》（第47卷），《自然力和科学的应用（蒸汽、电、机械的和化学的因素）》，人民出版社，1979，第333页。

图 18 - 2 周恩来总理与李约瑟

指中央集权,所谓"官僚"是指皇帝直接管理官员,地方行政只对朝廷负责。官僚思想深刻地渗透到全体中国人的复杂思想中,科举制度也鼓吹这种"封建官僚制度"。

他认为,这种"封建官僚制度"产生了两种效应。正面效应加上科举制度的选拔,可以使中国非常有效地集中大批聪明的、受过良好教育的人。他们的管理使得中国井然有序,并使中国发展了实用化研究方法的科技。比如中国古代天文学取得了很大成就,再如大运河的修建等。但这种"封建官僚制度"的负面效应是:新观念很难被社会接受,新技术开发领域几乎没有竞争。在中国,商业阶级从未获得欧洲商人所获得的那种权利。中国有许多短语用来描述这一现象,如"重农轻商"等。中国历代的"重农抑商"政策表明了在那些年代的官僚政府的指导性政策。

最后他得出结论:"如果中国人有欧美的具体环境,而不是处于一个广大的、北面被沙漠切断,西面是寒冷的雪山,南面是丛林,东面是宽广的海洋的这样一个地区,那情况将会完全不同。那将是中国人,而不是欧洲人发明科学技术和资本主义。历史上伟大人物的名字将是中国人的名字，而不是伽利略、牛顿和哈维等的名字。"李约瑟甚至说："如果那样，将是欧洲人学习中国的象形文字，以便学习科学技术，而不是中国人学习西方的按字母顺序排列的语言。"①

近几十年来，特别是中国改革开放 30 多年来，学术界探讨这一难题的兴趣方兴未艾，论文论著汗牛充栋，方方面面的研究者、各种各样的理论模式各显其能，一派百花齐放、百家争鸣的生动局面。

就我看来，比较简单明了而又具有说服力的解释，其实基本是延续了，或者说是深化了李约瑟的结论。在这里我只较详细地介绍一中一西两位学者的观点，并将自己的学习心得穿插其间。

<h2 style="text-align:center">二</h2>

图 18 - 3　林毅夫

首先我想介绍给读者的，是中国当代经济学家林毅夫（见图 18 - 3）在其《李约瑟之谜：工业革命为什么没有发源于中国》《李约瑟之谜、韦伯疑问和中国的奇迹——自宋以来的长期经济发展》等一系列文章和相关的讲座中表述的观点。

林先生认为："在 18 世纪西方工业革命以前的一千多年时间里，中国一直是世界上科技最先进，经济最繁荣的国家。特别是在 9 世纪后随着大量人口逐渐从干旱的北方迁移到多雨潮湿的长江以南，牛耕轮作等新的生产技术的发明使垦荒日增，11 世纪初又从越南引进新的水稻高产品种，并伴随相应的耕作制度和农具

---

① 维基百科网。

的创新，迄至 13 世纪中国农业生产力处于世界最高水平。"① 不仅是农业，"那时的中国工业得到了高度发展。到 11 世纪末，据估计，铁的产量已经达到 150000 吨的巨数，如果以人均产量计算，这个数据是当时欧洲水平的 5 至 6 倍"②。

林先生的着眼点是从科学技术发展的自身规律出发，分析中国和欧洲在科技发展的不同阶段中，所表现出的优劣特征，来说明彼此的不同结局的。他将科技发展史分成两个阶段，他说："在前现代时期，技术的发明基本上源自于实践经验，而在现代，技术发明主要是从科学实验中得到的。"③

在科学技术发展的早期模式下，工匠和农民的人数越多，可能获得的偶然发现就越多。在这方面，人口众多显然具有比较大的优势。于是，在这里，一个简单而又人所共知的事实起到了决定性的作用，即历史上中国的人口一直比欧洲多。

至于为什么中国与欧洲面积相当，但人口长期比后者多，林先生在另一篇文章中做了精辟解释。他说："我认为不同地区人口密度的差异主要与不同地区养人成本有关"，中国广大农业区域独特的地形条件"受到太平洋季风的影响，使得中国的降雨主要集中在 5 ~ 10 月。农作物的生长需要水分和温度两个重要条件，中国每年的 5 ~ 10 月正好是'雨热同期'，特别适合粮食作物尤其是高产的水稻种植"。而欧洲则不同，"欧洲文明起源的希腊、罗马等地，雨季主要集中在冬春两季，正是温度较低的时候。降雨与高温不同期，因此欧洲比较适合小麦和草原畜牧业的发展"。而单位面积上的粮食种植往往比畜牧业可以养活更多的人口，粮食作物中水稻的单产通常是小麦的 3 倍多。换句话说，在中

---

① 林毅夫：《李约瑟之谜、韦伯疑问和中国奇迹——自宋以来的长期经济发展》，《北京大学学报》（哲学社会科学版）2007 年第 44 卷第 4 期，第 7 页。
② 林毅夫：《李约瑟之谜：工业革命为什么没有发源于中国》，载林毅夫《制度、技术与中国农业发展》，上海人民出版社，2008，第 234 页。
③ 林毅夫：《李约瑟之谜：工业革命为什么没有发源于中国》，载林毅夫《制度、技术与中国农业发展》，上海人民出版社，2008，第 245 页。

国单位面积土地所能供养的人口比欧洲多，"因此，欧洲的人口密度和总量历来就比中国低，大约只有中国的一半"①。

再回到上述话题。由于比起欧洲来说，中国人多，工匠和农民数量多，因此在早期的以经验为基础的技术发明方式上占有优势，这是中国经济在前现代社会长期领先于西方的主要原因。

但是后来情况发生了变化，即在 14 ~ 15 世纪欧洲发生了"科学革命"。林先生说："自从科学革命到来之后，科学发现的主要方式发生了变化，传统的经验性试错方法被一种新的更加有效的方法取代，新方法的主要特征是对有关自然的假说进行数学化与不懈的试验相互结合"。显而易见，"一位发明者在实验室里一年试错数量，也许比得上数以千计的经验丰富的农夫或工匠一辈子的试错次数"②。同时，有了知识的积累，也可以避免去做那些理论上完全不可能的尝试，由此成功的比率又至少提高了一倍。这样一来，国家人口的多少，在科学技术的发展上就无足轻重了。因此中国因人口众多而产生的技术发明概率较多的优势就丧失了。

然而，如果再问一个为什么，为什么"科学革命"发生在欧洲，而没有发生在本来比较先进而又人口众多的中国呢？林先生的答案指向了中国的"科举制度"。

诚然，各个民族中比较聪明、好奇心比较强的人的比率应该是差不多的。但是在中世纪封建制的欧洲，作为统治阶级的贵族完全依血统而定，平民生来是平民，一辈子别想进入上层社会。因此这些人将精力和智慧用于科学的研究和技术的改进上，期望以此来改善自己的生活，甚至改变自己的命运。而中国则不同，"科举制度"为每一个有聪明才智的人提供了跻身上层社会的机会。

---

① 林毅夫：《为什么中国一直是个人口众多的国家》，《解放日报》2009 年 7 月 3 日第 15 版。
② 林毅夫：《李约瑟之谜：工业革命为什么没有发源于中国》，载林毅夫《制度、技术与中国农业发展》，上海人民出版社，2008，第 252 ~ 253 页。

正如宋真宗《励学篇》中所云:"富家不用买良田,书中自有千钟粟。安居不用架高楼,书中自有黄金屋。娶妻莫恨无良媒,书中自有颜如玉。出门莫恨无人随,书中车马多如簇。男儿欲遂平生志,五经勤向窗前读。"

隋代创立科举制度的初衷是为了公平、公正地选拔人才,唐代初年的科举考试还保留有选拔数学人才的"明算科",直到宋代初年,科举还考算学。但后来就缩小了范围,科举考试的内容就被限定在封建统治者认为最关乎王朝稳定的儒家学说范围之内,删除了与"忠孝"无关的算学,而以四书五经为最基本的读本。"学生们需熟记长达431286个汉字的内容,并需熟悉篇幅数倍于原文的注解,以及仔细浏览其他相关的历史、文学等经典著作",平均每个参考者需要付出20年的宝贵年华。然而"尽管这样的过程痛苦而漫长,但学生却有足够的激励投身其中,因为在那时的中国,官员从各种意义上都是最荣耀、最有回报的职业,以至于传统中国社会把做官看成是向上层社会流动的快捷方式。而且,科举制度本身也提供了强大的激励:通过科举各层次的考试而获得相应各等级学位的人都可以获得相应的特殊待遇。政府甚至通过公开宣扬科举考试能带来的个人利益来引导形成争相参加科举考试的社会风气。"[1]

"科举制度"的利益导向,是大多数希望通过自身的努力而改变命运的、且具有一定聪明才智的中国人所不可抗拒的。而科举考试又以封建统治者认为最关乎王朝稳定的儒家学说为模板,摒弃了与此最高政治标准似乎并无直接关系的算学等科学方面的内容。这样,中国人口虽多,而甘于寂寞和清贫致力于科学探索与发明的人,却是少而又少。

作为科举考试基本教材的儒家经典著作,当然包含了中华民族的政治智慧和道德传统,这在当时那样交通和信息极度不发达的时代,对于

---

[1] 林毅夫:《李约瑟之谜、韦伯疑问和中国奇迹——自宋以来的长期经济发展》,《北京大学学报》(哲学社会科学版)2007年第44卷第4期,第10页。

维系一个国土广袤的大一统国家是相当成功的。自从宋代以后，在通过科举考试而进入高层的官员中，鲜有成为拥兵自重、对抗中央的反叛者。清代曾国藩平息了太平天国起义，掌握了当时最能征惯战的湘军，拥有与朝廷裂疆而治的资本，不少汉族士人曾对他寄予反清自立的期望。但他最终仍恪守儒家忠君信条，将湘军裁撤遣返，而做一个本分臣民。这就是最有力的证明。

疆域辽阔、人口众多的大一统国家的稳定无疑为当时工农商各业蓬勃发展提供了有利条件。但是任何一个好的制度都是有缺陷的，特别是随着时间的推移，缺陷就越明显。以儒家学说为标准的科举考试制度，其致命的缺陷是，没有给科学、特别是数学留下一席之地，这是造成"科学革命"不能在中国发生的关键所在。

林毅夫先生写道："我个人认为科学革命没有在中国发生，原因不在于恶劣的政治环境抑制了中国知识分子的创造力，而在于中国的科举制度所提供的特殊的激励机制，使得有天赋、充满好奇心的天才无心学习数学和可控实验等对科学革命来讲至关重要的人力资本，因而，对自然现象的发现仅能停留在依靠偶然观察的原始科学阶段，不能发生质变为依靠数学和控制实验的现代科学。"[1] 随着技术水准的不断提高，以前那种以经验为基础的技术发明空间越来越小，而欧洲由于出现了"科学革命"，"新技术的发明转向了以科学为基础的实验，技术发明和经济发展的速度加快。中国未能自主进行这种发明方式的转变，因此在很短的时间里，和西方国家的技术差距迅速扩大，国际经济地位一落千丈"[2]。

专门从事科学实验的发明家脱离了生产活动，又需要优越的生活条件；科学实验需要有资金投入，而这种投入又有极大的风险。据林先生考证，通常的科学发明只有5%的项目能够通过专利申请，而具有专利

---

① 林毅夫：《李约瑟之谜、韦伯疑问和中国奇迹——自宋以来的长期经济发展》，《北京大学学报》（哲学社会科学版）2007年第44卷第4期，第9~10页。

② 林毅夫：《李约瑟之谜、韦伯疑问和中国奇迹——自宋以来的长期经济发展》，《北京大学学报》（哲学社会科学版）2007年第44卷第4期，第6页。

权的项目中也只有一半真正具有商业价值。因此他指出，"这种有针对性的实验活动，代价较高，需要有成本效益的经济考虑。从这个意义上说，欧洲保护私有财产权和商业利益的制度可能确有利于这种试验型的技术创新活动"①。

我理解，其主要表现在欧洲各国通行的知识产权保护制度。然而林先生并没有对此进行充分的说明，甚至在一次讲课中还否认了西方专利制度的重要性。但我认为其重要性是不容忽视的。

以望远镜为例，之所以将望远镜的发明确定为 1608 年，并将其发明权授予荷兰商人的证据是，在那一年，荷兰眼镜商人利普赫向政府提交了发明望远镜的专利申请，他期待这一发明能为自己带来丰厚的商业利润。虽然荷兰政府并没有让他如愿以偿，但是可以证明，早在 400 年前的欧洲，通过自主发明以求赚取利润和满足富裕生活的理念已经相当流行了。

甚至在更早的 15 世纪时，保护知识产权的专利制度就开始在工商业繁荣发展的威尼斯等意大利城邦国家中实行。1474 年威尼斯的议会就颁布了旨在赋予新技术所有者市场专营权的法律。该法律规定："任何人在本城市制造了以前未曾制造过的、新颖而精巧的机械装置，一旦改进趋于完善以便能够使用和操作，即应向市政机关登记。本城其他任何人在 10 年内没有得到发明人的许可，不得制造与该装置相同或相似的产品。如有任何人制造，上述发明人有权在本城市任何机关告发，该机关可以命令侵权者赔偿 100 金币，并将该装置立即销毁。"② 最早使用望远镜观测天体的伽利略，就曾在 1594 年获得了威尼斯总督对他的一项引水灌溉机器的发明下达的为期 25 年的专利保护令。本书第三章也提及了，当伽利略将他所制作的天文望远镜展示给威尼斯的当局者时，他获得了帕多瓦大学发给的终身教授的聘书，薪金也比过去提高了一倍。

---

① 林毅夫：《李约瑟之谜、韦伯疑问和中国奇迹——自宋以来的长期经济发展》，《北京大学学报》（哲学社会科学版）2007 年第 44 卷第 4 期，第 9 页。

② 唐宗舜：《专利法教程》（第三版），法律出版社，2003，第 7 页。

18 世纪初，英国的商船和军舰因为不能准确地确定海上方位（特别是经度）而屡屡发生沉船事故。1713 年，"威廉·惠更斯和一位叫做迪顿（Humphry Ditton）的教师宣称说他们找到了在海洋上建立经度的方法，如果给他们合适的奖励，他们愿意把该方法公之于世"。虽然他们的方法其实并不可行，但却促使英国议会建立了一个被称做"经度局"的机构。"该局以权威的方式发表公告，称愿意给能够提供在海洋上测定经度的实用方法的人士以重奖，确定经度 1 度的，给奖金 1 万英镑，如果测定的精度加倍，那么奖金也加倍。"① 于是不久，这个技术难题就得到了解决。这有点像我国春秋战国时期燕昭王千金购买马骨的故事。

这种致力于保护知识产权的专利法的实行，使发明者能够凭借自己的聪明才智而获得财富，并打击不劳而获的剽窃行为，进而造成一种标新立异、大胆创新的社会氛围，鼓励人们去发明前人所没有的新技术、新产品。

而反观中国，长久以来都没有一种鼓励创新和发明的社会机制。知识通常只是一种精神的追求。有时候它被吹捧得至高无上，如曹丕在《典论·论文》中，认为文章是"经国之大业，不朽之盛事"，甚至比立德、立功都具有更重要的地位；李白诗曰："屈平辞赋悬日月，楚王台榭空山丘"，强调了知识文化的隽永和富贵权力的短暂。但是这多与知识所有者今生今世的物质生活无关。纵然李白可以因擅长作诗而云游天下，但同样曾以诗词"惊天地泣鬼神"的杜甫，却落得穷困潦倒而死的结果。司马迁从未期望凝结自己生命的《史记》能为他带来荣誉和财富，只是准备将它"藏之名山"；曹雪芹披沥十载而成、"字字看来都是血"的《石头记》，不仅不能使他致富，就连他的著作权也是后世学者费心考证出来的。

历史上的科学著作更是如此，李时珍致毕生之力才完成的那部惠及

---

① 〔英〕米歇尔·霍斯金：《剑桥插图天文学史》，江晓原等译，山东画报出版社，2003，第 166 页。

万世的《本草纲目》，不仅没有给他挣来一文钱的稿费，其刻印出版还得靠自己筹款。前面提到的明末发明家薄珏竟然"家贫死不能敛。赖诸友会赙乃得殡"①。更多科学发明则连它们发明人的名字都没有留下来。一些精巧的发明被轻蔑地视为"奇技淫巧"，被当做是发明人"玩物丧志"的证据。相对于早至 15 世纪就开始草创保护知识产权法规的欧洲国家来说，在中国大量有益于国计民生的科学文化产品，除了造福于社会之外，并不能给创造者带来利益。正如明代著名科学家宋应星在他的《天工开物·序》中所言："丐大业文人弃掷案头，此书于功名进取毫不相关也！"② 即是说：请那些有雄心壮志的文化人把我的这本书丢弃掉吧。它对你们的功名富贵一点好处都没有！

梁启超曾将清代乾嘉以后从事天文历法的学者分为三类：第一类是供职于钦天监的官员；第二类为"初非欲以算学名家，因治经或治史有待于学算，因以算为其副业者"③ 的官员或文人；第三类是职业科学家。这些科学家处境最为艰难，一生清贫，不求名利，默默研究著述，奉献了毕生精力，很多人甚至早夭。梁启超叹息道："清代算学家多不寿，实吾学界一大不幸也！""呜呼！岂兹事耗精太甚，易损天年耶？"④

与之相反，在中国历史上唯一能让持有者赢得功名富贵的知识，则是与发展科学技术无关，仅仅有助于王朝稳定的儒家经典。

总而言之，一方面没有类似欧洲的知识产权保护的专利制度，另一方面有诱导性极强的将保守的儒家忠孝学说奉为圭臬的科举制度，这一反一正的两个作用力，形成了中国社会对知识和知识分子的一种思维定式，即如果知识分子不通过熟练地掌握四书五经和八股文写作技巧从而

① 邹漪纂《启祯野乘》（卷六），《薄文学传》故宫博物院图书馆校印本，民国二十五年。

② 宋应星：《天工开物》，广东人民出版社，1976，第 10 页。

③ 梁启超：《中国近三百年学术史》，东方出版社，2003，第 381 页。

④ 梁启超：《中国近三百年学术史》，东方出版社，2003，第 388 页。

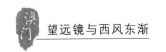

赢得科举考试，那他至多只是一个贫穷的"精神贵族"。自隋唐创始延续了一千多年的科举制度，以其强大的利益驱动机制，驱使一代又一代的读书人皓首穷经，寒窗苦读，百折不回。而能够以反潮流的大无畏精神，摆脱这一精神桎梏，成就创新发明的则寥若晨星。

三

图 18 - 4　贾雷德·戴蒙德

我想介绍的第二位学者是美国人类史专家贾雷德·戴蒙德（Jared Diamond）（见图 18 - 4）。他的《枪炮、病菌与钢铁：人类社会的命运》英文原版书（见图 18 - 5）问世于 1997 年，获 1998 年美国普利策奖、英国科普书奖。该书的中文译本于 2006 年问世。

戴蒙德先生并不是仅仅将目光集中在中国和欧洲，而是试图找到解释各大洲不同民族的不同发展历程之谜的一把万能钥匙。他综合了遗传学、分子生物学、涉及农作物及其原始野种的生物地理学、涉及家畜及其原始野种的行为生态学，研究人类病菌及有关动物病菌的分子生物学、研究人类疾病的流行病学、人类遗传学、语言学和对所有大陆和主要岛屿进行的考古研究以及对技术、文字和政治组织的历史研究等众多方面的知识和研究成果。他的著作可以说是当代人类史研究的集大成之作。戴蒙德先生的主要观点如下：

第一，世界上各个种族之间不存在与生俱来的智力差异，各民族的聪明才智是平等的。在公元前 11000 年上一次冰期结束时，生活在各大洲的各个种族基本上处于同等的发展阶段，即狩猎和采集经济阶段。差距发生在公元前 11000 年至公元 1500 年之间。在这一阶段中，"不同大陆的不同发展速度，成了导致公元1500年时技术和政治差异的原因"①。

第二，农业（包括种植业和畜牧业）的发明，是人类社会发展史上的一次举足轻重的大飞跃。因为，与狩猎和采集经济相比较，农业可以使人们从单位面积的土地上所获得的食物量大大提高，使单位土地上可以养活的人口提高10倍到100倍。这样就可以让部分人口从年复一年、日复一日的生产食物的劳动中解放出来，而从事文化、科学和管理工作，进而提高社会生产

图18－5　原版《枪炮、病菌与钢铁：人类社会的命运》的封面

力，加速人口的繁衍，使社会步入加速度良性发展的轨道。因为"人口多意味着搞发明的人和互相竞争的社会也多"②。

同时，农业的发明和发展使得人们的定居生活成为必要和可能。"粮食生产要求我们留在我们的作物、果园和剩余粮食储备的近旁""定居生活对技术史具有决定性的意义，因为这种生活使人们能够积累不便携带的财产""在人们定居下来从而免去携带坛坛罐罐和织机的麻烦之前，无论是制陶还是编织都不会产生"③。

因此，"在所有其他方面条件相同的情况下，技术发展最快的是那些人口众多、有许多潜在的发明家和许多互相竞争的社会的广大而富有

①　〔美〕戴蒙德：《枪炮、病菌与钢铁：人类社会的命运》，谢延光译，上海世纪出版集团，2008，第5页。

②　〔美〕戴蒙德：《枪炮、病菌与钢铁：人类社会的命运》，谢延光译，上海世纪出版集团，2008，第272页。

③　〔美〕戴蒙德：《枪炮、病菌与钢铁：人类社会的命运》，谢延光译，上海世纪出版集团，2008，第269页。

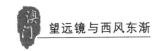

成果的地区"①。

第三,绝大多数野生物种被证明是不能被驯化的。从数十万、数百万种的野生动、植物中,遴选出几种、十几种可以驯化的植物物种和动物物种。作为人类发展种植业和养殖业的物种,需要特定的地理环境,同时这又是一个异常艰难的过程,因此堪称为最伟大的发明。在这些早期发明中,并没有欧洲人的功劳——大麦和小麦最早出现在两河流域,黍子和稻米首先出现在中国的北方和南方,玉米种植则是产生在中美洲。早期农业的繁荣孕育了发达的两河文明、中华文明等。

戴蒙德进一步指出:"对所有社会来说,许多或大多数技术都不是当地发明的,而是从其他社会借来的。"特别是那些复杂的发明"通常是靠借用而得到的,因为他们的传播速度要比在当地独立发明的速度快"②。在这一传播过程中,位于欧亚大陆西端的欧洲具备了"近水楼台先得月"的优越的地理条件。

笔者提醒人们注意一个简单的事实,即在地球上的几块大陆中,欧亚大陆是东西距离最长的大陆,用戴蒙德的话来说,"欧亚大陆的主轴线是东西向的",而非洲和美洲的主轴线都是南北向的。

在这一人所共知的地理常识中,戴蒙德发现了别人没有发现的、可以打开历史谜团的钥匙。即相同的纬度,意味着大体相同的气候条件,这正是受制于地理气候条件的种植业和畜牧业赖以存在和发展的决定因素。"欧亚大陆(实际上也包括北非在内)是世界上最大的陆块,包含有数量最多的互相竞争的社会。它也是拥有粮食生产开始最早的两个中心的陆块,这两个中心就是新月沃地③和中国。它的东西向的主轴线,

---

① 〔美〕戴蒙德:《枪炮、病菌与钢铁:人类社会的命运》,谢延光译,上海世纪出版集团,2008,第 270 页。

② 〔美〕戴蒙德:《枪炮、病菌与钢铁:人类社会的命运》,谢延光译,上海世纪出版集团,2008,第 261~262 页。

③ 戴蒙德将两河流域地区称为"新月沃地"。

使欧亚大陆一个地区采用的许多发明较快地传播到欧亚大陆具有相同纬度和气候的其他地区的社会。"① 于是,从公元前8000年起,欧洲很快地引进了起源于两河流域和欧亚大陆其他地区的驯化物种——大麦、小麦等粮食作物和家畜。

不仅如此,"一般来说,对作物、牲畜以及与粮食有关的技术进行频繁交流的社会,更有可能也从事其他方面的交流""欧亚大陆农业的更快传播速度对欧亚大陆的文字、冶金、技术和帝国的更快传播方面发挥了作用"②。

基于上述观点,戴蒙德先生得出结论:与其他大陆比较,位于欧亚大陆上的各个民族,具备了在技术和社会发展上的天然优势条件。事实上,欧亚大陆也确实在该书作者戴蒙德先生划定的从公元前11000年到公元1500年之间的时间段内,走在了其他大陆的前列。

但是,同是处于欧亚大陆广袤土地上的不同地区和民族,又经历了各自不同的发展道路。两河流域的文明因为地处干旱少雨的生态脆弱地区,自然的植被再生速度赶不上当地人的破坏速度,因此生态恶化了,文明衰落了。欧洲人并不是天生就具备保护环境的意识,而是他们幸运地"碰巧生活在一个雨量充沛、植被再生迅速的好环境里。在粮食生产传入7000年之后,欧洲北部和西部的广大地区今天仍能维持高产的集约农业"③。

那么中国呢?中国为什么在领先欧洲若干世纪之后却于近代落后了呢?戴蒙德称:"为什么中国也失去了这种领先的优势呢?中国的落后起初是令人惊讶的。"中国不仅在早期有着与新月沃地一样的有利条件,产生了几乎与之一样早的粮食生产,而且也不像后者那样处于特别

---

① 〔美〕戴蒙德:《枪炮、病菌与钢铁:人类社会的命运》,谢延光译,上海世纪出版集团,2008,第270页。

② 〔美〕戴蒙德:《枪炮、病菌与钢铁:人类社会的命运》,谢延光译,上海世纪出版集团,2008,第186~187页。

③ 〔美〕戴蒙德:《枪炮、病菌与钢铁:人类社会的命运》,谢延光译,上海世纪出版集团,2008,第442页。

干旱的生态脆弱区域。"中国在将近 1 万年之后仍能维持高产的集约农业。"①

为了解答这个问题，戴蒙德不仅在环顾世界时多次谈到位于欧亚大陆东端的中国，还特意写了专门的一章——《中国是怎样成为中国人的中国的》。

关于中国，戴蒙德指出：根据考古发现，"我们可以说，中国是世界最早的动植物驯化中心"，凉爽、干燥的北方驯育出耐旱的黍子，温暖潮湿的南方驯育出水稻。中国最早驯化的动物是猪、狗、鸡、鸭、鹅和水牛。其中水牛是最重要的，因为它可以用于拉犁。除了中国自己驯化的动植物之外，"正如欧亚大陆的东西轴向使许多这样的中国动物和植物在古代向西传播一样，西亚的驯化动植物也向东传播到中国，并在那里取得重要的地位。西亚对中国经济特别重大的贡献是小麦和大麦、牛和马，以及（在较小程度上）绵羊和山羊"②。

"中国广大的幅员和生态的多样性造就了许多不同的地区文化""在公元前第四个一千年期间，这些地区性文化在地理上扩张了，它们开始相互作用，相互竞争，相互融合。正如生态多样性地区之间驯化动植物的交流丰富了中国的粮食生产一样，文化多样性地区之间的交流丰富了中国的文化和技术，而交战的酋长管辖地之间的激烈竞争推动了规模更大、权力更集中的国家的形成"③。

按照戴蒙德的"地理轴线定律"来看中国。中国有着距离大体相等的南北和东西轴线。南北之间的气候差异虽然妨碍了作物的传播，但是不存在像非洲那样的足以阻断文明传播的沙漠，也不像中美洲那样被狭窄的地峡所隔离。"倒是中国由西向东的大河（北方的黄河、南方的

① 〔美〕戴蒙德：《枪炮、病菌与钢铁：人类社会的命运》，谢延光译，上海世纪出版集团，2008，第 443 页。
② 〔美〕戴蒙德：《枪炮、病菌与钢铁：人类社会的命运》，谢延光译，上海世纪出版集团，2008，第 351 页。
③ 〔美〕戴蒙德：《枪炮、病菌与钢铁：人类社会的命运》，谢延光译，上海世纪出版集团，2008，第 352 页。

长江）方便了沿海地区与内陆之间作物和技术的传播，而中国东西部之间的广阔地带和相对平缓的地形最终使这两条大河的水系得以用运河连接起来，从而促进了南北之间的交流。所有这些地理因素促成了中国早期文化和政治的统一。"①

为了更有力地说明中国早在公元前 221 年就实现了统一，而欧洲则直至今日还从未统一过，"就连查理曼、拿破仑和希特勒这些下定决心的征服者都无能为力"的终极原因，戴蒙德先生在他的书中对比了中国和欧洲的地图（见图 18 - 6）。

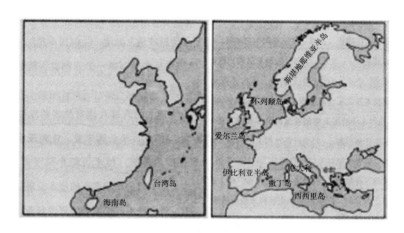

图 18 - 6　中国和欧洲的海岸线对比

从最为简单直白的事实来说明最为深奥费解的难题，是戴蒙德先生思维的特点和优点。关于中国与欧洲不同的地理条件而导致的不同的文明演进特点，他指出：

第一，"欧洲海岸线犬牙交错，它有 5 个大半岛，每个半岛都近似孤悬海中的海岛，在所有这些半岛上形成了独立的语言、种族和政府"；而中国的海岸线则平直得多。

第二，"欧洲有两个岛（大不列颠和爱尔兰），它们的面积都相当

---

① 〔美〕戴蒙德：《枪炮、病菌与钢铁：人类社会的命运》，谢延光译，上海世纪出版集团，2008，第 353 页。

大，足以维护自己的政治独立和保持自己的语言和种族特点""但即使是中国的最大岛屿台湾岛和海南岛，面积都不到爱尔兰的一半"，在历史上不能形成独立的政体和语言。

第三，"欧洲被一些高山（阿尔卑斯山脉、比利牛斯山脉、喀尔巴阡山脉和挪威边界山脉）分割成一些独立的语言、种族和政治单位；而中国在西藏高原以东的山脉则不是那样难以克服的障碍"。

第四，"中国的中心地带从东到西被肥沃的冲积河谷中两条可通航的水系（长江和黄河）联系起来，从南到北又由于这两大水系（最后有运河连接）之间比较方便的车船联运而成为一体。因此中国很早就受到了地域广阔的两个高生产力核心地区决定性的影响，而这两个地区本来彼此只有微不足道的阻隔，后来竟合并为一个中心"。而"欧洲的两条最大的河流——莱茵河与多瑙河则比较小，在欧洲流经的地方也少得多。""欧洲有许多分散的小的核心地区，没有一个大到足以对其他核心地区产生长期决定性影响，而每一个地区又都是历史上一些独立国家的中心。"①

这些因素加在一起，成为中国早早就实现了统一而欧洲则始终处于群雄并列的分裂状态的决定性原因。

早期的统一无疑是社会发展的强大动力，因为"更大面积或更多人口意味着更多的潜在的发明者"和"更多的可以采用的发明创造"。当集中统一的专制政权处于上升时期推行有利于生产技术的措施时，也能达到力排众议、举国一致、令行禁止的好效果。正如秦始皇立郡县制，统一文字、度量衡，隋炀帝开凿大运河，宋真宗推广优质水稻良种②和明成祖派遣郑和下西洋一样，幅员辽阔、人口众多、市场广大的中华帝国凭借着造物主赐予的这些优越条件，在这方土地上生生不息，

---

① 〔美〕戴蒙德：《枪炮、病菌与钢铁：人类社会的命运》，谢延光译，上海世纪出版集团，2008，第445～446页。
② 林毅夫称："值得注意的是，与许多现代农业创新一样，'占城'水稻新品种的推广也是由政府倡导的。宋真宗把大量的'占城'稻由南方带至长江三角洲。"见林毅夫《制度、技术与中国农业发展》，上海人民出版社，2008，第261页。

创造了汉唐盛世，创造了自己在若干世纪内一直领先于世界的灿烂文明。但是到了后期，这种越来越极端的集中统一就变成了专制独裁，成为科技发展和社会发展的阻力。

在这里笔者补充一点自己的认识。中国的统一是一步一步地形成和完善的，大体可以分为三个阶段：

第一阶段是黄河流域不同区域经过激烈的竞争而达到统一。这就是从春秋战国到秦灭六国。这一阶段形成了中华文明的主体特征：以粮食生产为主的农业经济、以儒家思想为主的政治道德理念以及包括汉字和官话的语言文字体系。它缔造出汉代的盛世。这时期中国的政治经济的中心在关中地区的长安。

第二阶段是黄河流域与长江流域两个农业主产区的统一。它的标志是隋炀帝时开凿的沟通两大流域的大运河。黄河流域深厚久远的文明惠及了长江流域文化相对欠发达的区域，而长江流域以其良好的气候生产出越来越多的粮食回报黄河流域地区。

在这里还应该提一提连接江西赣江和广东北江，进而连接长江水系和珠江水系的最短的陆路通道——"梅岭古道"。唐代开元年间，家在今韶关曲江的朝廷重臣张九龄因病返乡。他见大庾岭交通阻塞，便上奏朝廷，请求开凿新路，并很快得到了唐玄宗的批准。是年冬，九龄不畏艰险，亲自指挥，历经两年，开通了一条宽 1 丈，长 30 华里（1 华里 = 0.5 公里），两旁广植松梅的大道，即"梅岭古道"。和大运河一样，这条道路对促进南北经济和文化的交流做出了贡献。南北农业主产区的统一，缔造出唐代的又一个盛世，达到了封建社会①辉煌的顶峰。

---

① 近年来，武汉大学冯天瑜教授在一系列著作和论文中，对长期以来将自秦至清两千年（公元前 221～公元 1910 年）的中国社会定性为"封建社会"的提法提出质疑。他指出，封建是指列土分封，而自秦以来实行的是郡县制。他提出应以"宗法制、地主制和官僚政治综合而成的皇权社会"来定义这一时期中国社会的性质（见《厘清"封建"概念与中国社会定位》，《湖北社会科学》2009 年第 7 期，第 117 页）。笔者基本同意冯教授的观点。但在这一新概念还没有被广泛接受而达到约定俗成、人人明白之前，在本书中仍使用原来的用语。

作为政治文化中心的都城也渐渐向江南粮食主产区靠近。

第三阶段是农业经济区域与北方游牧经济区域经过长期反复的争斗最终达到了统一。它经历了宋与辽、宋与金、宋与西夏的铁马金戈的战争，又经历了元的暂时统一和明与北元的再次划长城而治，最终归一于发源在白山黑水的大清王朝。虽然剽悍的北方游牧民族能在马上赢得战争，但它终究被以农业文明为主的中华文化所征服。高度统一的清王朝奠定了中国的近代版图，"居庸从此不为关"，一道分割农业区域和游牧业区域的万里长城最终失去了其原本的功效。康乾盛世以其辽阔的版图、众多的人口和庞大的经济力成为中国封建社会的最后一个盛世，清帝国一度以当时最强大、最富足的世界强国雄踞东方。与此同时，也因此消除了历史上发生在这一区域内的所有能够推动社会前进的竞争；创造了一个天朝无敌且能永续、万事皆不求人的美丽神话；并且将明以来（自朱元璋废除宰相制度以后）的高度集中的君主集权制度和文化专制制度发展到极致。这一时期位于农业和畜牧业区域的结合点的北京，终于成为帝国都城首选之地。

戴蒙德指出："直到公元1450年左右，中国在技术上比欧洲更富于革新精神，也先进得多，甚至也大大超过了中世纪的伊斯兰世界。中国的一系列发明包括运河闸门、铸铁、深钻技术、有效的牲口挽具、火药、风筝、磁罗盘、活字、瓷器、印刷、船尾舵和独轮车。接着中国就不再富于革新精神。"① 而欧洲则后来居上，快速地超过了中华古老的千年帝国。

是什么因素扼杀了中国人的创新精神呢？笔者在此再一次引用那句中国格言："成也萧何，败也萧何"。

这里所谓的"成也萧何，败也萧何"，说的是历史上某一种能够在较长时期内实行的某项制度安排，往往是由当时的形势所决定的，往往

---

① 〔美〕戴蒙德：《枪炮、病菌与钢铁：人类社会的命运》，谢延光译，上海世纪出版集团，2008，第260页。

是制度的制定者经过深思熟虑而设计的，或者是权衡了种种优劣得失之后不得不采用的，必然也是当时的大多数社会成员所能够接受的，其在实践过程中必定也显示出正面的效果，用经典的话语来说，就是对社会生产力的发展起到了推动作用。然而任何制度必定不是完美无缺的。随着时间的推移、形势的变化，如果不与时俱进，加以改革，其缺陷和不合理之处将越来越明显地暴露出来，最终成为阻碍历史发展的桎梏。而且往往是最初所显现的正面效应越大的制度安排，就延续得越久，改变起来就越难，最后造成的损失往往也越大。正如恩格斯在解释"凡是现实的都是合理的，凡是合理的都是现实的"这一哲学命题时说过的那样，历史上的一切社会制度"对它所有发生的时代和条件来说，都有它存在的理由；但是对它自己内部逐渐发展起来的新的、更高的条件来说，它就变得过时和没有存在的理由了"①。中国几千年来的高度统一的君主集权制以及为了维护这一政治制度而奉为独尊的儒家思想和为选拔官吏所实行的科举考试，都是这样。

地理上的四通八达使中国获得了一种"初始的"有利条件，但由此而形成的高度统一和专制集权，却在后来成为了技术发展的一个重要的不利条件，"某个专制君主的一个决定就能使改革创新半途而废"。戴蒙德认为："地理上的四通八达对技术的发展既有积极的影响，也有消极的影响。因此，从长远来看，在地理便利程度不太高也不太低而是中等适度的地区，技术可能发展得最快。"②

他对比了明代初期大航海的终止和哥伦布发现新大陆的不同遭遇，生动地说明了这一点。

从1405年到1433年，中国下西洋的船队成功地进行了七次远航，但是后来朝廷上的一次看来十分平常的斗争却永远地终结了远航。一直支持远航的太监们在斗争中失势了，于是大明朝廷不仅停止

---

① 《马克思恩格斯选集》（第四卷），人民出版社，1972，第212页。
② 〔美〕戴蒙德：《枪炮、病菌与钢铁：人类社会的命运》，谢延光译，上海世纪出版集团，2008，第448页。

派遣船队，连造船的船坞也被拆毁。因为中国在政治上是统一的，因此“那个一时的决定竟是不可逆转的，因为已不再有任何船坞来造船以证明那个一时的决定的愚蠢，也不再有任何船坞可以用作重建新船坞的中心。”①

而哥伦布的命运却不同。他出生于意大利，曾为法国公爵服务，后来又效力于葡萄牙国王。他曾向葡王请求支持他的西行探险，但遭到拒绝。他又向驻里斯本的海军提督梅迪纳·塞多尼亚公爵提出申请。再次遭到拒绝后，他继而向另一位叫做梅迪纳·塞利的伯爵请求支持，结果又被拒绝了。最后他向西班牙的国王和王后一再地提出请求，终于在第二次获得了支持。这 1/4 的成功率最终造就了哥伦布的伟大发现。戴蒙德说：“如果欧洲在这头三个统治者中任何一个的统治下统一起来，他对美洲的殖民也许一开始就失败了。”②

我认为，这里还要强调一点，即应该区分此一专制政权是处于生气勃勃的上升时期，还是处于僵化、保守的衰落时期。戴蒙德先生说：“强有力的集中统一的政府在 19 世纪后期的德国和日本对技术起了推动作用，而在公元 1500 年后的中国则对技术起了抑制作用。”③ 这是因为 19 世纪的德国和日本正处于生气勃勃的资本主义早期，而 1500 年以后的中国则是处于封建社会的晚期了。

由此可见，长时间的集中统一所产生的第一个弊端是：高度的一致性、极端的统一，以致企图消除一切差异的社会制度，常常有意或无意地扼杀科学和技术的发明和创新。相反，容忍差异性存在的多元化社会制度，则往往有意或无意地保护了科学和技术的发明和创新。

长时期的集中统一所造成的第二个致命的弱点，戴蒙德先生虽然也

① 〔美〕戴蒙德：《枪炮、病菌与钢铁：人类社会的命运》，谢延光译，上海世纪出版集团，2008，第 444 页。

② 〔美〕戴蒙德：《枪炮、病菌与钢铁：人类社会的命运》，谢延光译，上海世纪出版集团，2008，第 444 页。

③ 〔美〕戴蒙德：《枪炮、病菌与钢铁：人类社会的命运》，谢延光译，上海世纪出版集团，2008，第 257 页。

曾一般性地提到，却没有给予足够的重视。笔者在前面曾引用过他在比较不同大陆时所说的一句话，即"在所有其他方面条件相同的情况下，技术发展最快的是那些人口众多、有许多潜在发明家和许多互相竞争的社会的广大而富有成果的地区"①。而当以这一观点看待中国时就发生问题了，因为在大一统的君主集权王朝统治下的中国，虽然有众多的人口和较多的潜在发明家，却没有、或者说缺少"许多互相竞争的社会"。

戴蒙德先生指出："社会的地理位置决定了他们接受来自其他社会的技术的容易程度是不同的。"② 他举出了一个很有意思的事例。作为一个孤岛国家的日本，早在 1543 年就从远道而来的葡萄牙人那里了解到枪支的威力，并开始制造枪支。但是当时的统治阶层武士是习惯用刀且善于用刀的。枪支则轻而易举地剥夺了武士的尊严，因此其生产遭到了严格的控制，以致几近灭绝。

其实在中国更早些时也有类似的事例。在明太祖朱元璋当政时，某兵部侍郎发明了一种能连发 20 响的火器献给了皇上。朱元璋说："此物在我为利器，若落于贼人之手，焉不为利器乎？立国在德，德能抚远怀民，为万世之基。"于是下令"碎其图纸"。枪支在当时中、日两国的相同命运的共同原因就是，它们在地理上都没有强大的外敌威胁。

但是在欧洲则不同。戴蒙德先生说："在同时代的欧洲也有一些鄙视枪支并竭力限制枪支使用的统治者。但这些限制措施在欧洲并未发生多大作用，因为任何一个欧洲国家，哪怕是短暂地放弃了火器，很快就会被用枪支武装起来的邻国打垮。"③

在 19 世纪欧洲的政治版图上，德国处于被英、法、俄等欧洲强国

---

① 〔美〕戴蒙德：《枪炮、病菌与钢铁：人类社会的命运》，谢延光译，上海世纪出版集团，2008，第 270 页。

② 〔美〕戴蒙德：《枪炮、病菌与钢铁：人类社会的命运》，谢延光译，上海世纪出版集团，2008，第 264 页。

③ 〔美〕戴蒙德：《枪炮、病菌与钢铁：人类社会的命运》，谢延光译，上海世纪出版集团，2008，第 265 ~ 266 页。

虎视眈眈的包围之中，而日本出于挑战中国和沙俄在东方霸权的战略，它们都有明确的竞争对手。而 1500 年前后的中国则由于独特的地理和政治环境，当她环顾四周时，却看不到一个能够与之争锋的对手。

集中统一和专制集权制度的第三个，也可能是最大的害处，在于它禁锢人们的思想，扼杀人们的个性。长期的封建社会中，"罢黜百家，独尊儒术"的文化专制主义阉割了千百万人的创新意识，这只能造就唯唯诺诺的奴才，而不能催生思维奇特、构思超常的发明家。在中国封建社会的晚期，一根"科举制度"的胡萝卜，一根"文字狱"的大棒，极大地摧残了中国知识阶层的独立人格和独立思维，扼杀了中华民族的创造精神，而形成封闭、保守、万马齐喑的一潭死水。中国与生气勃勃的欧洲的差距越来越大，最终导致了被列强蹂躏欺凌的百年近代悲剧。在这一点上世界各国概莫能外，即使是为 19 世纪的德国和日本的崛起起到助推作用的专制制度，最终也因其导致的极端法西斯主义而铸成了它们的历史悲剧。

总而言之，戴蒙德先生从各民族所赖以生存的地理、气候等最基本的条件出发，说明了各民族文明的不同发展道路，指出了中国之所以很早就实现了统一而欧洲却长期分裂的终极原因，也因此回答了中国为什么早期曾经领先于欧洲，后来却落后于欧洲的"世纪难题"。

以上介绍了中、外两位顶级学者对"李约瑟难题"给出的各具特色的答案。真理的力量往往就在于它的简单、直白和通俗、易懂，一点就透，使人顿生"众里寻他千百度，蓦然回首，那人却在灯火阑珊处"的感觉。相反，也有一些学者创造出很多生僻、拗口的名词术语，构建出高深莫测的模式，最终令人感到不知所云、不得要领。这就是我极力推崇这两位学者，并将他们的观点介绍给读者的原因。

四

近年来，香港中文大学教授、中国文化研究所名誉高级研究员陈方正先生发表了一系列关于"李约瑟难题"的文章,出版了题为《继承与叛逆:现代科学为何出现于西方》的专著。他主张精神层面的作用高于物质方面的作用,强调了自古希腊以来西方文明的科学传统的传承和科学家们不求实用、追求真理的宗教精神。但是他在梳理西方科学精神的传承轨迹时,也得出了与上述两位学者类似的论点。他说:

> 为什么科学革命会两度出现于西方,却没有出现于印度或者中华文明呢?我们的猜测是,它和西方科学的另一个特征有关,那就是发展中心地区的不断转移,甚至分散为多个中心。古希腊的科学中心最初在周边城市间转移,然后集中到雅典,最后转到亚历山大;伊斯兰科学中心从巴格达转到伊朗多个城市,再到开罗、西班牙的科尔多瓦(Cordova),然后回到伊朗的马拉噶(Maragha)和中亚的撒马尔罕(Samarkhand);欧洲科学发展则从牛津和巴黎开始,其后转移到北意大利,然后回到巴黎、荷兰,以至剑桥。这"中心转移"的现象很特别,它可能是出于下列原因:在现代以前纯科学并没有实用价值,所以它生长、发展所需要的特殊条件,例如人才、资源、组织、社会的容纳和激励等等,是极其稀缺难得的,它们的适当配合只能依赖机缘,这显然是不稳定,难以持久的。因此科学的持续发展有赖于其中心区域不断"转移"到新的、适合生长的地区——而这是累积大量新观念、新发现以至出现革命性突变的必要条件。西方世界包含了许多截然不同的民族、文化、地理环境乃至文明,这为它的科学中心提供了多次转移的可能性。但在政治上大一统、文化也相对同质(homogeneous)的中华帝国,这也许就很困难甚至不可能了①。

---

① 陈方正:《一个传统,两次革命——论现代科学的渊源与李约瑟问题》,《科学文化评论》2009 年第 6 卷第 2 期,第 23 页。

这所谓的"中心转移",就意味着当原来科学发达的文明区域在遭受某一强力破坏和摧残难以生存时,总能在其他地区找到此种强力不能达到的另一个文明区域,并延续和传承下来,虽然要经过艰难的"翻译运动"(在欧洲经历了从希腊文翻译成阿拉伯文和从阿拉伯文翻译成拉丁文的两次翻译运动)。也就是说,欧洲及其周边地区不存在高度统一的专制政权,是这一"中心转移"的先决条件。相反,在高度统一和集权的古代中国恰恰不存在这样的条件。

著名华人物理学家李政道不久前也谈到了这个问题。李先生在回答"中国为什么没有现代科学"这一问题时,提醒人们注意一个特殊的年份——1642年。他说:"那一年,伽利略去世,牛顿诞生,而在两年之后,崇祯自尽,明朝灭亡。在这个特定的时间段对东西方作一番横向比较,就会发现一些耐人寻味的史实。伽利略受罗马教会的压迫,结局非常之惨。如果说那个时候,罗马教皇的政治力量可以覆盖到整个欧洲,那牛顿生出来也没有什么用。但教皇只是统治了欧洲的中南部地区,其铁腕力量在英国等地区无法实施。正是因为如此,牛顿才得以成长,近代科学才得以发展。相反,那个时候,中国帝王的实力远远超过了罗马教皇,将中国牢牢地掌控在手里。统治力量的保守和强大,造成了中国没有近代科学。"他总结道:"其实不仅是中国,回顾古今中外的历史,在一个高度集权且极端保守的社会,科学的发展总是举步维艰。"[①]

陈方正和李政道的论点,与前述林毅夫和戴蒙德的论点,可以说是殊途同归。

五

对于从事中西文化交流史研究多年的笔者,这一难题也是萦绕心头

---

① 吴海云:《李政道:中国不能错过21世纪》,《作家文摘》2009年7月28日第2版。

多年的课题，也多次试着做些探讨。虽然笔者学问功力远远不及上述几位专家，但俗话说"愚者千虑，必有一得"，不妨摘要录出，供读者批评指正。

2001 年，笔者在拙作《早期西方传教士与北京》的最后一章《历史的沉思》中就表述了自己对这一难题的最初思考。笔者当时写道：

> 在中国几千年的封建社会中，占统治地位的是自给自足的小农经济。在很长一个时期，中国曾创造了足令全世界为之赞叹的高度的文明，科学技术也曾经处于世界领先的地位。当另一位意大利人——马可·波罗在比利玛窦早 300 年来到中国的时候，他除了惊呼中华文明的辉煌之外，几乎拿不出任何能与之媲美的东西。然而封建社会的中国又是近乎封闭的社会。西部的高山、东部的大海、北部的荒漠，在交通和通信不发达的古代，几乎把中国与世界其他文明完全隔绝了。自以为是天下之中，天朝物产丰富，万事不求人，成了根深蒂固的民族心理。歌剧"图兰朵"里的中国公主正是当时的外国人对中国的印象——美丽、高贵、魅力无穷，但又难于接近、难于交往，如果向其求爱则充满了危险。当西方资本主义兴起，近代文明多次叩击中国的大门时，遭到了奉行"闭关锁国"政策的皇帝们一次次的严词拒绝，使中国与和世界同步发展的机遇，一次次失之交臂。最后悲哀地在鸦片和大炮的轰击下，被动地敞开门户，"人为刀俎，我为鱼肉"，任列强瓜分、宰割①。

2003 年，笔者与同事共同翻译的《从利玛窦到汤若望——晚明的耶稣会传教士》一书出版。笔者将进一步学习的心得撰入了《译者前

---

① 余三乐：《早期西方传教士与北京》，北京出版社，2001，第 384 页。

言》，并在其中写道：

纵观几千年的文明史，人类活动的半径不可避免地要受到地理条件的局限；但同时，它又随着科学的进步和驾驭自然的能力的增长，特别是随着交通手段的进化而逐步扩大。因此可以说，文明半径的扩展同时就是人的力量对自然的限制的超越。

中华文明最早是发源于黄河、长江流域的，它经历了小国寡民的发展阶段，经过春秋、战国时期铁与血的残酷洗礼，而在公元前221年达到了第一次统一。在这之后的近两千年中，又经历了"合久必分"，"分久必合"的多次整合，经历了农业民族与游牧民族之间的仇杀与融合，当17世纪即将来临的时候，终于形成了一个比较稳定的文明区域。它的中心是以儒家思想为核心的汉族农业文明区，它的周围是众星捧月般向它朝贡的所谓的蛮夷。这几乎就是当时中国人心目中的整个世界。

中华文明之所以几千年代代相因，经久不衰，而不像古埃及、古巴比伦那样出现断层，从根本上说，不能解释为中国人"天生优越"，而是由于独特的地理环境保护了它。北部是西伯利亚的永久冻土带；西部是帕米尔高原和青藏高原的天然屏障；东部是浩瀚的大海。这一圈难以逾越的藩篱，虽然说不能完全阻隔与外部的交往，但毕竟使外部文明大规模的进入显得异常的艰难。中华文明就这样在造物主特别的呵护下，没有经受过外部文明毁灭性的打击，而达到了高度的繁荣，并且从未间断地延续了数千年之久。但任何事物都有着两面，这种保护同时又是一种局限，天长日久，就渐渐地消磨了它的活力。

在我看来，中国在封建社会的后期之所以发展缓慢甚至停滞，其主要原因就在于"闭关自守"。我认为，社会的发展与进步，有赖于文明区域彼此间的竞争。根据系统论的定律，系统与外界环境之间的物质、能量和信息的交换，是系统走向有序的动力；换言之，如果这种交换被窒息了，系统将走向无序，社会将失去活力。

春秋战国时期曾是中国历史上最富有活力的时期，其动力就在于当时诸侯国之间的竞争。励精图治、延揽人才、富国强兵，以及"取人之长，克己之短"的不断的革故鼎新，乃是国家生存的基本条件，否则就可能亡国灭种。竞争可以使能者、强者脱颖而出，竞争可以为国家遴选出高明的统治者。而竞争的结果，不可避免的是强者的一统天下。天下太平无疑对生产力发展起到巨大的推动作用，但是一统天下的弊端恰恰是扼杀了竞争。因此当大一统的中华文明达到一定高度的时候，内部的竞争虽然可以改朝换代，却不能给中华文明的整体带来新的营养。社会更进一步的发展需要有一个强大的外部竞争对手。由于前面所提到的地理环境的因素，17 世纪（也就是明代中期）以前的中国恰恰缺少这样的竞争对手①。

因此我认为，只有不同文明区域间的相互竞争与交流，才是推动人类社会不断进步的最强大的动力。换句话说，高度统一、消除竞争、自我封闭的中央集权的国家，在中世纪物资、人力和信息的交流相对艰难的时代，往往成为社会发展中惰性的来源。

比较笔者的一孔之见，冒昧地说，有些方面与几位专家的见解有共同之处，但毕竟是大师站得高、看得远，笔者从中得到了很多宝贵的启

---

① 余三乐：《译者前言》，载〔美〕邓恩《从利玛窦到汤若望：晚明的耶稣会传教士》，余三乐、石蓉译，上海古籍出版社，2003，第 1~3 页。

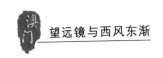

示，曾经困扰多年而百思不得其解的问题终于找到了答案。

比如，笔者在上面这段话中说道："而竞争的结果，不可避免的是强者的一统天下。"而欧洲为什么历经几十个世纪的竞争，却始终没有被任何一个强者所统一过呢？显然，戴蒙德先生给出了令人信服的答案。林先生关于科学技术的不同发展方式的独到见解，也令笔者顿开茅塞。

总而言之，用中国的一句老话说，就是"一方水土养一方人"。造物主赋予中国的这方水土——内部交流相对便利和与周边交流相对困难的独特地理条件以及与之相应的气候条件，养育了中华民族和有着五千年历史的中华文化，既造就了中华文明的优点，也不可避免地造就了她的缺点。弘扬其优点，克服其缺点，使之再度崛起，并列于世界民族之林，是当代中国人的责任。

六

按照林毅夫先生的"技术发明方式论"分析，如果说1608年荷兰眼镜商人利普赫发明望远镜一事，还带有科学发明的初级阶段的特点，即工匠通过"试错和改错"而得到的偶然发现，那么伽利略和开普勒等职业科学家的跟进，则已经是具有"科学革命"的性质了。这一发现看似偶然，其实有其必然性。它之所以没有首先出现在人口众多的中国，而是出现在欧洲，是由前面章节中提到的原因所造成的，即当时欧洲的玻璃制造业和眼镜制造业远比中国发达，欧洲的几何学、光学传统远比中国深厚，以及欧洲自文艺复兴后科学技术加速发展等缘故。

这一初始阶段的落后原本并不足虑。因为按照戴蒙德的理论，不论在哪个国家和地区，所采用的新技术多半都不是自身原创的，而是从外界借来的，或者说是学来的。果然，由于来华西方耶稣会士的中介作用，望远镜在遥远的欧洲被发明之后，仅仅不到20年就由欧洲的耶稣会士带到了中国。确切地说，它的信息仅仅过了 7 年，就由阳玛诺于 1615 年传到了中国；它的样品仅仅过了 14 年，就由邓玉函和汤若望于 1622 年带到了中国；而它的基本理论仅仅过了 18 年，就由汤若望的《远镜说》于 1626 年介绍到了中国。虽然它传入的路径不是通过像戴蒙德先生所强调的那样，沿着东西向的主轴，直接从欧亚大陆的西端走到东端，而是向南划了一个大大的弧形，通过海路从欧亚大陆的西端绕到了东端。但戴蒙德的"东西轴向传播优先"的理论还是起作用的。因为在相同纬度地区所观测到的天象是相同的。传教士们可以将欧洲天文学家用望远镜观察到的天象直接地介绍给中国人。这正是阳玛诺、汤若望、邓玉函、罗雅谷等在《天文略》《远镜说》《崇祯历书》和《新法算书》中所做的。而如果中国与欧洲分属南北两个半球，这种介绍即使不是不可能，也注定要麻烦得多。

显然，来华耶稣会士在望远镜这一新技术的传入上立下了不朽功勋。如果没有他们，望远镜可能通过欧洲国家的使者以礼品的形式传入，可能通过欧洲的商人以商品的形式传入，也可能通过军人以武器的形式传入。然而不管通过其他哪种方式传入，都注定要晚得多，而且都不可能同时将望远镜观测到的天文新发现及其基本原理也几乎同时地传入中国。

最初的情况是令人兴奋的，领衔"历局"的徐光启和李天经立即使用了望远镜，借此给中国的天文学带来了重大进步。然而当我们纵观后来的情况时，就不得不抛弃"好的开始是成功的一半"的格言，而使用另一句带有悲剧色彩的格言——"橘生淮南则为橘，橘生淮北则为枳"。是中国不利于科技创新和发展的土壤，使这棵本来有着美好未来的小苗，没有能够健康地成长起来。按照林毅夫先生的"阶段论"，使用和改进望远镜这一新技术的责任落到了以现代科学引领下的职业科学家和发明家的肩头，欧洲刚好具备了这样的条件，无论是发明折射式望远镜的伽利略、开普勒，还是发明和改进反射式望远镜的牛顿，都是具有现代科学理论的职业的科学家。

在 12 世纪到 14 世纪期间建立起来的欧洲各国大学中的自然哲学课程，成为培养科学家的摇篮①。而中国则不同。中国虽然也有不少类似高等教育的书院，但由于上述原因，这些书院毫无例外地只讲儒学，不讲科学。纵观本书提到的，在望远镜和光学研究方面做出贡献的薄珏、孙云球、诸升、黄履庄、郑复光、邹伯奇，以及外国传教士汤若望、邓玉函、南怀仁、苏霖等，或者不是职业科学家，或者不具备欧洲科学家那样的有利条件。因此，望远镜的发展在中国与欧洲的差距就越来越大。

<h1 style="text-align:center">七</h1>

有一种苛求来华传教士的理论，认为天主教耶稣会是欧洲的保守甚至反动的势力，因此他们介绍到中国的科学必定是过时的、落后的科学，因此他们不仅无功，而且有罪。这种理论如果是发表在"文革"期间或"文革"之前，是可以理解的。因为当时的学术受到极左政治的影响。但是，直到改革开放之后，一位令后辈学者尊敬的前辈学者仍然坚持这种理论，就令人费解了。在拙作《早期西方传教士与北京》一书中，笔者就斗胆地写了与他商榷的文字。笔者写道：

> 最近，拜读一位学界前辈的文章，仍对利玛窦为肇端的"西学东渐"持基本否定的态度，十分惊讶。文章说："假如当时传入中国的，不是中世纪神学的世界构图而是近代牛顿的古典体系，不是中世纪经院哲学的思维方式而是培根、笛卡尔的近代思维方式；中国思想意识的近代化有没有可能提前 250～300 年？若然，则中国的思想史将会是另一番面貌，而不必待

① 〔美〕戴维·林德伯格：《西方科学的起源：公元前六百年至公元一千四百五十年宗教、哲学和社会建制大背景下的欧洲科学传统》，王珺等译，中国对外翻译出版公司，2001，第 219 页。

到再过两三个世纪西方洋枪洋炮轰开中国的大门之后才憬然萌发近代化的觉悟了。"甚至认为"这批西方文化的媒介者、这批旧教的传教士们,却是对中国起了一种封锁近代科学和近代思想的恶劣作用。"① 怎能以假设评价人物和史实呢?耶稣会的来华传教士,没有走在欧洲科学的前沿,这是事实,但是他们难道阻挡过哪位科学家前来传播"近代牛顿的古典体系"和"培根、笛卡尔的近代思维方式"吗?曾经建立了漫长和光辉的古代封建文明,同时又具有牢固封建政治、经济结构和文化传统的中国,由于历史的惯性作用,其近代化的道路必然是超常艰难和迟缓的。怎么能够将中国发展滞后的责任怪罪在这些在社会发展进程中其实力量无足轻重的传教士身上?耶稣会士们的足迹也到达过日本,但是日本并没有因此而停止了追赶欧洲的脚步,难道他们介绍给日本的西学与中国的不同,不是"中世纪神学的世界构图"和"中世纪经院哲学的思维方式",而是"近代牛顿的古典体系"和"培根、笛卡尔的近代思维方式"吗?再推而广之,就历史人物评价的一般标准而言,难道在这一时期,凡是不能"有助于中国之迈向近代化"这一"唯一的大事",从而在这"历史坐标系"中占有一席之地的人物,就一概不能得到其应有的肯定,就应该一笔抹杀吗?②

从那时至今,又过去了若干年,中国的思想界、学术界不断地与时俱进,对明清之际来华传教士的整体评价更加趋于科学和公正。2006年,位于北京阜成门外的"利玛窦和外国传教士墓地",被公布为"国家重点文物保护单位"。2005 年 11 月胡锦涛在访问德国时发表的讲话

---

① 何兆武:《历史坐标的定位》,《读书》2000 年第 4 期,第 116 页。
② 余三乐:《早期西方传教士与北京》,北京出版社,2001,第 383 页。

中，高度肯定了汤若望的功绩。他说："1622 年，著名的科隆人汤若望抵达中国，并在中国生活了 43 年。他参与了中国明末的历算改革，清初又编订《崇祯历书》，为中国实行新历法做出了重要贡献。"① 然而令人奇怪的是，那位学界前辈仍然坚持他的观点。

他在为一部题为《从中西初识到礼仪之争——明清传教士与中西文化交流》的著作所写的序言中写道，罗马教廷残酷地迫害了伽利略，而耶稣会又是"维护罗马天主教权威的文化专制主义的先锋队"，因此，"如果说当时的天主教传教士也会把近代科学传入中国，岂非是真的相信圣诞老人也会送礼物来？"② 这种三段论的推理似乎无懈可击，但是凡读过《天文略》《远镜说》和《崇祯历书》的人，都不能否认，最早将伽利略用望远镜看到的天文新发现介绍给中国人的正是耶稣会士。

他反复强调传教士们奉行的"依然是中世纪传统正宗的思想体系，而那正是于近代人文主义和启蒙精神针锋相对的敌对面"。其实并没有人说他们带来了牛顿、培根、笛卡尔的近代科学。但是如果因此就否认他们有任何功绩，否认"有这些总比没有好"，连他们传入的《几何原本》，都因其"与近代范畴的动力学体系无关"而嗤之以鼻，则不能不说是过于苛求了。

关于西方科学发展史从古希腊到近代之间是否存在中世纪的"断裂"问题，在欧洲一直存在着争论。早期的伏尔泰等确实喊出过"砸烂"的口号。但是后来一些科学家在分别仔细梳理每一个学科的发展历程后，发现"中世纪学者已为近代科学的产生奠定了基础，正是他们的工作预示了伽利略及其同时代科学家最具奠基性的成就"③。对于

---

① 《人民日报》2005 年 11 月 11 日。此话略有不准确之处，汤若望编订《崇祯历书》的时间应是在明末。——著者注
② 何兆武：《从中西初识到礼仪之争·序言》，人民出版社，2003，第 4～5 页。
③ 〔美〕戴维·林德伯格：《西方科学的起源：公元前六百年至公元一千四百五十年宗教、哲学和社会建制大背景下的欧洲科学传统》，王珺等译，中国对外翻译出版公司，2001，第 369 页。

中世纪是否对 17 世纪的科学做出过具有重大意义的贡献的问题，《西方科学的起源》的作者林德伯格给出的回答是："答案无疑是肯定的。严格说来，中世纪的自然科学家为 17 世纪的科学成就打下了基础，铺垫了道路，当一种新的科学框架在 17 世纪建立起来时，这一大厦包含有许多中世纪的砖瓦。"①

老先生仍在坚持他的"假设"，"假如当时传来的是伽利略、牛顿的近代科学，是培根和笛卡尔的近代思维方式，则中国的历史文化很可能是另一番面目"，而之所以这种美好的"假设"没有实现，"以致中国方面在其近代化的行程上乃迟了两三个世纪"②，来华耶稣会士有不可推卸的责任。可是，从本书第十二章中提及的南怀仁所铸造的新式天文仪器都得不到充分利用的事实，我们不得不同意张柏春先生所得出的结论："事实上，传教士带来的科学知识和技术比中国人实际接受的多。这多少给人一种中国人对外来知识反应不够灵敏或者有点不识货的感觉。"③ 如果说中国面对明末清初传教士们传进来并不是最先进的科学知识，尚不能悉数接受的话；那么有什么理由说，那时的国人就能一下子超越阶段，接受更为先进的近代科学呢？

思维方法可以产生飞跃，但学科的知识内容必定是积累的、连续的。不能设想一个没有学过平面几何的学生，能一下子接受解析几何和微积分的知识。利玛窦和徐光启连手翻译的《几何原本》尽管出自公元前 200 多年的古希腊，似乎与近代科学无关，但毕竟是一切科学不可逾越的基础。这一历史功绩无疑应当得到肯定。

再说，当时除了传教士，又有谁能将近代科学和近代思维方式传入中国呢？笔者前面说到，如果没有传教士，望远镜可能通过使者、商贾

---

① 〔美〕戴维·林德伯格：《西方科学的起源：公元前六百年至公元一千四百五十年宗教、哲学和社会建制大背景下的欧洲科学传统》，王珺等译，中国对外翻译出版公司，2001，第 376 页。
② 何兆武：《从中西初识到礼仪之争·序言》，人民出版社，2003，第 5 页。
③ 张柏春：《明清测天仪器之欧化》，辽宁教育出版社，2000，第 347 页。

或军人传入中国，但最不可能的就是具备近代科学和思维方式的科学家。老先生继续"假设"："假如当时中国方面采取了一种开明的开放性政策，例如也派一批学者去西方，能把当时先进的、有别于中世纪的近代科学与近代思想带回来，那么有没有可能使中国传统文化与思想的面貌焕然一新，而不必再待到 19 世纪之末才开始近代化的觉醒。"① 这一"假设"真是异想天开。不要说在乾隆时代，皇帝自认为"天朝物产丰盈，无所不有"，绝无派遣留学生到外国学习的可能；就是 100 多年以后，1874 年中国真的派出首批赴美留学生，也落得个半途而废的结果。历史进程的残酷现实，岂会给美好"假想"留一席之地！这种一厢情愿的"假设"又有什么意义呢？

本书对"望远镜难题"的探讨，正是希望通过实实在在的科学分析，找到中国科学技术在近代落后的真正原因，从中汲取经验教训。

从望远镜的发明至今，已经 400 多年了；标志着古老中国沉沦的重大事件——"鸦片战争"，也过去 160 多年了。高科技创造的交通与信息的空前便利，把地球变成了一个村落，再也没有能够置身于全球化竞争之外的角落了。中国在饱尝了封闭、落后、挨打的沉痛教训之后，终于勇敢地敞开了国门，投身于当代空前激烈的竞争与挑战之中，在 21 世纪迎来了举世瞩目的复兴。

在过去的时代曾经影响了中国科学技术发展的地理条件，如今已不再能阻碍它的进步了。但是，那些曾经羁绊了中华民族前进脚步的精神枷锁，就完全清除干净了吗？实现"创新中国"伟大目标的道路上，就没有绊脚石了吗？曾经创造出辉煌古代文明的人民之潜在创造力，都尽情地释放出来了吗？为什么我国导弹科学的泰斗钱学森先生在晚年不无忧虑地指出："现在中国没有完全发展起来，一个重要原因是没有一所大学能够按照培养科学技术发明创造人才的模式去办学，没有自己独

---

① 何兆武：《从中西初识到礼仪之争·序言》，人民出版社，2003，第 7 页。

特的、创新的东西，老是'冒'不出杰出人才。"[1] 为什么英国首相撒切尔夫人敢于口出如此的狂言："你们根本不用担心中国，因为中国在未来的几十年，甚至一百年内，无法给世界提供任何新思想。"[2] 这些都值得人们深思。

任重道远，来日方长。

---

[1] 引自樊未晨等《破解中学时代钱学森成长密码》，《中国青年报》2009 年 11 月 3 日。

[2] 转引自朱坤、胡赳赳《中国无智库》，《新周刊》2009 年第 14 期，第 24 页。

第十九章 尾声 1840～2009 年：从关天培望远镜到兴隆 LAMOST 望远镜

在沈阳故宫博物馆保存着一架不同寻常的望远镜。这是一架铜筒六节望远镜。物镜口径 6.2 厘米，目镜口径 4.3 厘米，全长 113.9 厘米（见图 19 - 1）。

图 19 - 1 现存沈阳故宫博物馆的民族英雄关天培使用的望远镜

注：沈阳故宫博物馆馆员王艳春为笔者提供该照片，特在此致谢。王艳春称，上面还有满文铭文，但其内容至今尚未有人能够解释。

这架望远镜的特殊之处，在于镜身前部錾有 12 个汉字阴文的铭文，即："水师提督关天培道光二十年"。道光二十年恰恰就是每一个中国人都铭记的中国近代历史上第一个耻辱的年份——1840 年。

刘晓晨先生曾撰文对这一具有特殊历史价值的望远镜做了介绍。他写道：该望远镜"是一只铜筒六节望远镜。其材质由铜木构成。镜头口径6.2厘米，小望口4.3厘米，全长113.9厘米，铜筒内有三片镜片，刻铭为'水师提督关天培道光二十年'。由此可见，这是清末将领广东水师提督关天培于1840年鸦片战争期间对敌作战时曾使用过的军事望远镜"。据考证"这一望远镜是1840年从西洋进口的。抗击西方侵略的民族英雄关天培在反击英军侵略的多次战役中，身先士卒，屡立战功。1841年2月25日，18艘英舰向虎门进攻，关天培驻靖远炮台，率兵死战，26日下午，英军再度猛攻，清直隶总督琦善拒发援兵，他孤军奋战，受伤数十处，仍亲燃大炮杀敌，与守台将士400余人壮烈战死。至此，这一望远镜在英雄手中仅使用了一年多的时间"①。

这是铭刻中国近代落后、挨打的悲惨命运的一架特殊的望远镜。

鸦片战争打开了中国近代遭受东西方列强欺凌蹂躏的地狱之门，同时也惊醒了中华帝国的千年美梦。一代又一代的中华优秀儿女、志士仁人为了救亡图存、振兴中国而抛头洒血，前仆后继。他们中间有叱咤风云的政治家，也有"位卑不敢忘忧国"的小人物，有将军也有士兵，有学者也有工农，一百多年来历经种种磨难，终于迎来了中华再次崛起的又一个盛世。与上述代表了那个时代的关天培望远镜一样，代表了新的时代的望远镜也诞生了。

2009年6月5日的《解放日报》刊登了建于国家天文台兴隆观测基地（见图19－2）的LAMOST望远镜（见图19－3、图

图19－2 国家天文台兴隆观测基地

① 刘晓晨：《具有很高历史价值和馆藏价值的沈阳故宫藏望远镜》，《中国文化报》2001年6月8日第3版。

19-4)的消息，标题是《我国研制成功最大口径望远镜》。报道中称："任何光学望远镜都是口径越大、看得越清、但视野越窄，而昨天通过国家竣工验收的一台'LAMOST'天文望远镜，却打破这一常理——其口径大于6米，而视场宽度是相近口径常规望远镜的5倍以上。这台世界上口径最大的大视场望远镜，一次观测最多可同时获得4000个天体的光谱，我国由此成为世界上少数几个具备自主研制巨型望远镜能力的国家。"这一望远镜"将对上千万个星系、类星体等银河之外的天体进行光谱巡天，将对宇宙起源、星系形成与演化、银河系结构等研究做出重大贡献"①。

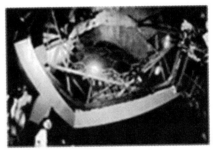

图 19-3　LAMOST 望远镜外观　　　**图 19-4　LAMOST 望远镜的主镜**

2009年，能使人类实现"千里眼"梦想的科学仪器——望远镜的发明刚刚度过它的400周年华诞。感谢这架由国家投资2.35亿元的大口径巨无霸 LAMOST 望远镜，在这个值得纪念的时刻建成。望远镜在中国经历了近四个世纪的不平凡的历史后，终于登上了一个令人振奋的新台阶。

它也为基调沉重的本书画上了一个光明的句号。

① 《解放日报》2009年6月5日。

参考文献

〔美〕E.B.库尔提斯:《清朝的玻璃制造与耶稣会士:在蚕池口的作坊》,米辰峰译,《故宫博物院院刊》2003年第1期。

〔葡〕Francisco Rodrigues:《葡萄牙耶稣会天文学家在中国(1583~1805)》,澳门文化司署,1990。

〔比〕Noël Govers, *The Astronomia Europaea of Ferdinand Verbiest*, S. J. (Dillingen, 1687), Monumenta Serica, 1993.

卞毓麟:《追星:关于天文、历史、艺术与宗教的传奇》,上海文化出版社,2007。

〔德〕蔡特尔:《来自德国康士坦茨的传教士科学家邓玉函(1576~1630)》,孙静远译,载《汉学研究》(第十一集),学苑出版社,2008。

蔡东伟:《玻璃 VS 陶瓷:两类信息与文化——兼题"李约瑟难题"的一个求解假说》,《经济与社会发展》2009年第1期。

蔡鸿生:《清代广州行商的西洋观:潘有度〈西洋杂咏〉评说》,《广东社会科学》2003年第1期。

陈方正:《一个传统,两次革命——论现代科学的渊源与李约瑟问题》,《科学文化评论》2009年第6卷第2期。

〔美〕戴蒙德:《枪炮、病菌与钢铁:人类社会的命运》,谢延光译,上海世纪出版集团,2008。

〔美〕戴维·林德伯格：《西方科学的起源：公元前六百年至公元一千四百五十年宗教、哲学和社会建制大背景下的欧洲科学传统》，王珺等译，中国对外翻译出版公司，2001。

戴念祖、常悦：《明清之际汤若望的窥筒远镜》，《物理》2002年第5期。

戴念祖：《中国科学技术典籍通汇·天文卷》，河南教育出版社，1993。

戴念祖：《邹伯奇的摄影地图和玻璃摄影术》，《中国科技史料》2000年第2期。

〔美〕邓恩：《从利玛窦到汤若望：晚明的耶稣会传教士》，余三乐、石蓉译，上海古籍出版社，2003。

〔加〕蒂尔贡、李晟文：《明末清初来华法国耶稣会士与西洋奇器》，《中国史研究》1999年第2期。

〔法〕杜赫德：《耶稣会士中国书简集》，郑德第等译，大象出版社，2005。

樊未晨等：《破解中学时代钱学森成长密码》，《中国青年报》2009年11月3日。

方豪：《方豪六录》，北平上智编译馆，1948。

方豪：《中国天主教史人物传》，中华书局，1988。

方豪：《中西交通史》，上海人民出版社，2008。

方以智：《物理小识》，万有文库，1937。

〔法〕费赖之：《在华耶稣会士列传及书目》，冯承钧译，中华书局，1995。

韩琦、吴旻：《熙朝崇正集、熙朝定案》，中华书局，2006。

何兆武：《历史坐标的定位》，《读书》2000年第4期。

黄荫清：《眼镜历史的考证》，《中华医史杂志》2000年第30卷第2期。

江日升：《台湾外纪》，文化图书公司，1972。

江晓原：《关于望远镜的一条史料》，载《中国科技史料》1990 年第 4 期。

江晓原：《泰山北斗"至大论"——该谈谈托勒密了之一》（上），《新发现》2007 年第 12 期。

《景印文渊阁四库全书》，上海古籍出版社，1987。

〔德〕柯兰妮：《纪理安：维尔茨堡与中国的使者》，余三乐译，载《国际汉学》（第十一辑），大象出版社，2004。

李迪：《邹伯奇对光学的研究》，《物理》1977 年第 5 期。

李兰琴：《汤若望传》，东方出版社，1995。

李渔：《十二楼》，春风文艺出版社，1997。

梁家勉：《徐光启年谱》，上海古籍出版社，1981。

梁启超：《中国近三百年学术史》，天津古籍出版社，2004。

梁廷枏：《粤海关志》，广东人民出版社，2002。

林毅夫：《李约瑟之谜、韦伯疑问和中国奇迹——自宋以来的长期经济发展》，《北京大学学报》（哲学社会科学版）2007 年第 44 卷第 4 期。

林毅夫：《为什么中国一直是个人口众多的国家》，《解放日报》2009 年 7 月 3 日。

林毅夫：《制度、技术与中国农业发展》，上海人民出版社，2008。

刘侗、于奕正：《帝京景物略》，北京古籍出版社，1982。

刘锦藻：《皇朝续文献通考》，商务印书馆，1937。

刘小珊：《明中后期中日葡外交使者陆若汉研究》，博士学位论文，中国知网。

刘晓晨：《具有很高历史价值和馆藏价值的沈阳故宫藏望远镜》，《中国文化报》2001 年 6 月 8 日第 3 版。

刘昫：《旧唐书》，中华书局，1975。

卢美枝：《惠更斯目镜与色差之我见》，《科教文汇》2009 年第 6 期。

骆正显：《释邹伯奇〈格术补〉》，《中国科技史杂志》1983 年第

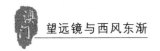

1 期。

〔英〕麦克法兰、马丁:《玻璃的世界》,管可秾译,商务印书馆,2003。

毛宪民:《故宫片羽:故宫宫廷文物的研究与鉴赏》,文物出版社,2003。

〔英〕米歇尔·霍斯金:《剑桥插图天文学史》,江晓原等译,山东画报出版社,2003。

《明末清初天主教文献丛编》,北京图书馆出版社,2001。

《明史资料丛刊》(第二辑),江苏人民出版社,1982。

钱长炎:《关于〈镜镜詅痴〉中透镜成像问题的再探讨》,《自然科学史研究》2002 年第 21 卷第 2 册。

钱仲联:《清诗纪事》,江苏古籍出版社,2004。

〔日〕桥本敬造:《伽利略望远镜及开普勒光学天文学对〈崇祯历书〉的贡献》,徐英范译,《科学译丛》1987 年第 4 期。

《清实录》,中华书局,1995。

赵尔巽:《清史稿》,中华书局,1977。

《清中前期西洋天主教在华活动档案》,中华书局,2003。

屈大均:《广东新语》,中华书局,1985。

阮元:《畴人传》,商务印书馆,1935。

沈括:《梦溪笔谈》,冯国超编,吉林人民出版社,2005。

水渭松:《墨子导读》,中国国际广播出版社,2008。

松鹰:《三个人的物理学》,中国青年出版社,2007。

孙承晟:《明清之际西方光学知识在中国的传播及影响——孙云球"镜史"研究》,《自然科学史研究》2007 年第 3 期。

孙云球:《镜史》,康熙辛酉刻本。

谈迁:《北游录》,中华书局,1981。

汤开建、吴宁:《明末天主教徒韩霖与〈守圉全书〉》,《晋阳学刊》2005 年第 2 期。

唐宗舜：《专利法教程》（第三版），法律出版社，2003。

汪昭义：《郑复光：清代首撰光学专著的实验物理学家》，《黄山高等专科学校学报》2001 年第 3 卷第 3 期。

王川：《西洋望远镜与阮元望月歌》，《学术研究》2000 年第 4 期。

王广超、吴蕴豪、孙小淳：《明清之际望远镜的传入对中国天文学的影响》，《自然科学史研究》2008 年第 3 册。

王国强、孙小淳：《〈崇祯历书〉中的开普勒物理天文学》，《中国科技史杂志》2008 年第 29 卷第 1 期。

王和平：《康熙朝御用玻璃厂考述》，《西南民族大学学报》（人文社会科学版）2008 年第 10 期。

王红旗：《三星堆人有望远镜吗》，《文史杂志》2002 年第 1 期。

王锦光：《中国光学史》，湖南教育出版社，1986。

王士祯：《池北偶谈》，中华书局，1982。

王世平、刘恒亮、李志军：《薄珏及其"千里镜"》，《中国科技史料》1997 年第 3 期。

〔德〕魏特：《汤若望传》，杨丙辰译，商务印书馆，1936。

〔美〕魏若望：《汤若望与明清变迁》，余三乐、丁伯成译，载《汉学研究》（第七集），中华书局，2002。

温学诗、吴心基：《观天巨眼：天文望远镜的 400 年》，商务印书馆，2008。

吴海云：《李政道：中国不能错过 21 世纪》，《作家文摘》2009 年7 月 28 日。

吴相湘：《梵蒂冈图书馆藏本天主教东传文献》，台湾学生书局，1997。

《武王伐纣平话》（卷下），中国古典文学出版社，1955。

席泽宗：《南怀仁为什么没有制造望远镜》，载中国科学史论文集编辑小组编《中国科技史论文集》，台北联经出版事业公司，1995。

徐光启编纂、潘鼐汇编《崇祯历书》，上海古籍出版社，2009。

徐光启：《徐光启集》，上海古籍出版社，1984。

徐善卿：《中国眼镜史新探》，《眼屈光学专辑》1989 年第 7 期。

徐鼒：《小腆纪年》（卷二十），中华书局，1975。

许奉恩：《里乘》，齐鲁书社，2004。

〔捷〕严嘉乐：《中国来信》，丛林等译，大象出版社，2002。

颜广文：《论阮元在中国近代自然科学史中的地位及作用》，《广东社会科学》2003 年第 4 期。

杨伯达：《清代玻璃配方化学成分的研究》，《故宫博物院院刊》1990 年第 2 期。

〔英〕斯当东：《英使谒见乾隆纪实》，叶笃义译，商务印书馆，1965。

永瑢等：《四库全书总目提要》，中华书局，1965。

于敏中等：《日下旧闻考》，北京古籍出版社，1990。

余三乐：《早期西方传教士与北京》，北京出版社，2001。

曾学文：《中国古代科技史巨著〈畴人传〉》，《文史知识》2007 年第 12 期。

张柏春等：《传播与会通——"奇器图说"研究与校注》，江苏科学技术出版社，2008。

张柏春：《明清测天仪器之欧化》，辽宁教育出版社，2000。

张橙华：《苏州光学史初探》，《物理》1986 年第 6 期。

张福僖：《光论》，上海商务印书馆，1936。

张国刚：《从中西初识到礼仪之争》，人民出版社，2003。

张力、刘鉴堂：《中国教案史》，四川社会科学院出版社，1987。

赵栓林：《关于〈远镜说〉和〈交食历指〉中的望远镜》，《内蒙古师范大学学报》2004 年第 3 期。

赵翼：《瓯北集》，上海古籍出版社，1997。

赵翼：《檐曝杂记》，中华书局，1997。

中共中央马克思恩格斯列宁斯大林著作编译局：《马克思恩格斯全

集》，人民出版社，2003。

钟鸣旦、杜鼎克：《耶稣会罗马档案馆明清天主教文献》，台北利氏学社，2002。

周凯：《厦门志》，道光十九年刻本。

朱家缙：《养心殿史料辑览》，紫禁城出版社，2003。

朱坤、胡赳赳：《中国无智库》，《新周刊》2009 年第 14 期。

邹漪：《启祯野乘》，故宫博物院图书馆校印本，民国二十五年。

附录
广东省东莞市"虎门销烟
博物馆"藏明清时代的望远镜

2010 年 1 月笔者走访了位于广东省东莞市的"虎门销烟博物馆",在那里访到了几件明清时代的单筒望远镜以及该博物馆仿制的关天培望远镜,分别介绍如下:

(1)英制两节铜制望远镜:全长 64 厘米;物镜直径 3.5 厘米;目镜直径 0.5 厘米;筒身有铭文"HUGHES LONDON"(见附图 1)。

附图 1 英制两节铜制望远镜

(2)铜制两节、配有螺旋控制的望远镜:全长 43 厘米;物镜直径 2.5 厘米;目镜直径 0.5 厘米;筒身佩有连接支架用的铜制螺旋(见附图 2)。

(3)铜制两节望远镜:全长 30 厘米;物镜直径 3 厘米;目镜直径 0.5 厘米(见附图 3)。

(4)铜制三节望远镜:全长 23 厘米;物镜直径 3 厘米,目镜直径 0.5 厘米;筒身刻有铭文"SAs commodore"(见附图 4)。

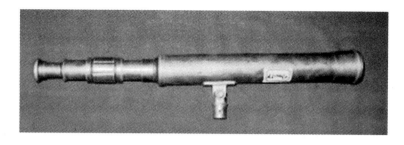

附图 2　铜制两节、配有螺旋控制的望远镜

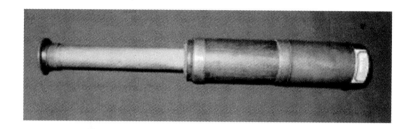

附图 3　铜制两节望远镜

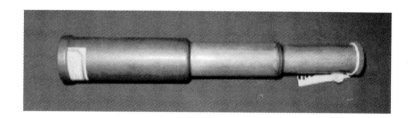

附图 4　铜制三节望远镜

（5）铜制有黑皮外壳的四节望远镜：全长 36 厘米；物镜直径 2 厘米；目镜直径 0.5 厘米；第一节有黑皮外壳（见附图 5）。

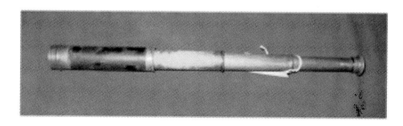

附图 5　铜制有黑皮外壳的四节望远镜

（6）英制铜制两节望远镜：全长 67 厘米；物镜直径 4 厘米；目镜直径 1 厘米；筒身刻有铭文"ROSS LONDON No：34130"（见附图 6）。

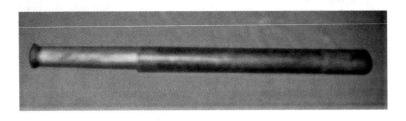

附图 6　英制铜制两节望远镜

（7）仿制关天培六节铜制望远镜：全长 109 厘米；物镜直径 5 厘米；目镜直径 1 厘米（见附图 7）。

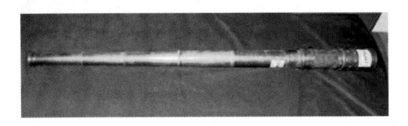

附图 7　仿制关天培六节铜制望远镜

人名索引

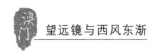

其他索引

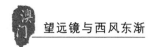

后　记

2008 年，是我的甲子之年。面对人生道路上的这个重要的里程碑，我筹划自己退休之后的生活。经过反复斟酌，我再一次向澳门文化局提出"学术研究课题"的申请，题目就是《望远镜：明清两代西学东渐的重要角色》。从那时至今，一晃五年过去了，这本书终于能与读者见面了。虽然这已不是我的第一本专著，但对我来说，还是具有特别的意义。

"苹果之父"乔布斯说："人无法预先串连人生的点滴，只能在回顾时将它们串联起来。因此你必须相信，这些点滴总会以某种方式在未来串连。"而对于我们这一代共和国的同龄人来说，几十年人生道路上的点点滴滴往往是被国家政治风云所左右、所决定，经常是不以自己的意志所转移，但又反映了个人不甘沉沦、努力抗争的痕迹。

我在《孙承宗传》一书的前言中曾谈到，由于家学的影响，幼年的我就对历史有着似乎是与生俱来的兴趣；同时也谈到，当时对历史也仅仅是业余爱好而已。"在课堂上，数学几何、物理化学等学科迷人的精确性，有力地战胜了历史教师照本宣科的乏味讲解，我还是偏重于数理化的自然科学。"我从小学五年级起便着迷于矿石收音机和半导体上面，初中时参加了西城业余无线电学校，并曾经立志以研究自然科学为己任。但是一场史无前例"文革"无情地打破了我们这一代人青春的梦想，三年的"停课闹革命"，五年的"上山下乡"，粗暴地改变了莘莘学子原来的"运动轨迹"。一言难尽的种种因素，错落交织，歪打正着，才使我终于以历史研究为职业，然而心底里对自然科学的向往并没有泯灭。学生时代曾唤起我无限激情的，诸如《征服细菌的道路》、《太阳物质》等脍炙人口的科普读物，一直珍藏在我的书柜里。此次以"望远镜"为题，既是对多年来历史研究路数的一次小小的更新和突破，也是内心潜意识的一次回归，早年人生点滴在今日的串联。

当然，这不是一本科技领域的读物，只是稍微擦了一点边儿，用时髦的话，是跨学科研究的一次小小的尝试。毋庸置言，仅靠我自己的能力是无法胜任的。好在这一领域中的同仁学者无不具有助人为乐的天性，慷慨伸出援助之手。这使我在完成此课题的过程中着实学到了很多东西，得到了很多新的知识。在文中的注释中我已经分别提及几位给予我巨大帮助的新老学者，在此仍需专门致谢。他们是：故宫博物院的毛宪民先生、王和平女士，中国科学院自然科学史研究所孙成晟先生，北京古观象台台长肖军先生，等等。另外，澳门文化局的黄文辉处长、张芳玮前处长、朱培贞女士和北京语言大学阎纯德教授等人，在此课题从申请、批准到最后审阅、批准的过程中都给予了热情的帮助、付出了诸多辛劳。中国科学院自然科学史研究所资深研究员韩琦先生百忙之中为我的文稿提出许多珍贵的意见和建议。在此一并表示深深的谢意。

受本人学识、功力之限，此书不可避免地存在诸多疏漏，还望各界同仁不吝赐教。

余三乐 2012 年初夏

于求真书屋

图书在版编目（CIP）数据

望远镜与西风东渐/余三乐著. —北京：社会科学文献
出版社，2013.6
（澳门文化丛书）
ISBN 978 - 7 - 5097 - 3678 - 4

Ⅰ.①望… Ⅱ.①余… Ⅲ.①望远镜 - 发展史 - 中国
Ⅳ.①TH743 - 092

中国版本图书馆 CIP 数据核字（2012）第 189093 号

·澳门文化丛书·
望远镜与西风东渐

著　者／余三乐

出 版 人／谢寿光
出 版 者／社会科学文献出版社
地　　址／北京市西城区北三环中路甲 29 号院 3 号楼华龙大厦
邮政编码／100029

责任部门／东亚编辑室（010）59367004　　责任编辑／王玉敏　张文静
电子信箱／bianyibu@ ssap. cn　　　　　责任校对／王翠荣
项目统筹／王玉敏　　　　　　　　　　　责任印制／岳　阳
经　　销／社会科学文献出版社市场营销中心（010）59367081　59367089
读者服务／读者服务中心（010）59367028

印　　装／北京季蜂印刷有限公司
开　　本／787mm×1092mm　1/16　　印　张／19.25
版　　次／2013 年 6 月第 1 版　　　　　字　数／275 千字
印　　次／2013 年 6 月第 1 次印刷
书　　号／ISBN 978 - 7 - 5097 - 3678 - 4
定　　价／59.00 元